위대한 수학자들의 사고방식

김승욱 지음

教友社

이 저서는2008학년도 한국외국어대학교 학술연구비 지원에 의하여 이루어진 것임.
This work was supported by Hankuk University of Foreign Studies Research Fund of 2008.

머리말

지금까지 나온 위대한 수학자들의 책을 보면 대부분 수학자들의 일생을 중심으로 학문적 업적이나 개인적 사생활 등을 제3자의 입장에서 객관적으로 서술한 것이 대부분이었다. 한 사람의 일생을 뒤돌아 보는 일에는 마땅히 그래야 하지만, 필자는 과거의 위대한 사람들은 직접 어떤 말을 했을까 늘 궁금하였다. 그러면서 그런 사람들의 기록을 뒤져보는 일을 자주하게 되었다. 그러다가 언젠가는 수학자들이 했던 말이나 편지, 논문 등을 책으로 출판하여 필자를 포함한 많은 독자들이 직접 이 위대한 사상가들의 말을 들어 보는 것도 의미있는 일이라는 생각이 들어 이 책을 집필하게 되었다.

그렇지만 수학자들의 말만 그대로 옮겨 놓는 것 보다는 수학에 대한 지식이 없는 독자들을 고려하여 각 수학자들의 사회적, 학문적 배경과 그와 관련된 일생을 조금씩 소개하였다. 그리고 그 사람들이 행한 업적이 역사적으로 어떤 배경에서 나올 수밖에 없었는가를 각 인물마다 서두에 조금씩 써놓았는데, 각 장의 결말에 수학자들의 말 또는 논문, 편지 등을 직접 옮겨 보았다. 그러면서 그것들을 그대로 옮기지 않고 일반인들도 이해할 정도로 조금 쉽게 풀어서 쓸 생각도 해보았으나 그런 경우에는 역시 본래의 취지가 제대로 전달이 안될 가능성이 크기에 가능한 원문에 맞도록 썼다. 흥미로운 것은 필자가 이 사람들이 직접 쓴 문헌들을 읽어 볼수록 마치 살아있는 사람들과 대화하는 듯한 착각에 빠져들곤 하였다는 것이다. 그리고 그것은 필자 자신에게도 아주 신선한 느낌으로 다가왔다. 그러면서 이 책을 읽는 독자들도 같은 경험을 하기를 바라는 마음이 생겨 더욱 열심을 기울였다.

다만 조금 아쉬웠던 것은 비록 수학을 전공한 필자지만 워낙 얕은 수학 지식 때문에 이 위대한 분들의 전공을 제대로 다 이해할 수가 없는 것이었고, 더구나 그 분들의 학문적 철학을 따라가면서 그 사상을 공유하는 것은 문화적으로나 학문적으로 거의 불가능하다는 것을 여러 문헌을 검토해 볼수록 알 수 있었다는 것이다. 그러면서 느낀 것은 역시 위대한 학자들의 이름이 허명이 아니고 정말 심오한 사고력을 가진 분들이라는 것을 새삼 느꼈다. 그리고 이런 천재들의 업적이 우리 인류의 역사를 이끌어 가는데에 큰 몫을 한다는 것을 다시 한번 알게 되었다.

본서에 나오는 인물들이 모든 위대한 수학자들을 망라하는 것은 물론 아니다. 여기 나오는 수학자들은 수학의 역사에서 커다란 전환점을 이루는 사람들을 중심으로 선발했다. 그러면서 이 책을 읽는 독자들께서 수학의 역사가 흘러가는 방향의 당위성을 알게 되기를 바란다. 그러면 그들의 역할이 수학에 어떤 영향을 끼쳤는가를 알게 될 것이다.

이 책은 주로 수학과 관련이 있거나 수학에 관심이 많은 분들을 염두에 두고 썼다. 특히 미래에 교직에 종사할 분들에게 유익할 것이라고 생각이 든다.

이 책이 나오기까지 오랜 기간동안 참고 기다려주신 교우사 관계자 여러분께 감사를 드린다.

2009년 7월

김승욱

목차

1. 피타고라스(Pythagoras, B.C. 580?-B.C. 500?)

실제로 인식할 수 있는 것은 숫자 뿐이다. 숫자없이 이해하고 사고하면서 파악할 수 있는 것은 아무것도 없기 때문이다.
-크로톤의 철학자-

1) 기원

고대 역사에서 가장 위대한 수학자를 꼽는다면 대부분 피타고라스를 떠올리는 것이 일반적인 현상이다. 물론 피타고라스 이전에도 많은 수학자들이 있었지만 지금까지 알려진 자료들에 의하면 그들은 단편적이거나 아니면 극히 제한된 용도로만 수학을 이용한 것이기 때문에 진정한 수학자라고 말하기 힘든 것이 사실이다. 역사상 가장 오래된 문명을 자랑하는 이집트에서조차도 주로 전승되어 내려오는 수학적 방법을 그대로 답습해서 쓰는 사정이었으니 다른 지방에서의 사정이 더 나았다고 말하긴 힘들 것이다.

좀 더 구체적으로 살펴보면, 오늘날까지 알려진 가장 오래된 수학에 관한 자료는 고대 이집트 시절로부터 전해 내려오는 3개의 파피루스 덩어리가 있을 뿐인데 이 안에는 당시 이집트 궁정의 관리들이 사용해 왔던 여러 가지 수학적 자료들이 나온다. 주로 당시의 곡물 상황, 세금, 날씨에 관한 이야기 등에 관한 것들이다. 수학자에 관한 자료 역시 희미한 건 마찬가지인데, 기록에 나타나는 최고의 수학자는 이집트의 아모제(Ahmose)라고 한다. 그러나 그는 이름만 전해져 내려올 뿐이고 그가 수학에 관해서 어떤 일을 했는가는 전혀 알려지지 않고 있다. 그러나 피타고라스만큼은 역사적으로 분명히 존재했던 것 같다. 그리고 그와 그의 제자들은 수학의 특정 분야들을 심도있게 연구하였고 또 나름대로의 이론을 가지고 여러 가지 증명을 한 것도 사실이다. 보다 중요한 것은 피타고라스의 제자들에 의해서 이끌어져 왔던 체제가(아직 학교라고 하기에 힘들지만) 상당히 오랜 기간 동안 존속했으며 동시에 많은 사람들에게 그들의 수학적 지식을 알려주고 또 계속해서 발전해 나아갔다는 것이다. 심지어는 중세 시대까지 피타

피타고라스

고라스의 학설을 그대로 믿고 따르는 사람들이 있을 정도였다. 그의 생일이나 사망일을 정확히는 모르지만 그가 어떤 식의 삶을 영위했는지에 관하여는 많은 역사적 문헌들이 여러 가지 방법으로 말해 주고 있는데 이런 자료들을 바탕으로 그의 일생을 살펴보자.

피타고라스는 기원전 580년 경에 그리스의 작은 섬 사모스(Samos)에서 태어났는데 아버지는 보석 가공업자였다고 한다. 전설에 의하면 그의 가족은 원주민이 아니었고 크게 성공한 상인으로서 타지에서 이주해온 사람들이라고 한다. 피타고라스가 18세가 되던 해 폭군 폴리크라테스(Polykrates)의 독재정치가 점점 심해지자 그는 사모스 섬을 떠나 밀렛(Milet)에 정착하게 되는데 마침 그곳에는 탈레스(Thales, B.C. 624?-B.C. 548?)[1]와 그의 제자인 아낙시만더(Anaximander, B.C. 610?-B.C. 546?)[2]가 활동하고 있었다. 탈레스는 명민했던 피타고라스에게 탈레스 자신을 가르쳤던 당시의 문명국이었던 이집트에 가서 그곳의 학자들에게 배울 것을 권유하였다. 이에 피타고라스는 이집트로 건너가게 되는데 그를 태워준 배의 선원들은 항해하는 동안 예상과 달리 바다가 계속 잔잔하자 피타고라스를 신으로 여겼다고 한다.

이집트에 도착한 피타고라스는 멤피스의 사제들과 철학자들을 만나면서 약 22년에 걸쳐 천문학, 기하학, 이집트의 신비주의 등을 열심히 공부하였다. 그 후 페르시아의 전사 캄비세스(Kambyses, B.C. 588?-B.C. 522?)에게 포로가 되어 바빌론으로 끌려가게 된다. 그는 그 곳에서 종교적 마술에 대해 배우게 되고 음악이나 수론 등 당대 최신의 학문을 섭렵하게 된다. 그리고 바빌론에 약 12년간 머문 후 마침내 고향인 사모스로 돌아온다. 그 후 피타고라스는 자신을 따르는 제자들과 함께 남부 이태리 지방에 있던 그리스 식민지인 크로톤(Croton)에 정착하게 되었다. 그는 그곳에서 제자들과 함께 일종의 사교단체 비슷한 모임을 이끌어 나갔는데 이 단체는 종교적 성향이 아주 강했던 집단으로 보여진다. 그들

[1]그리스 철학자. 수학에서 역사상 최초로 논리적인 증명을 시도한 사람으로 알려짐. 물을 우주의 근본으로 파악했음.

[2]탈레스의 후계자로서 이오니아 시대의 대표적인 자연 철학자.

은 영혼 불멸을 믿었고 일상 생활은 지극히 검소하게 살았다. 또한 수학, 천문학, 음악, 철학 등을 배우고 연구하면서 밖으로는 철저하게 그들 교리의 비밀을 지켰다.

오늘날엔 피타고라스와 그의 제자들은 수학자로 알려지고 있지만 당시에는 정치적 영향력도 컸던 종교집단이었다. 헤로도투스(Herodotus, B.C. 484?-B.C. 425?)와 같은 그리스 역사학자는 피타고라스를 '그리스 철학자 중에 가장 위대한 사람'이라고 표현할 정도였다. 당시 사람들은 그를 그리스 신 아폴로와 동일시 하였으며 심지어는 아폴로의 아들이라고까지 불렀다. 어떤 그리스 역사학자들은 피타고라스와 그 제자들의 수학적 업적에 대해서는 일언반구의 언급도 없이 오직 그 사람들이 지저분하게 살았던 채식주의자라고 기술해 놓기도 하였다.

정치적인 이유로 크로톤에서 더 이상 버틸 수 없었던 피타고라스와 그 제자들은 남부 이태리의 도시였던 메타펀둠(Metapondum)으로 이주하게 되는데 피타고라스 자신도 기원전 500년경 죽을 때까지 그 곳에서 말년을 보내었다. 그 후 피타고라스의 제자들은 결국 이 지방에서 사라지게 되는데 그 이유에는 크게 두 가지가 있다. 하나는 수학의 모든 원리를 자연수에 두었던(따라서 유리수까지는 인정했던) 그들에게 무리수가 발견되어 이론적 기반이 흔들리게 되었다는 것이고, 또 다른 하나는 당시 남부 이태리 지방에 나타났던 민주적 정치세력 앞에 귀족 정치주의를 지향했던 피타고라스의 사람들이 그 땅에 더 이상 발붙이기가 힘들었다는 것이다.

피타고라스가 추구한 종교는 우주의 근본적인 구성원소를 밝히려고 노력하는 것이었는데 그 과정에서 수학이 자신들의 교리에 일정한 부분을 차지하게 되었고 그 중에서도 특히 자연수가 핵심적인 역할을 하였다. 직각 삼각형에서 피타고라스의 등식으로 유명한 $c^2 = a^2 + b^2$에 대해서 그들은 전부 자연수에 관하여만 따져보았다. 이 등식을 만족하는 자연수 (a, b, c)를 '피타고라스의 수'라고 하는데 피타고라스가 이 등식을 발견한 사람이 아니라(사실 이 등식은 당시 이전부터 바빌로니아 지방에서는 널리 알려져 있었다고 한다) 이 등식의 성립을 증명한 최초의 인물이었다. 전설에 의하면 이 등식의 증명을 발견한 피타고라스는 너무나 기쁜 나머지 황소 100마리를 신들에게 예물로 바쳤다고 하는데 그 후부터 그 지방의 모든 황소들은 피타고라스가 어떤 자연과학에 대한 이론을 발견할 때마다 공포에 떨었다고 한다.

피타고라스 학교에서 숫자들은 수학적 크기만 의미하는게 아니었고 수학적 상징도 되었다. 피타고라스의 '가장 현명한 것은 무엇인가?'라는 질문에 대한 답 중에는 '숫자'라는 답도 있었다고 전해지고 있다. 그들에게 숫자는 신비한 것이었고 심지어 이 우주의 다양성을 숫자들의 법칙을 통해 볼 수 있다고 생각하였다. 특히 1부터 10까지의 숫자들은 고유의 힘과 의미를 지니고 있다고 믿었다. 그들에게 있어서 수학은 곧 숫자를 의미하는 것이었는데 심지어 항성들의 궤적, 음악적 하모니의 조화, 건축물의 비율 등도 모두 숫자들의 비로써 표현할 수 있다고 생각하였다. 결국 그들은 자연에 있는 모든 사물들도 숫자의 형태를 지니고 있고 따라서 모든 존재는 숫자로 이루어져 있다는 결론에 도달하게 되었다. 이러한 일반화는 그들을 모든 것을 아우르는 수학적 질서가 존재한다는 생각으로 이끌었고, 이러한 생각은 피타고라스의 우주의 조화에 관한 가르침에도 잘 나타나 있다. 예를 들면, 그는 우주의 행성들은 운동속도에 따라서 표현 불가능할 정도의 소리를 내고 있다고 한다. 또한 그 운동속도와 다른 물체와의 간격에 따라서 각자 개성있는 소리가 형성되는데 이런 것들은 결국 원운동을 통해서 아주 조화로운 원시적 소리를 만들어낸다. 그런데 인간이 이 소리를 못 듣는 이유는 인간은 지구에 태어날 때부터 지구의 소리에 익숙해져 있어서 이 우주의 원시적 소리(절대적 고요)와의 차이를 이해하지 못하기 때문이라고 설명하였다.

2) 피타고라스 수

서기 100년 경에 게레사(Geresa) 출신의 니코마코스(Nikomachos, 100?-?)는 피타고라스 제자들이 가지고 있던 수에 대한 모든 지식을 정리해 놓았는데 그 내용이 실제로 피타고라스 제자들의 그것과 가장 근사한 것으로 알려져 있다. 피타고라스 제자들은 숫자들을 밤하늘에 떠있는 별들처럼 한 그룹으로 상상하였는데 그들이 생각한 숫자들의 모양에는 아주 독특한 수론적 규칙을 내포하고 있다는 것을 알 수 있다. 예를 들어 (그림 1)을 보면 '삼각수'의 형태가 나타나는데 이 형태에 나오는 숫자 1, 2, 3, 4, $\cdots$가 나타내는 모양을 살펴보면 n개의 행을 가진 삼각형 안에 있는 숫자들의 개수는 자연수 1부터 n까지의 합과 같다.

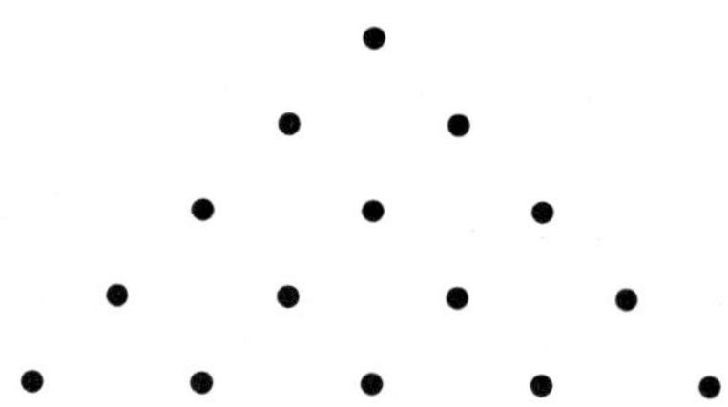

(그림 1)

$$1+2=3,\ 1+2+3=6,\ 1+2+3+4=10, \cdots$$

이러한 방법으로 피타고라스 제자들은 잘 알려진 삼각수 수열을 얻었다.

$$1, 3, 6, 10, 15, 21, 28, \cdots$$

이에 반해 사각수는 어떤 물건을 사각형 형태로 배열했을 때 나타나는 물건의 총 수이다. 특히 사각수는 연속하는 두 삼각수의 합으로 나타낼 수 있음을 보여준다. 다음에 사각수에 나타난 일정한 규칙과 성질로부터 피타고라스의 수를 구해보자.

사각수의 배열을 살펴보면 자연수의 제곱수로 나타나는 것을 알 수 있다. 이때 일어나는 현상을 덧셈식과 곱셈식의 관계로 나타내면 다음과 같다.

$$S_n = 1+3+5+7+\ldots+(2n-1) = n^2$$

임을 알 수 있다.

그러므로 1부터 연속한 홀수의 합과 제곱수와의 관계를 규칙에 의해 발견할 수 있으며, 그들의 합은 완전제곱수임을 알 수 있다. 위의 내용은 사각수를 도형에 나타나는 규칙에 의해서 발견을 한 것이고, 흥미로운 것은 이것을 좀더 일반화시키면 n^2개의 점이 있는 사각형에 $n+n+1 = 2n+1$개의 점을 더하면

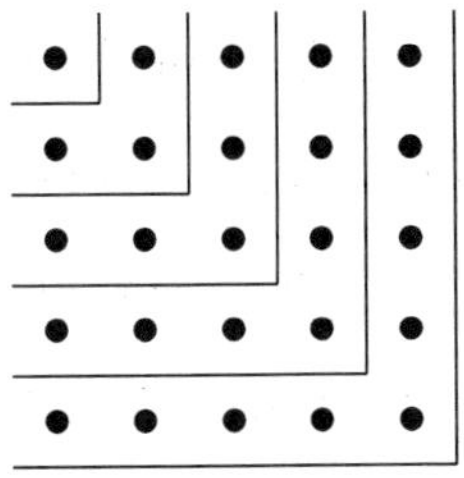

(그림 2)

$(n+1)^2$개의 점이 생긴다는 것을 알 수 있다.

$$1+3+5+\cdots+(2n-1)=n^2$$

이 된다(그림 2). 그렇다면 짝수들을 합하면 어떤 수가 나올까? 계산을 해보면

$$2+4+6+8+10+\cdots+2n=2(1+2+3+\ \ +n)=n(n+1)$$

이 성립한다. 이 결과는 $n(n+1)$개의 행으로 이루어진 직사각형에서 나타내 보일 수 있는데 변들의 비가 $n+1:n$ 으로 나타난다는 것을 알 수 있다(그림 3). 이 그림을 통해서 아마도 피타고라스 제자들은 홀수들의 합은 제한된 형태의 수(제곱수)가 되고 짝수들의 합은 늘어나는 형태의 직사각형이 된다고 생각하여 홀수는 제한적이고 짝수는 무제한적이라고 생각했던 것 같다.

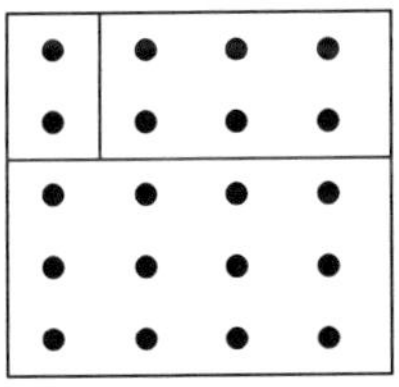

(그림 3)

이러한 생각들은 오늘날에 와서는 우스꽝스럽게 보이지만 수천년 전에 이런 사고를 했다는 것은 놀랍다고 할 수 있다. 그럼에도 한 가지 간과할 수 없는 것은 그들이 논리적 실수를 범했다는 것이다. 이 실수는 최근까지도 수학자들이 곧잘 했던 것으로써, 그들이 단지 몇 번의 계산을 한 다음 얻은 결과를 한 이론으로 마음대로 일반화시켰다는 것이다. 이러한 허가 받지 않은 일반화는 숫자들

의 정사각형, 직사각형 형태에서 뿐만 아니라 그들의 철학적인 기본 관념인 '모든 것은 숫자다'에서도 나타난다. 그러나 이러한 무모한 수학적 일반화는 반드시 모순에 부딪혀 그 실체를 들어내기 마련이다. 그 대표적인 경우가 피타고라스 시대에도 나타나는데 그것이 바로 무리수의 발견이다. 피타고라스 생전에는 유리수만이 전부라고 생각했던 그들에게 정사각형의 대각선이 무리수라는 것이 밝혀졌을 때 피타고라스의 제자들이 느꼈던 당혹감은 대단하였다고 한다. 신 피타고라스 학파의 일원이었던 얌블리코스(Jamblichos, 283?-333?)에 의하면 이 무리수를 발견한 사람은 히파소스(Hippasos, B.C. 450년 경)였다고 한다. 그는 이 무리수를 발견한 죄로 다른 제자들로부터 살해를 당했는데 그 이유는 첫째 히파소스가 스승의 교리를 부정한 불경죄였고, 또다른 중요한 이유는 그가 이 비밀을 다른 사람들에게 퍼뜨렸다는 신성모독죄였다고 한다. 그러나 스승인 피타고라스의 사망 후에 피타고라스의 제자들은 두 그룹으로 나뉘게 되는데 한 그룹은 스승인 피타고라스의 가르침을 꾸준히 지킨 '교조주의자'들이었고 또다른 그룹은 히파소스의 업적을 인정하고 그의 사고를 계속 연구해 나아간 사람들로서 오늘날의 '수학자(mathematicians)'적 입장에 서있었다. 그러면서 그들은 히파소스의 무리수 외에도 여러 가지 무리수들을 발견하게 되는데 다음에 그 과정을 자세히 살펴보기로 하자.

3) 연속분할

헬러는 히파소스의 증명 이후 피타고라스 제자들이 황금비율을 만족하는 등식 $d(d-s)=s^2$ (정오각형의 변 $=s$, 대각선 $=d$)을 알게 된 경위를 다음과 같이 추론하였다. 그들은 먼저 정사각형의 연속분할을 통해 무리수를 알아 냈고, 그 다음 정오각형에서도 무리수의 존재를 알아내는데, 무리수의 값을 알아보려고 노력한 것으로 보인다. 여기서는 이 과정을 정사각형과 정오각형의 연속분할을 통하여 구체적으로 살펴보기로 하자.

(1) 정사각형에서의 연속분할

'수학자'들은 정사각형의 변과 대각선 사이에는 정수의 약수가 존재하지 않는다는 것을 곧 알았는데, 이 경우 증명은 점점 작아지는 사각형의 수열을 고찰하는 것이었다. 정사각형 D_n이 변 s_n과 대각선 d_n을 가지고 있다면 정사각형 D_{n+1}의 변 s_{n+1}은 $d_n - s_n$으로 정의한다. 그러면 이 두 개의 정사각형에는 다음의 관계식이 성립한다.

$$s_{n+1} = d_n - s_n, \ d_{n+1} = s_n - s_{n+1} \tag{1}$$

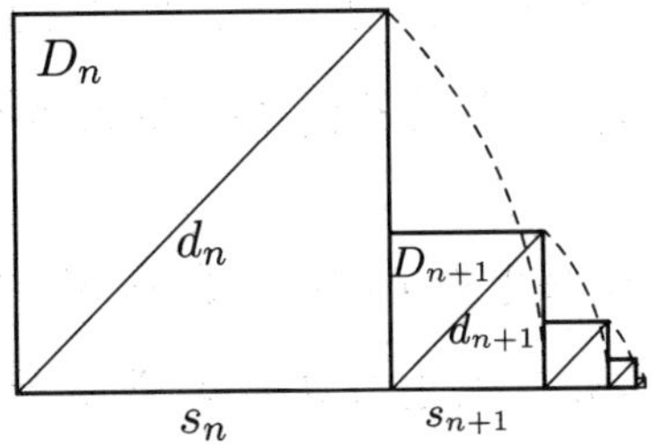

(그림 4)

관계식(1)로부터 정사각형의 변과 대각선 사이에는 정수 약수가 없다는 것을 유도할 수 있는데 다음에 나오는 정오각형의 변과 대각선 사이에는 정수의 약수가 없는 것의 증명과 비슷하므로 생략하기로 한다. 그러나 그들에게 보다 중요한 것은 변과 대각선의 비가 어떤 수로 수렴하는지를 알아보는 것이었다. 관계식 (1)에서 n과 $n+1$을 맞바꾼 뒤, d_{n+1}과 s_{n+1}로 변형시키면,

$$d_{n+1} = 2s_n + d_n, \ s_{n+1} = d_n + s_n \tag{2}$$

이 성립하는데 이와 같은 방법으로 점점 더 커지는 사각형들을 정의할 수 있다. 즉 임의의 사각형 D_1^*를 '단위'로 선택한 후 점점 더 커지는 D_1^*, D_2^*, D_3^* 등을 계속 만들어 나간다. 그렇다고 이 과정을 통해서 어떤 결론을 쉽게 낼 수는 없다. 그러나 여기에도 피타고라스 철학에 근거하는 신비함이 나타난다. 스미르나(Smyrna) 출신의 테온(Theon, 1세기 말?–2세기 초?)은 "단위는 최상위의 것

이 가지고 있는 모든 성질을 포함하는 씨앗과 같은 것이다."고 하였는데 이 말을 정사각형에서의 변과 대각선의 관계를 만들어 내는데 적용할 수 있다.

이 말에 의하면 '단위'인 사각형, 즉 변과 대각선이 같은 사각형으로부터 출발하여 점차 커지는 사각형들의 수열을 만들 수 있다는 것이다. 그런데 이 사각형 단위는 직사각형이 아니라 평행사변형이다. 그 다음 식 (2)를 적용하여 이 평행사변형의 계산한 값 R_n들을 아래와 같이 얻을 수 있다(표 1).

.	R_1	R_2	R_3	R_4	R_5	...
s_n	1	2	5	12	29	...
d_n	1	3	7	17	41	...

(표 1) 점차 커지는 사각형의 수열

다음의 (그림 5)에서 평행사변형 R_1과 R_3을 볼 수 있다. 그리고 그들은 비율 $\frac{d_n}{s_n}$이 어떤 수(실제로는 $\sqrt{2}$)로 수렴한다고 추측했을 것이다.

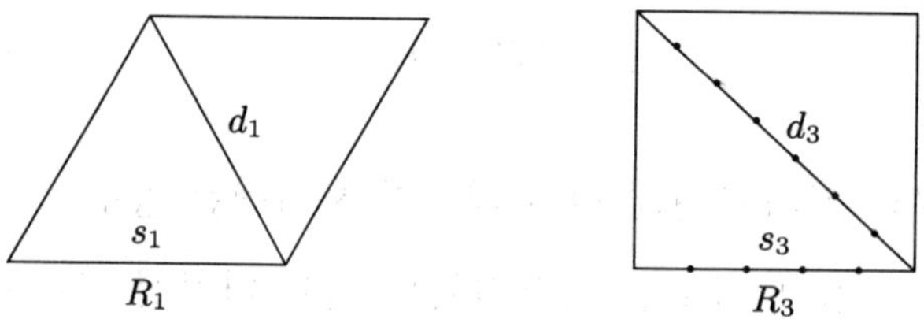

(그림 5)

헬러는 피타고라스의 제자들이 그 궁극적인 비율이 우리가 알고 있는 무리수 $\sqrt{2}$로 가까이 간다는 것을 알았다는 사실을 다음과 같이 추론하였다.

식 (2)로부터 관계식

$$2s_n^2 - d_n^2 = (-1)^{n+1} \tag{3}$$

이 성립하고 여기서 양변을 s_n^2으로 나누면

$$\frac{d_n^2}{s_n^2} = 2 - \frac{(-1)^{n+1}}{s_n^2}$$

가 되는데 여기까지는 피타고라스 제자들도 쉽게 알았을 것이다. 이 식의 극한값을 현대적으로 표현하면 $\lim \frac{d_n^2}{s_n^2} = 2$ 로 되는데, 극한 계산을 몰랐던 그들은 아마도 위에서와 같이 몇 번의 계산을 통하여 무리수 $\sqrt{2}$ 근사값을 얻었을 것이다.

(2) 정오각형에서의 연속분할

후 세대의 피타고라스 제자들이 아래에 있는 황금비율을 나타내는 공식

$$d(d-s) = s^2 \tag{4}$$

을 어떻게 알아냈는지 추정하는 과정은 대단히 흥미로운 일이다. 후자인 수학자들은 무리수의 발견 후에 새로운 사실도 발견하였는데 예를 들면 앞에서 살펴본 정사각형 뿐 아니라, 직사각형에서도 변과 대각선 사이에는 정수의 비가 존재하지 않는 경우도 있다는 것이다. 더 나아가 그들은 무리수의 길이를 가진 도형을 정사각형이 아닌 정오각형에서도 발견하게 된다.

당시에는 소위 '황금비율'이 존재하지 않는 시기였는데 그들이 어떻게 정오각형을 작도하고 변과 대각선이 서로 정수 비로 나타나지 않는다는 것을 알 수 있었는가 하는 의문이 생기지만 아래의 (그림 6)을 보면 알 수 있다. 먼저 피타고라스 학파가 사용했던 정오각형의 작도법을 살펴보자.

<정오각형 작도법>

삼각형의 내각의 합과 이등변 삼각형의 성질을 이용하면 모든 각들이 전부 36도의 배수가 된다는 것을 알 수 있다. 아래의 (그림 6)에서, 우선 삼각형 EFD와 CBG는 이등변 삼각형이므로

$$FD = ED = CG = CB = s$$

가 된다. 그 다음 자를 밀어넣는 방법으로 작도를 해나가는데, 먼저 직선 AB를 그린 후 중점을 표시한다. 그리고 B를 중심으로 반지름 AB의 원을 그린 다음 직선 s가 표시된 자를 수직선과 B를 중심으로 하는 원 사이에 밀어넣어 A가 그

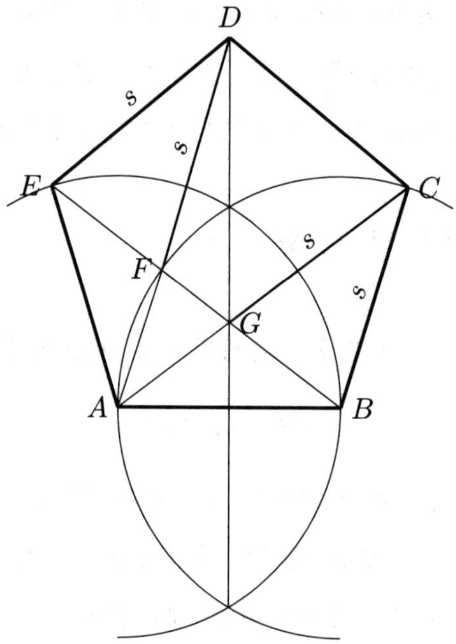

(그림 6)

자 위에 놓여 있게끔 만든다. A로부터 보아 첫 번째 표시된 점이 원과 만나면 F 수직선 위에 두 번째 점 D를 찍을 수 있다. 같은 방법으로 C(그리고 G)를 그릴 수 있다. 그러면 E는 A와 D를 중심으로 하는 원과 s로 결정된다.

이것이 정오각형 작도법인데, 이렇게 한 직선을 집어 넣어 작도를 하는 것은 자와 컴파스 만으로 작도하는 것과는 다르다는 것을 피타고라스 제자들도 알고 있었던 것 같다. 어쨌든 이 방법을 통해서 그들은 정오각형의 작도법을 확인하였고 정수 약분되지 않는 길이가 존재하는 것의 증명법을 알 수 있었던 것 같다.

이를 위해서 (그림 7)처럼 오직 임의의 정오각형 F_1으로부터 계속 작아지는 정오각형의 수열의 존재한다는 것을 알기만 하면 되었다. 먼저 F_1에서 대각선끼리 만나서 생기는 직선(여기서는 CF)을 다음 오각형의 변으로 만든다. (그림 7)에서 보듯이 $F_1(ABCDE)$, $F_2(BGHCF)$, $F_3(GKLHJ)$ 그리고 $F_4(KNOLM)$ 등으로 나타난다. 그러면 오각형의 변 s_n과 대각선 d_n 사이에는

$$s_{n+1} = d_n - s_n, \; d_{n+1} = s_n \tag{5}$$

이 성립하는데 만일 d_1과 s_1이 ε로 약분이 가능하다면

$$s_1 = M_1\varepsilon,\ d_1 = N_1\varepsilon \tag{6}$$

(M_1, N_1은 양의 정수)로 나타날 것이다. 그러면 식 (5)로부터

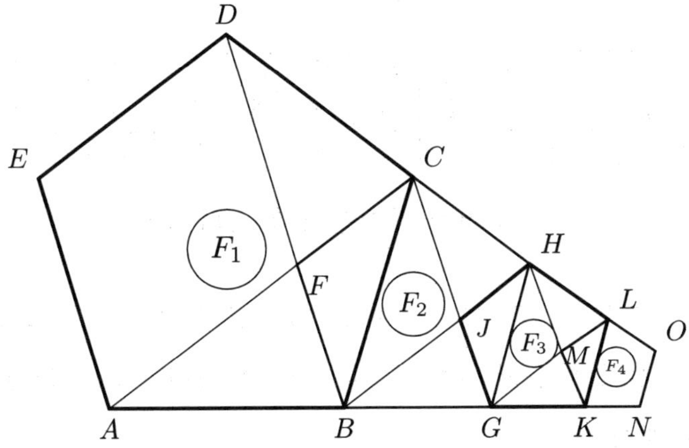

(그림 7)

$$s_2 = (N_1 - M_1)\varepsilon = M_2\varepsilon,\ d_2 = M_1\varepsilon = N_2\varepsilon,\ (\text{여기서 } M_2 < M_1,\ N_2 < N_1) \tag{7}$$

로 나타날 것이며 일반적으로는

$$M_{n+1} < M_n,\ N_{n+1} < N_n \tag{8}$$

이 될 것이다. 그러나 이러한 프로세스는 M_n과 N_n이 다같이 양의 정수이므로 유한한 단계에서 멈출 수밖에 없다. 이것은 이 프로세스를 무한 반복할 수 있다는 가정에 모순이 되므로 정오각형의 변과 대각선 사이에 존재하는 약수 ε는 없다는 결론에 도달한다.

헬러는 피타고라스 제자들도 오각형들의 수열을 가지고 황금비율을 추측했을 것이라고 주장했는데 여기서 헬러의 추론을 살펴보기로 하자. 헬러에 의하면 그들은 사각형의 경우와 비슷하게 오각형 만드는 과정을 역으로 하였다.

식 (5)에서 $n+1$과 n을 맞바꾸면 관계식

$$s_n = d_{n+1} - s_{n+1},\ d_n = s_{n+1} \tag{9}$$

이 성립하는데 이를 통해서 점점 커지는 대각선과 모서리들을 가지는 오각형의 수열을 만드는 규칙을 얻게 된다. 여기에서도 $s = d = 1$이 되는 단위으로써의 오각형에 대해서 생각해 보면 식 (9)로 부터 (표 2)에서처럼 주어진 변과 대각선의 길이를 가지는 (정오각형이 아닌) 오각형의 수열을 얻을 수가 있다.

.	F_1	F_2	F_3	F_4	F_5	F_6	F_7	F_8	...
s_n	1	1	2	3	5	8	13	21	...
d_n	1	2	3	5	8	13	21	34	...

(표 2) 점차 커지는 오각형의 수열

(그림 8)은 오각형 F_1, F_3 그리고 F_6를 나타낸다. 여기서도 n이 커질수록 오각형들이 정오각형과 비슷해 진다는 것을 알 수 있다. 일반적으로 표현하자면 식 (9)로부터 관계식

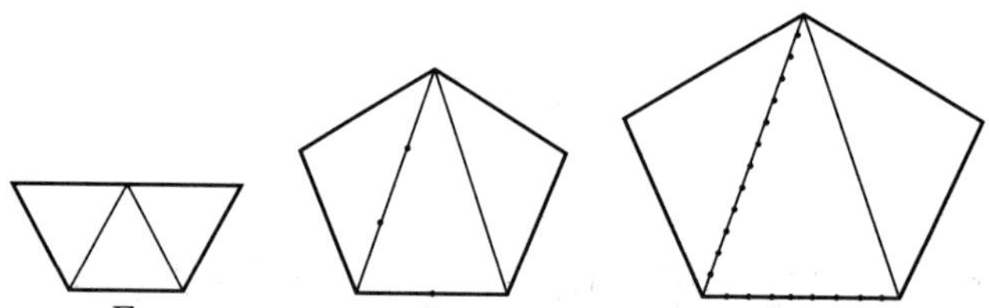

(그림 8)

$$d_n(d_n - s_n) - s_n^2 = (-1)^n \tag{10}$$

이 성립한다.

식 (10)을 기하학적으로 표현하면 다음과 같다. 정오각형의 수열 F_n에서 한 오각형의 변 s_n을 대각선 d_n으로 옮기게 되면, 대각선과 잘려진 길이로 이루어진 직사각형의 넓이가 s_n을 한 변으로 하는 정사각형의 넓이보다 ± 1만큼 작거나 커지게 된다. 증명은 현대적 방법인 수학적 귀납법으로 간단히 할 수 있다.

등식 (10)의 증명. $s_1 = 1, d_1 = 1$이므로 $n = 1$일 때 분명히 성립하고 $n = k - 1$일 때 성립한다고 가정하면

$$d_{k-1}(d_{k-1} - s_{k-1}) - s_{k-1}^2 = (-1)^{k-1}$$

가 된다. 그러면 식 (9)에 의해서

$$d_k(d_k - s_k) + s_k^2 = (-1)^k$$

가 성립한다. 따라서 수학적 귀납법에 의하여 위의 식은 모든 자연수 n에 대하여 성립한다. ■

여기서 사용된 수학적 귀납법을 피타고라스 제자들도 알고 있었을까 하는 의문이 생기는데 지금까지 알려진 바로는 파스칼(B. Pascal, 1623-1662)이 최초로 수학적 귀납법을 증명에 사용한 사람으로 알려져 있다. 그러나 반 데어 베르덴(B.L.Van der Waerden) 같은 수학자들은 피타고라스 제자들도 귀납법이라고 할 만한 논리적 귀결법을 통해서 식 (4)를 얻었을 것이라 주장하고 있다. 그렇다면 이 방법을 통해서 마찬가지로 정사각형의 최종적인 관계식 $d^2 = 2s^2$을 알았을 수도 있다. 따라서 공식 (10)을 통해서 식 (4)가 성립함을 추측했다는 사실이 중요하다.

이 공식 (4)를 다음과 같이 쓸 수 있다. '정오각형에서 변을 대각선으로 옮기게 되면, 대각선과 대각선과의 변의 차이로 나타나는 사각형이 변 위에 있는 사각형과 같게 되는 방법으로 대각선이 잘린다.'

아마도 오늘날 누구나 자와 컴파스만으로 그릴 수 있는 황금분할을 피타고라스 제자들도 별 어려움없이 할 수 있었을 것이다. 헬러는 이와 비슷한 방법을 사용한 것이 당시에도 자주 있었다고 주장하고 있다.

결론적으로 피타고라스 제자들은 위와 같은 기하학적 프로세스와 귀납법적인 논리적 도구를 통하여 무리수의 존재와 그 값의 근사치를 계산하였을 것이라 추정할 수 있다. 이 말은 비록 그들이 어떤 이론의 결론을 구체적으로 증명할 수 있는 방법을 몰랐을지라도, 정확히 예측할 수 있는 수학적 예지력을 가지고 있었다는 것이다. 이러한 현상은 고대 그리스 수학에서 자주 나타나는데 그 대표적인 예로는 '원추형의 부피가 밑면의 넓이와 높이가 같은 실린더 부피의 $\frac{1}{3}$이 되고 피라미드의 부피가 밑면의 넓이와 높이가 같은 다면체(prisma) 부피의 $\frac{1}{3}$이 된다고 처음으로 주장한 데모그리토스(Demokritos. B.C 460 - B.C 370?)[3]를 들 수 있다. 그는 증명없이 결론을 잘 알고 있었던 것이다. 아르키메데스(Archimedes. B.C 287? - B.C 212?)는 기계적(평형적) 방법이 구체적인 증명없이도 어떤 이론적인 결론에 도달하는 데 대단히 중요한 역할을 한다는 것을 알고 있었다. 그러면서 아르키메데스는 다음과 같은 말을 하였다고 한다. "누구든지 처음으로 증명없이 어떤 이론을 말한 사람이 있다면 그 사람은 그 이론을 처음으로 증명한 사람보다 결코 작지 않은 명예를 가져야 한다."[4] 이 말이 지금까지 보아온 연속분할에서 성립한다고 볼 수 있다. 즉 관계식 (4)를 처음으로 발견하는 것이 가장 어려웠기 때문이다. 일단 그것이 추측으로 나타나자 증명은 그리 어렵지 않았던 것이다.

[3]고대 그리스 시대의 자연철학자.
[4]참고문헌 [9], 37쪽

2. 유클리드(Euclid, B.C. 365?-B.C. 300?)

수학에 왕도는 없다. -유클리드-

1) 생애

고대 그리스 수학에 나타나는 중요한 세 사람을 꼽자면 아마도 피타고라스, 유클리드 그리고 아르키메데스가 될 것이다. 그 중에서도 유클리드는 「원론」의 저자로서 유명하다. 앞에서 본 피타고라스의 경우도 그랬지만 유클리드 역시 태어난 생일이나 죽은 날짜 등 개인의 일생에 대해서 알려진 것은 거의 없다. 그나마 그에 대해서 알려진 것들도 대부분은 구전에 의한 것이다. 그러나 지금까지 발굴된 자료들을 보면 그의 일생을 어느 정도 짐작할 수는 있다. 유클리드는 추측컨대 기원전 365년 경에 태어나 기원전 300년 경에 사망한 것처럼 보인다. 그리고 고대 그리스의 유명한 철학자 플라톤의 영향을 크게 받은 것 만큼은 확실하다. 유클리드는 아마도 아테네에 있는 플라톤 학교에서 공부를 한 다음 나중에 알렉산드리아로 이주하여 그곳에 있는 대학(Museion)[1]의 책임자가 된 것 같다. 유클리드가 알렉산드리아에서 어떤 활동을 했는지는 구전으로 전해져 오는 것 외에는 별로 알려진 것이 없다. 다만 유클리드 자신의 학문적 배경을 알려주는 몇 가지 이야기가 전해 내려오는데, 한번은 그의 제자가 "도대체 기하학은 어디에 써먹는 것입니까?"하고 묻자 유클리드는 하인에게 즉시 "저 학생에게 동전 몇 잎을 가져다 주어라. 아마 저 학생은 수학을 배우면 뭔가 물질적인 것을 얻을 수 있다고 생각하나 보다."고 말했다고 한다. 이 대화가 사실이라면 유클리드는 학문에서의 순수성을 강조했던 플라톤의 연구방법을 충실히 따랐던 사람이었다는 것을 알 수 있다. 플라톤은 수학으로부터 뭔가 '순수한 것'을 얻으려고 노력

[1]실제로는 도서관이었으나 오늘날의 대학과 비슷한 구조를 지녔다고 한다. 강의실, 연구실, 천문대, 식물원 등이 있었으며 약 40만 권에 이르는 파피루스 장서를 보관하였다고 한다. 당시 소아시아 지방의 문화의 보고로써 유클리드 뿐만 아니라 에라토스테네스, 아르키메데스 등 석학들이 활동하였다고 한다. B.C. 46년에 로마군이 이집트에 침공하여 이곳을 완전히 파괴하였다고 한다.

유클리드

했던 사람이었다. 또 다른 이야기는 '학문에 왕도는 없습니다' 라는 유명한 말인데 아마도 유클리드가 알렉산더 대왕의 후계자였던 프톨메르(Ptolmaer) 1세에게 했던 것으로 추정된다. 새로운 지식을 얻는다는 것은 항상 쉬운 것만은 아닌데 왕도 그 예외가 될 수 없다는 대표적인 이야기다. 「원론」 이외의 유클리드의 저서가 몇 개 더 있지만 지금까지 알려진 것은「원론」의 13권이 유일하다.

2) 원론

유클리드가 쓴 책「원론」은 고대문학의 기념비적인 문헌에 속한다.「원론」은 전부 13권으로 이루어져 있는데 후에 2권이 더 추가되었다.[2] 소수들은 무한히 많다는 유명한 소수 개수의 정리는 9권에 실려있다. 이 책이 가지는 중요한 의미는 유클리드가 이 책에서 자신보다 앞서 있던 고대 수학을 분야별로 총정리했을 뿐만 아니라 그것들을 플라톤식 순수 인식론에 맞추어 제대로 된 증명을 시도하였고 또한 여러 가지 공리나 이론들을 제시하여 고대 그리스 수학의 완성본을 제시하였다는 데 있다. 이 책은 그러나 유클리드 원본 그대로 전해져 내려오는 것은 없고 유럽의 중세시기 동안 아랍인들에 의하여 아랍어로 보존되어 있다가 르네상스 시대에 와서야 그 빛을 발하게 된다. 흥미로운 것은 이 책의 진가를 알아 본 아랍의 석학들도 이를 보존만 한 것이 아니고 계속 주석을 다는 등 그 내용을 발전시켰다는 것이다.

지난 세기까지만 해도 이 책은 유럽에서는 성경 다음으로 많이 팔린 '수 십 세기의 베스트셀러'에 속한다. 영국에서는 얼마 전까지만 해도 이 책을 중,고등학교의 교과서로 삼았을 정도였는데 지금으로부터 2천년도 넘는 오랜 시간 전에 만들어진 유클리드의 학문적 업적이 현대에 와서 조차도 큰 영향력을 끼친다는 것은 놀라운 일이 아닐 수 없다.

이 책은 그 내용이 가지고 있는 의미, 내적인 아름다움 그리고 수학적 논리

[2] 14권은 기원전 2세기 알렉산드리아 사람인 힙시클스(Hypsikles), 15권은 서기 6세기 다마스커스 출신 인물로 다마스키오스(Damaskios)가 추가하였다.

들의 체계적인 배치 등 볼수록 경탄을 자아내게 하는데 독일의 문호 괴테(J.W. von Goethe, 1749-1832)는 이 책에 있는 수학적인 내용을 포함한 전반적인 평을 다음과 같이 하였다.

'유클리드의「원론」은 훌륭한 교과서로서의 결정적인 모범을 보이고 있다. 그 곳에는 시작과 전개 등 모든 지식의 세계에서 창조되어야 하는 문제의 단계들이 가장 간단하고도 필수적인 형태로 나타나고 있다.'[3]

그러나「원론」은 제목에서 알아 볼 수 있듯이 수학의 초보자를 위한 책은 아니다. 다시 말하면 책의 내용이 수학 입문서로 쓰기에는 너무 어렵다는 데 있다. 이런 이유로 오늘날에 와서는 이 책의 유용성에 회의적인 시각을 가지고 있는 사람들이 늘고 있는데, 대부분의 고전물이 그렇듯이 이 책 역시 교육학적인 관점은 어디에서도 안보이고 저자 또한 수학의 사전적 지식 등에 대해서 아무런 설명을 해놓지 않았다. 그저 기하학에 관한 가장 기본적인 원리들인 정의와 가정 그리고 공리들로서 가득 채워져 있을 뿐이다.

누구든지 이 책을 처음 열어보면 첫 장에 바로 나타나는 정의와 이론들에 놀랄 것이다. 그리고 이러한 가정이나 공리에 속하지 않는 이론들은 바로 증명되어져 있다. 바로 이러한 특성 때문에 많은 학자들은 이 책이 여러 사람의 공저이고 유클리는 그냥 출판만 한 사람이 아닌가 하고 의심을 하고 있다. 그러나 그러한 의심을 떠나서라도 그가 알렉산드리아의 수학을 책임졌다는 사실은 유클리드가 매우 뛰어난 학자였다는 것을 증명해주고 있다. 그의 엄밀한 학문적 스타일은 2천년 이상을 가장 모범적인 학문적 사례로 꼽히고 있는데 네덜란의 철학자 스피노자(B.Spinoza, 1632-1677)는 철학을 '유클리드의 정신(more geometrico)'에 맞추어 세워야 한다'고 할 정도였다. 그럼에도「원론」이 그 자체로서 완벽하다고 말할 수는 없다. 그 이유는 수백년 간「원론」은 사람들이 손으로 그 내용을 복사하여 전해왔는데, 복사하는 사람들은 복사할 때마다 조금씩 내용을 좀더 낫게 하려고 노력하였기 때문이다. 심지어는 자신의 틀린 증명조차도 원본에 끼어

[3]참고문헌 [11], 193쪽

놓는 경우가 있었다. 수학자 프란츠(Franz)는 1965년에 행한「원론」에 대한 강의 중에 유클리드는「원론」안에서 손댈 것이 거의 없을 정도로 증명을 너무나 완벽하게 해놓았다고 말했을 정도로「원론」에 대한 완벽한 신뢰를 보였다. 그러면서 프란츠는「원론」에 나타나는 의문점들에 대해서는 순전히 복사하던 사람들이 그 책임을 져야 한다고 주장하였다.

'한 가지 확실한 것은 유클리드가 비록 말로 하진 않았더라도 점이나 직선들이 모래 또는 태양빛으로부터 만들어졌다고 주장하지는 않았다는 것이다. 유클리드로부터 훌륭한 대답을 찾을 수 없고 분명한 증명이 없는 것은 아마 전해 내려오는 잘못된 문장들에 문제가 있을 것이다.'[4]

앞에서 말한 아랍의 석학들처럼 복사를 하던 사람들도 정의나 가정 또는 공리들을 쓸 때 더 좋은 아이디어가 떠올라 원본 대신 자기의 아이디어로 채우기도 한 것이다. 현대의 수학자들에게도 이런 식으로 만들어진 이상한 정의들을 쉽게 찾아 볼 수 있다. 그러나 공리의 문제는 쉬운 것이 아니었다. 특히 가장 기본적인 개념인 점과 직선들에 관한 공리가 좋은 예들이다. 그렇다면 제대로 된 점이나 직선의 정의는 어떻게 생겼을까? 이 물음에 대한 답은 이러한 명확한 정의들은 결코 존재하지 않는다는 것이다. 다시 말하면 이러한 정의를 아주 심도있게 처음부터 숙고하다 보면 순환논리에 빠지게 된다는 뜻이기도 하다. 그럼에도 어느 정도 제대로 된 정의가 작동된 것은 힐베르트가 이 문제를 해결하기 위하여 수학논리의 형식화에 도전하기까지 근 2천년이나 지나서였다. 그렇다고 힐베르트와 유클리드를 비슷한 학문적 동반자로 생각하는 것은 수학사적으로 맞지 않는다. 증명 가능하게 기하학을 세운 것과 수학의 기본을 만든 것은 유클리드의 업적이기 때문이다. 오늘날 돌이켜보면 유클리드가 제대로 된 정의를 내릴 수 있으리라고 믿기는 어렵다. 더구나 그가 힐베르트보다 2천년 앞서 기하학의 형식을 제대로 세우는 시도를 했으리라고는 생각할 수 없다. 20세기에 들어와서도 힐베르트의 이론에 대한 심각한 토론이 있었는데 아마도 유클리드가 그러한 시

[4] 참고문헌 [8], 19 쪽

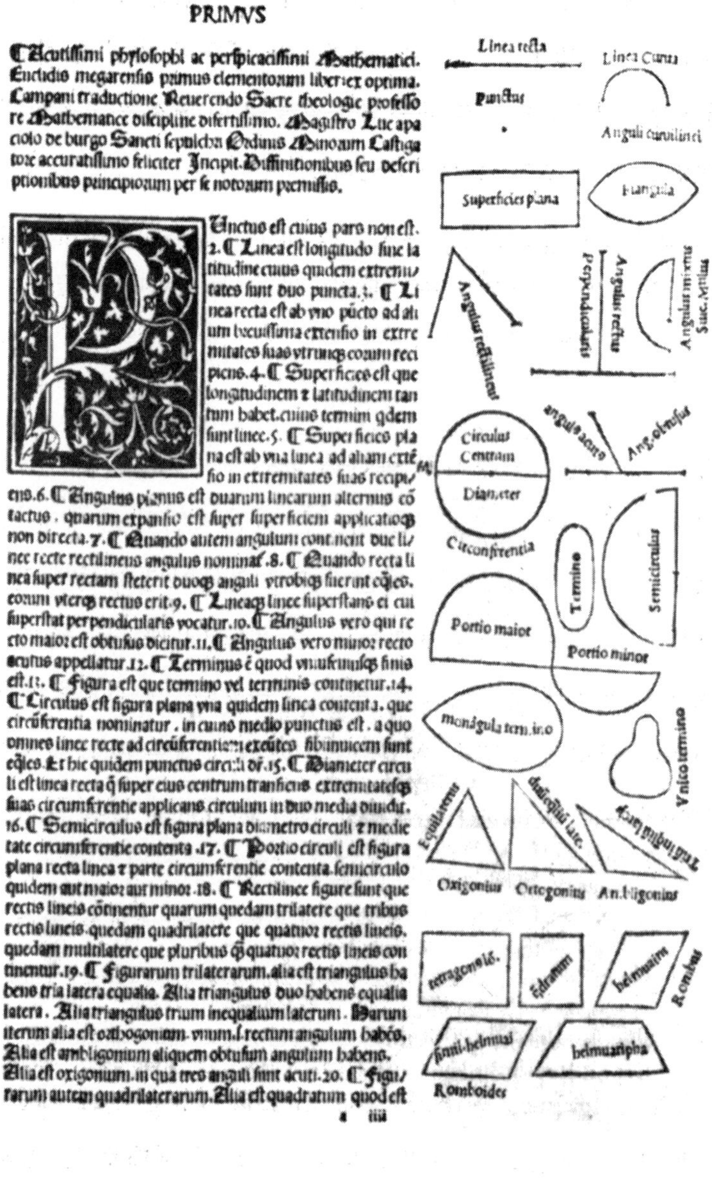

PRIMVS

Acutissimi phylosophi ac perspicacissimi Mathematici. Euclidis megarensis primus elementorum liber ex optima. Campani traductione Reuerendo Sacre theologie professore Mathematice discipline disertissimo. Magistro Luca paciolo de burgo Sancti sepulchri Ordinis Minorum Castigatore accuratissimo feliciter Incipit. Diffinitionibus seu descriptionibus principiorum per se notorum premissis.

Punctus est cuius pars non est. 2. Linea est longitudo sine latitudine cuius quidem extremitates sunt duo puncta. 3. Linea recta est ab vno puncto ad aliud breuissima extensio in extremitates suas vtrumque eorum recipiens. 4. Superficies est que longitudinem et latitudinem tantum habet, cuius termini quidem sunt linee. 5. Superficies plana est ab vna linea ad aliam extensio in extremitates suas recipiens. 6. Angulus planus est duarum linearum alternus contactus, quarum expansio est super superficiem applicatioque non directa. 7. Quando autem angulum continent due linee recte rectilineus angulus nominatur. 8. Quando recta linea super rectam steterit duoque anguli vtrobique fuerint equales, eorum vterque rectus erit. 9. Lineaque linee superstans ei cui superstat perpendicularis vocatur. 10. Angulus vero qui recto maior est obtusus dicitur. 11. Angulus vero minor recto acutus appellatur. 12. Terminus est quod vniuscuiusque finis est. 13. Figura est que termino vel terminis continetur. 14. Circulus est figura plana vna quidem linea contenta, que circumferentia nominatur, in cuius medio punctus est, a quo omnes linee recte ad circumferentiam exeuntes sibiinuicem sunt equales. Et hic quidem punctus circuli centrum dicitur. 15. Diameter circuli est linea recta que super eius centrum transiens extremitatesque suas circumferentie applicans circulum in duo media diuidit. 16. Semicirculus est figura plana diametro circuli et medietate circumferentie contenta. 17. Portio circuli est figura plana recta linea et parte circumferentie contenta semicirculo quidem aut maior aut minor. 18. Rectilinee figure sunt que rectis lineis continentur quarum quedam trilatere que tribus rectis lineis, quedam quadrilatere que quatuor rectis lineis, quedam multilatere que pluribus quam quatuor rectis lineis continentur. 19. Figurarum trilaterarum alia est triangulus habens tria latera equalia. Alia triangulus duo habens equalia latera. Alia triangulus trium inequalium laterum. Harum iterum alia est orthogonium vnum scilicet rectum angulum habens. Alia est ambligonium aliquem obtusum angulum habens. Alia est oxigonium in qua tres anguli sunt acuti. 20. Figurarum autem quadrilaterarum. Alia est quadratum quod est

a iiii

「원론」, 1권의 부록 (Venedig 1509)[5]

[5]참고문헌 [11], 195쪽

도를 했더라면 훨씬 더 심각한 격론이 있었을 것이고 그 토론에 관한 역사적 유물이 반드시 존재했을 것이다. 그럼에도 유클리드는 힐베르트의 이론에 분명히 한 역할을 하였는데 그것은 그가 현명하게도 제 5공리를 증명가능한 것으로 하지 않고 공리로 남겼기 때문이다. 이 때문에 대를 이어서 수학자들은 이 공리를 나머지 공리와 가정으로 증명 가능한 것으로 생각하고 그 해결에 골몰하였었다. 이러한 노력은 결국 비유클리드 기하학으로 발전되어 갔는데 그 방향은 힐베르트의 기본적 형식론으로 갈 수밖에 없었다. 다음에 유클리드의 기본적 이론을 직접 보기로 하자. 독자들은 이 책과의 첫 대면에서 놀래지 말기를 바란다. 왜냐하면 처음에 나오는 정리나 정의들은 기하학 전반에 걸쳐서 아주 기본이 되는 엄밀한 내용이기 때문이다. 나중에 가면 유클리드가 자기의 이론을 이 바탕 위에 어떻게 만들어 나가는지 보게 될 것이다. 그러면 이 책 전체가 명쾌한 과학을 세워 나가는 하나의 멋진 건축물로 변한다는 것을 알게 될 것이다.

3) 정의와 기본 정리들

정의

1. 어떤 부분도 없는 것이 점이다.
2. 직선은 무한히 뻗어나간다.

…

가정

성립해야 할 것은

1. 임의의 두 개의 점들은 직선으로 이어진다.
2. 끊어진 직선은 계속 이어서 나갈 수 있다.
3. 임의의 점을 중심으로 하고 임의의 길이를 반지름으로 하는 원을 그릴 수 있다.
4. 모든 직각은 서로 같다.
5. 한 직선이 두 개의 직선과 만날 때 같은 방향에 생기는 두 개의 내각의 합이 두 개 직각의 합보다 작게 된다면 이 두 직선을 한없이 늘렸을 때 두 개 직각의 합보다 작게 되는 각들이 있는 방향으로 한점에서 만난다.

공리

1. 어떤 것과 같은 것은 서로 같다.
2. 같은 것에 또 같은 것을 첨가하면 전체가 같다.
3. 같은 것에서 같은 것을 뺄 수 있으면 나머지는 같다.
4. 다른 것에 같은 것을 첨가하면 전체가 다르다.
5. 같은 것들의 쌍은 서로 같다.
6. 같은 것을 반으로 나누면 그들은 서로 같다.
7. 서로 겹치는 것들은 서로 같은 것이다.
8. 전체는 부분보다 크다.
9. 두 직선은 어떤 평면도 덮지 못한다.[6]

유클리드 이후 몇 세기에 걸쳐서 많은 수학자들이 이에 대해 다음과 같은 비판을 하였다. 우선 그의 정의 가운데 어떤 것들은 실효성이 없다. 예를 들면 점에 대한 정의는 사실상 점이 아닌 것에 대한 정의로 하는 것이 맞다(즉, 부분을 가지고 있는 것으로). 공리와 가정들이 완벽하지 못하다. 그리고 유클리드는 증명 중에 다음의 명확한 사실을 이용한다. 삼각형의 꼭지점 A를 지나 삼각형 안을 지나는 한 직선을 그리면 이 직선은 맞은편 모서리를 통과한다(그림 1).

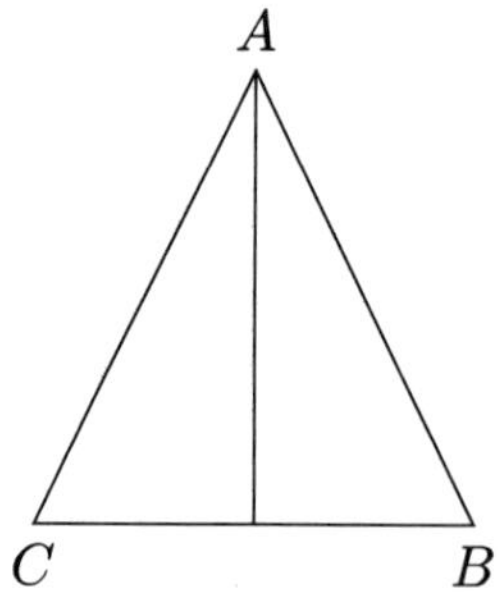

(그림 1)

물론 위에 있는 삼각형 말은 맞는 말이다. 그리고 기하의 모든 정리들을 공리와 가정들의 시스템만으로 세우려는 목표를 가졌으면 이러한 시스템만으로 증명할

[6]참고문헌 [8], 21쪽

수 없는 불분명한 이론들을 증명에 쓸 수는 없다. 「원론」의 정의들이 완벽하지 못하고 공리와 가정들은 충분치 못하다는 면에서 보면 위에 있는 두 가지 비판은 옳다. 그래서 지난 2천년간 더 나은 대안을 제시하려고 노력하였다. 누구든지 한번쯤 기하의 기본 정의들을 세우기 위하여 숙고해 보면 무엇이 어려운 일인지 분명해 진다. 어떤 사람들은 직선에 관한 정의는 분명하다고 생각한다. '직선은 두 점을 잇는 가장 짧은 연결이다.' 그러나 여기에는 거리에 관한 개념이 스며들어있고 이 개념은 정의하기가 직선의 정의보다 결코 쉽지 않다. 앞에서 언급했듯이 오늘날 힐베르트 덕분에 우리들은 기하학적인 기본개념에 관한 명확한 정의를 내리는 것은 포기해야 한다는 것을 알고 있다. 이것은 오직 공리 시스템만으로만 함축적으로 알 수 있다.

4) 유클리드의 증명 기법

유클리드 이전의 고대문명시대에도 이미 수학적 법칙에 관한 이해를 하고 있었던 사람들이 있었다. 중국, 바빌로니아 그리고 이집트 사람들은 계산은 물론이고 기하의 내용에 관해서도 기본적인 지식들은 가지고 있었다. 그러나 그들의 지식들은 전해져 내려오는 단편적인 것들의 모임 정도였지 증명을 통한 정리들은 결코 아니었다.

오늘날의 교사들도 가르치는 데 있어서 직관에 의존하는 경우가 많다. 그러다가 바로 이해가 안 되는 정리들이 나타나면 그때서야 증명을 시도해 보는 수가 자주 있는데 유클리드는 어떤 경우에도 직관에 의지하는 법이 없었다. 그의 「원론」에는 아주 잘 정리된 증명 기법들이 들어 있고 이 기법들은 오늘날의 학교에서 배우는 것보다 훨씬 더 정교하다. 그는 엄밀하게 표현된 가정과 공리들만 가지고 그 다음의 논리적 단계를 밟아 나아갔던 것이다. 그는 직관이라는 것을 몰랐다고 말하는 것이 맞을 것이다. 이렇게 그의 논리에 나타나는 모든 명제들은 가정과 공리들 또는 기존에 증명되었던 이론들을 바탕으로 나아갔고 증명의 끝은 항상 '보여주어야 할 것을 끝냈다(quod erat demonstrandum=q.e.d.)'로 마감하였다. 이러한 방식들은 현대 형식주의자들의 엄격한 방법론과 비슷하다. 하지만 이 둘 사이에는 분명한 차이점이 존재하는데 고대 기하학자들에게는 기하의 이론들은 진실이었고 그래서 가정들은 그들이 세계를 이해하는 직접적인 도구가 되었다. 그러나 오늘날에 와서는 이러한 안전한 기본적 도구들은 그 자리를 잃어가고 있다.

다음에 고전적인 피타고라스 정리에 관한 유클리드의 증명을 보기로 하자. 이 증명에는 그 전에 증명된 정리들이 나타나므로 우선 그 정리들과 위에는 소개하지 않은 한 정의를 알아보겠다.

<유클리드가 증명한 피타고라스 정리>

첫 번째 책 §47

직각 삼각형에서 직각이 아닌 두 각의 변들을 모서리로 하는 정사각형 넓이들의 합은 직각을 끼고 있는 변을 모서리로 하는 정사각형 넓이와 같다.

이 증명을 위하여 앞에서 알아본 정사각형의 작도법을 이용하였고 아래의 정리들도 사용하였다.

첫 번째 책 §4

두 개의 삼각형에서 두 변이 같고 그 사이각이 같으면 마주 보는 밑변도 같고 결국 두 삼각형은 합동이다. 따라서 나머지 두 각들도 같다.

첫 번째 책 §14

한 직선 위에 있는 점을 지나가는 두 개 직선의 내각의 합이 두 직각의 합과 같으면 이 두 직선을 한없이 늘릴 수 있다.

첫 번째 책 §41

한 평행사변형의 아랫변을 밑변으로 하는 삼각형이 평행사변형 안에 있으면 그 평행사변형의 넓이는 삼각형 넓이의 두 배가 된다.

위에 소개한 사전 지식들이 있으면 피타고라스의 정리를 증명할 수 있다.

첫 번째 책 §47

피타고라스 정리. ABC를 BAC를 직각으로 하는 직각 삼각형이라고 하자. 그러면 $BC^2 = BA^2 + AC^2$이 성립한다(다음 그림 2 참조).

증명. 우선 사각형 $BDEC$를 BC 위에 그리고 BA, AC에 사각형 GB, HC를 그린다. 그리고 A를 지나는 직선 AL에 평행한 BD, CE를 그리고 선 AD, FC를 그린다. 각 BAC와 BAG는 각각 직각이므로 직선 BA에 점 A에서 서로 다른 방향인 직선 AC, AG는 합쳐서 두 직각=$2R$이 된다. 따라서 CA를 AG까지 연장한다. 같은 이유로 BA를 AH까지 연장한다. 또한 $\angle DBC = \angle FBA$가 성립하는데 둘 다 직각이기 때문이다. 그리고 각

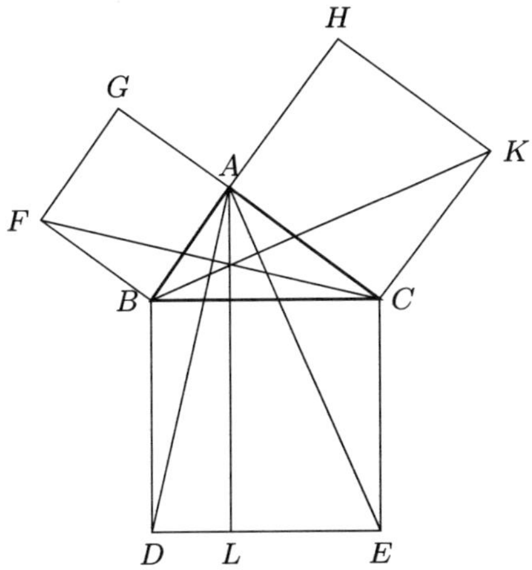

(그림 2)

$\angle ABC$를 양쪽 방향으로 끼워놓으면 $\angle DBA$와 $\angle FBC$는 같아진다. 또한 $DB = BC$ 그리고 $FB = BA$이므로 두 모서리 DB, BA와 두 모서리 FB, BC는 각각 같다. 그리고 $\angle DBA = \angle FBC$이므로 직선AD=직선FC 그리고 $\triangle ABD = \triangle FBC$가 된다. 또한 평행사변형 $BL = 2\triangle ABD$가 된다. 왜냐하면 그것들은 밑선 BD를 공유하고 있고 같은 평행선 BD, AL 사이에 있기 때문이다. 그리고 사각형 $GB = 2\triangle FBC$이다. 왜냐하면 그것들은 밑선 FB를 공유하고 있고 평행선 FB, GC사이에 있기 때문이다. 따라서 평행사변형 BL=사각형 GB이 성립한다. 비슷한 방법으로 AE와 BK를 그리면 평행사변형 CL=사각형 HC가 된다는 것을 보일 수 있다. 따라서 사각형 $BDEC$는 두 개의 사각형 GB와 HC의 합과 같다. 여기서 사각형 $BDEC$는 BC 위에 그려진 것이고 GB, HC는 BA, AC 위에 그려진 것이다. 따라서 BC 위의 사각형은 BA, AC 위에 그려진 사각형과 같다.[7] ■

[7] 참고문헌 [8], 23-24 쪽

3. 아르키메데스(Archimedes, B.C. 287-B.C. 212)

수학을 모르는 사람들에게는 이해할 수 없는 일들이 있다. -아르키메데스-

1) 공학의 시조

아르키메데스는 고대 그리스 수학의 정점을 이루고 있는 사람이라고 한다. 그의 연구 영역에는 수학은 물론이고 천문학, 공학, 물리학 등 거의 모든 자연과학 분야가 망라되어 있기 때문이다. 특별히 그는 오늘날 현대 공학의 아버지로 불리고 있다. 이러한 아르키메데스도 고대 그리스 시절의 플라톤 추종자들에게는 그리 반가운 인물은 아니었다. 그 이유는 당시 그리스 수학(당시에는 기하)은 완벽한 유토피아를 찾는 철학적 도구의 한 방편으로 생각되었고 따라서 수학 역시 순수한 이론들만이 관심의 대상이었기 때문이다. 이러한 그리스 철학의 중심에는 플라톤이 있었는데, 그리스 역사학자 플루타르크(Plutarch, 46-120?)는 플라톤이 오이독소스(Eudoxos, B.C. 408-B.C. 355)[1]나 아르키야타스(Archyatas, B.C. 4세기경 인물)[2] 등과 같은 수학자들이 수학을 공학적인 문제를 푸는 데 이용하였다고 비난하였고, 계속해서 '그들이 기하와 같은 고귀하고도 성스러운 학문을 육적인 것으로 망가뜨리고 있다'고 기록하고 있다. 플라톤과 그의 추종자들에게 기하는 돈과 같은 육신적인 것을 위한 수단이 결코 아니었던 것이다. 실제로 앞에서 살펴본 바와 같이 기원전 300년 경에 유클리드가 쓴 원론을 보면 당시의 수학자들이 현대 수학자들 못지 않게 아주 엄밀한 방법으로 수학을 연구하였다는 것을 알 수 있다. 그때의 학자들은 직관이나 보이는 것만으로는 만족하지 못하고 정확한 공리적 바탕 위에서 전개해 나간 기하만을 과학적이라고 인정하였다. 따라서 이런 학문적인 분위기 속에서 수학의 응용성이 강조되는 문제는 관심의 대상이 아니었다.

[1]곡선으로 이루어진 도형의 넓이나 부피를 계산하는 법을 찾아낸 고대 아테네 수학자.
[2]그리스 정치가, 철학자, 수학자. 플라톤과 잘 알고 지낸 것 같다.

아르키메데스

그러나 시라큐스(Syracus) 출신의 아르키메데스 만은 예외였다. 그는 수학의 실용적인 면에 심혈을 기울였던 사람이었다. 플루타르크는 아르키메데스에 대해서도 기록했는데 "그는 기계적인 일 뿐만 아니라 당장 필요로 하는 실용적인 모든 일에 관심을 갖고 있었다."고 하면서 "그 일이 비록 고상하지 못한 수작업이라 할지라도 선하고 아름다운 것을 보전하고 필요한 것을 만드는 데 심혈을 기울였다."고 한다. 그는 이 고상하지 못한 일을 때로는 놀라운 기술로 마감하기도 하였는데 배를 안전하게 접안시키는 기중기를 만들기도 하였고 히에로(Hiero)[3] 왕을 위해서 선적기계를 만드는 등 신기한 물건들도 창조하였다. 다음으로 그가 이러한 기계적인 도구를 통하여 수학적인 문제를 해결하는데 쓰는 과정을 알아보기로 하자.

아르키메데스의 업적을 살펴 보기전에 먼저 알아두어야 할 것은 그가 최초로 응용수학에 관심을 가진 인물이 아니라는 것이다. 그 이전에 이미 안티폰(Antiphon, B.C. 450년경 인물)[4]이나 앞에서 살펴본 데모크리토스 같은 사람들이 수학의 실제적인 응용성을 연구하였고 아르키메데스는 이들의 주장이나 이론적 중요성을 잘 알고 있었다는 것이다.

그 다음으로 아르키메데스는 자기만의 독창적인 방법으로 수학의 이론을 펼치지 않았다는 것이다. 오히려 그는 당시 그리스 수학에서 지켜왔던 엄격한 수학적 증명방법을 누구보다도 잘지켰다는 것이다. 그런데 흥미로운 것은 당시에도 엉터리 수학자들이 제법 있었던 것 같다. 그는 자신의 논문지 '나선(Spiral)'에서 이런 사람들을 혼란스럽게 만들기 위해서 제대로 된 명제 사이사이에 일부러 엉터리 명제들을 써놓아서 이 엉터리 수학자들이 절대로 증명할 수 없는 명제를 증명했다고 주장하다가 망신당하는 꼴을 보고 싶었던 모양이었다.

'도대체 도저히 해결이 안될 것 같으면서도 멋지게 풀린 기하의 문제들이 얼마나 많은가? 코논(Konon, B.C. 280?-B.C. 220?)[5]은 문제의 해를 찾기 위해 충분히 생각할 시간

[3]B.C. 265년에 로마와 평화협정을 맺어 그리스에 문화의 꽃을 피운 왕
[4]원의 문제를 실진법적으로 접근하였던 인물
[5]고대 그리스의 수학, 천문학자. 아르키메데스의 친구

을 갖기도 전에 죽었는데, 그가 살았더라면 이 문제뿐만 아니라 기하에서 나타나는 많은 다른 문제들도 분명히 해결하였을 것이다. 그는 그만큼 뛰어난 수학적 사고력과 창조적인 개성의 소유자였다. 비록 코논이 죽은지는 꽤 되었지만 우리는 아직도 이 문제의 어떤 것도 그가 시도하였는지는 알 수 없다. 이제 내가 그 문제를 하나하나 소개할텐데, 마지막에 있는 두 명제는 틀린 것이다. 이것은 증명은 하지도 않고 해를 발견했다고 주장하는 사람들로 하여금 결국 그들이 발견한 것은 불가능한 것이었다고 고백하게 만들기 위해서이다'[6]

입체기하학의 분야에서 나타나는 그의 증명은 그 이론적 명쾌함에 있어서 가히 독보적인 존재일 뿐만 아니라 그가 사용한 연역법의 엄밀성은 현대의 학교수업에서 여전히 그대로 배워야 할 정도이다. 대표적으로 구와 원통에 관한 증명이 그런 것인데 사람들은 이 증명을 보면 아르키메데스가 이 아이디어를 어떻게 얻었는지 의아해 할 정도다.[7] 다행히 1906년에 하이베르그(J.L Heiberg, 1854-1928)[8] 는 아르키메데스가 알렉산드리아에서 에라토스테네스(Eratosthenes, B.C. 276-B.C. 194?)[9]에게 쓴 편지를 발견하게 되었는데 그 곳에서 위의 의문에 대한 일단의 해답을 찾을 수 있게 되었다. 이 편지를 보면 아르키메데스는 기하학적인 연관성을 공학적 관점으로부터 해결하였다는 것을 알 수 있다.

'몇몇 정리들은 공학적인 방법으로 분명해졌고 나중에 기하학적으로 증명하였습니다. 공학적인 방법으로는 진정한 증명을 할 수가 없기 때문입니다. 실제로 어떤 질문에 대한 아무런 사전 지식없이 그 증명을 시도하는 것 보다는 알려진 공학적인 방법으로 일단의 지식을 얻는 것이 증명하기가 훨씬 쉽기 때문입니다. 그래서 비록 도형의 모양만 제시한 채 증명은 안 했지만(이 증명은 오이독소스가 처음 증명하였습니다만), 원추형의 부피가 원통형의 3분의 1이 되고 피라미드의 부피가 (밑면의 넓이와 높이가 같은) 다면체 부피의 3분의 1이 된다는 이론을 밝힌 데모크리토스에게 결코 작지 않은 공로를 돌려야 합니다.'[10]

[6]참고문헌 [11],197 쪽

[7]독일의 대표적인 염세주의 철학자인 쇼펜하우어(A. Schopenhauer, 1788-1860)는 아르키메데스의 이러한 연역적 증명을 '궁지에 몰려 나온 증명'이라고 비꼬았다.

[8]덴마크의 뛰어난 역사학자, 수학자.

[9]아르키메데스와 동시대의 지리학자, 수학자.

[10]참고문헌 [8], 26 쪽

다음에 이 위대한 기하학자의 논리적 전개를 몇 가지 보기를 통해서 보기로 하자.

(a) 구의 겉넓이에 관한 (엄격한 기하학적) 증명

(b) 구의 부피를 결정하는 인식론적 방법

오늘날 학교에서는 이 구의 겉넓이를 구하는 공식을 비교적 짧은 과정으로 이끌어 내지만 바로 이런 이유로 아르키메데스가 이용한 약간은 번거로워 보이는 이 엄밀한 방법을 공부하는 데 의의가 있다.

2) 구의 겉넓이

여기서는 아르키메데스의 증명을 현대적인 표현법을 사용하여 보기로 하자.

정리 1. 구의 겉넓이는 그 안에 있는 가장 큰 원의 넓이의 4배에 해당한다.

정리 2. 직선 x_μ와 $y_\mu(\mu = 1, 2, 3, .., m)$에 대해서 비율

$$\frac{x_1}{y_1} = \frac{x_2}{y_2} = \cdots = \frac{x_m}{y_m} \tag{1}$$

이 성립하면

$$x_1 \sum_{\mu=2}^{m} y_\mu = y_1 \sum_{\mu=2}^{m} x_\mu \tag{2}$$

가 성립한다.

(1)에 의해서 $x_1 y_\mu = y_1 x_\mu$가 성립하고 따라서 합해보면 (2)가 성립함을 알 수 있다. 아르키메데스는 정리 1의 증명을 위해 원뿔과 원뿔대의 성질을 이용했는데 여기서는 이에 관한 정리들을 알고 있는 것으로 가정하겠다.

정리 3. 원뿔의 겉넓이는 반지름이 원뿔의 모선과 바닥원의 반지름과의 비례중항을 이루는 원의 넓이와 같다.

정리 4. 모선의 길이가 s, 위 아래의 반지름이 r_1과 r_2인 원뿔대의 겉넓이는 반지름이 s와 $r_1 + r_2$와 비례중항을 이루는 원의 넓이와 같다.

정리 1을 증명하기 위한 다음 단계.

정리 5. p를 반지름 r인 원 안에 내접하는 정$4n$-각형 $AA_1A_2\ldots A_{2n}\ldots A_2'A_1'$이고 d를 축 AA_{2n}을 중심으로 회전시킨 p의 회전체라고 하자. 그러면 회전체의 겉넓이는 원넓이의 4배보다 작다.

증명. $4n$-각형 안에 대각선 $AA_{2n}, A_1A_1', A_2A_2', \ldots, A_2A_1, A_3A_2'$ 그리고 A_1A_{2n}을 그려놓자(아래 그림 1). 그리고 $B_\nu(C_\nu)$를 $A_\nu A_\nu'(A_\nu A_{\nu-1}')$이 AA_{2n}과 만나는 점들이라고 하자.

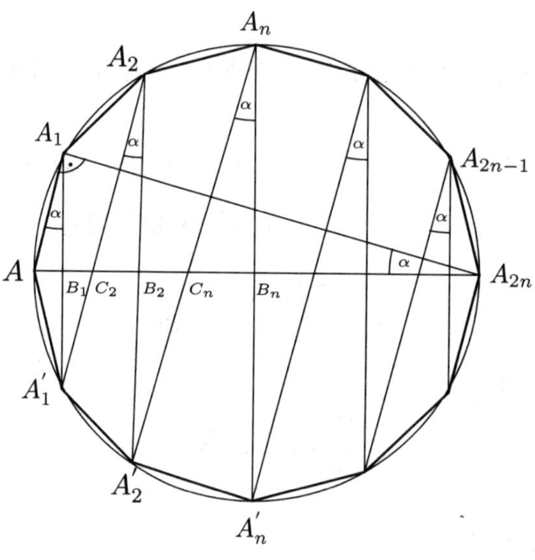

(그림1)

그러면 직선 $A_1A_1', A_2A_2', \ldots,$은 AA_{2n}에 직각으로 서게 되고 대각선 $A_2A_1', A_3A_2', \ldots,$은 서로 쌍으로 평행하다. 따라서 비율

$$\frac{A_1A_{2n}}{AA_1} = \frac{A_1B_1}{AB_1} = \frac{A_1'B_1}{B_1C_2} = \cdots = \frac{A_{2n-1}B_{2n-1}}{B_{2n-1}C_{2n-1}} = \frac{A_{2n-1}'B_{2n-1}}{B_{2n-1}A_{2n}} \tag{3}$$

가 성립한다. 정리 2에 의해서

$$AA_1(A_1A_1' + A_2A_2' + \cdots + A_{2n-1}A_{2n-1}') = A_1A_{2n} \cdot AA_{2n} \tag{4}$$

가 따르고 이 관계식 (4)는 회전체 d의 겉넓이 면적을 계산할 때 사용할 것이다. d는 2개의 원뿔과 $2n-2$개의 원뿔대로 이루어져 있다. 이제 모든 도형에 원뿔 내지는 원뿔대의 겉넓이와 같은 넓이를 가지는 원이 대응되어 있다고 가정해보자. 그러면 $2n$개 원들의 반지름의 제곱의 합을 정리 3과 4에 의해서 구할 수 있는데

$$\sum_{\nu=1}^{2n} \varrho_\nu^2 = AA_1 \cdot A_1B_1 + A_1A_2(A_1B_1 + A_2B_2) +$$

$$\cdots + A_{2n-2}A_{2n-1}(A_{2n-2}B_{2n-2} + A_{2n-1}B_{2n-1}) + A_{2n-1}A_{2n} \cdot A_{2n-1}B_{2n-1} \quad (5)$$

가 된다. 또한

$$AA_1 = A_1A_2 = \cdots = A_{2n-2}A_{2n-1} = A_{2n-1}A_{2n}$$

$$2A_\nu B_\nu = A_\nu A'_\nu \ \ (\nu = 1, 2, \ldots, 2n-1)$$

그리고 (4)에 의해서 이 반지름들의 제곱의 합을 아래와 같이 쓸 수도 있다.

$$\sum_{\nu=1}^{2n} \varrho_\nu^2 = AA_1(A_1A'_1 + \cdots + A_{2n-1}A'_{2n-1}) = A_1A_{2n} \cdot AA_{2n}. \quad (6)$$

R이 회전체 d의 겉넓이와 같은 넓이를 갖는 한 원의 반지름이라면 (6)을 이용해서

$$R^2 = \sum_{\nu=1}^{2n} \varrho_\nu^2 = A_1A_{2n} \cdot AA_{2n} \quad (7)$$

이 성립한다.

$$A_1A_{2n} < AA_{2n}$$

로부터

$$R^2 < AA_{2n}^2 = 4r^2 \quad (8)$$

이 성립한다. ■

외접하는 정 $4n$각형에 대해서도 같은 방법으로 증명한다.

정리 6. $A^*A_1^*A_2^* \ldots A_{2n}^* \ldots A'^*_2 A'^*_1$를 반지름이 r인 원에 외접하는 정 $4n$-각형 P라 하고, D를 회전축 $A^*A_{2n}^*$을 중심으로 P를 회전시켜 생긴 회전체라고 하자. 그러면 회전체의 겉넓이는 그 원의 4배보다 크다.

증명. 원에 외접하는 정다각형 P는 좀더 큰 한 원에 내접한다. (7)에 의하면 겉넓이가 D의 겉넓이와 같은 넓이를 가지는 반지름이 R^*인 원에 대해서도

$$R^{*2} = A_1^* A_{2n}^* \cdot A^* A_{2n}^* \tag{9}$$

가 성립한다. 그러나 (그림 2 참조)

$$A_1^* A_{2n}^* = 2D_1 B_n = 2r$$

이고 따라서 (9)로부터

$$R^{*2} > {A_1^* A_{2n}^*}^2 = 4r^2 \tag{10}$$

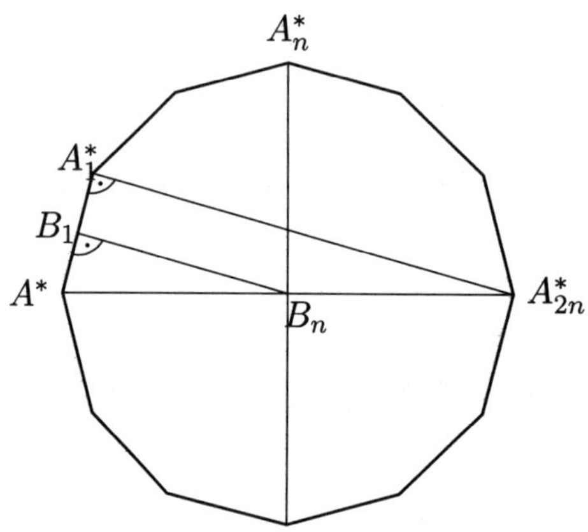

(그림 2)

이 성립한다. ■

이상의 결론을 가지고 아래의 정리를 세운다.

정리 7. 정리 3과 4에 의하면 외접하는 회전체 d와 D의 겉넓이는 각각의 모서리의 제곱과 같은 비율을 가진다.

(7)과 (9)에 의해서 위의 두 그림 1, 2에 있는 삼각형들 AA_1A_{2n} 그리고 $A^*A_1^*A_{2n}^*$의 유사성을 고려해 보면

$$\frac{O(d)}{O(D)} = \frac{R^2}{R^{*2}} = \frac{A_1A_{2n} \cdot AA_{2n}}{A_1^*A_{2n}^* \cdot A^*A_{2n}^*} = \frac{AA_1^2}{A^*A_1^{*2}} \tag{11}$$

이 성립한다.

결론적으로 정리 1을 증명하기 위해서는 다음의 정리가 필요하다.

정리 8. 내접하는 회전체 d(정리 5)의 겉넓이는 외접하는 회전체 D보다는 작고 구의 겉넓이보다는 크다.

이 정리는 아르키메데스가 자신의 연역법에 사용한 '가정'으로부터 즉시 성립하는 것이다. 물론 이 '가정'을 좀더 단순한 공리적 가정으로 할 수 있지 않을까 하는 질문은 남아있지만 일단은 그의 연역법을 따르고 정리 8을 그의 가정에 근거해서 빼기로 하자. 이제 정리 1을 증명해보기로 하자.

정리 1의 증명. 아르키메데스는 간접증명을 사용했는데 이 방법은 그의 다른 여러 가지 증명에도 자주 나타나는 기법이다. R을 반지름이 r인 구, t를 반지름이 $2r$인 원이라고 하자.

(I) t가 구의 겉넓이 $O(R)$ 보다 작다고 하자. 그러면

$$\frac{\beta}{\gamma} < \frac{O(R)}{t} \tag{12}$$

를 만족하는 직선 β, γ $(\beta > \gamma)$가 있다. δ를 β와 γ의 비례중항, $\beta\gamma = \delta^2$이라고 하자. 그러면 R에 대해서 정리 6과 5에 설명된 외접하고 내접하는 $4n$-각형을 만들 수 있다. 꼭지점 $4n$개는 이 다각형 ($A^*A_1^* : AA_1$ 그림1, 2)의 모서리들의 비가 $\beta : \delta$보다 작게 만들어져야 한다. AA_{2n}을 축으로 하여 이 다각형을 회전시키면 회전체 D와 d가 생긴다. 그러면 정리 7과 (12)에 의해서

$$\frac{O(D)}{O(d)} = \frac{A^*A_1^{*2}}{AA_1{}^2} < \frac{\beta^2}{\delta^2} = \frac{\beta}{\gamma} < \frac{O(R)}{t} \tag{13}$$

이 생기고 정리 5와 8에 의해서

$$\frac{O(D)}{O(d)} > \frac{O(R)}{t} \tag{14}$$

가 성립한다. 부등식 (13)과 (14)가 서로 모순이 되므로 결국 앞에서의 가정 (I)이 틀린 것이 된다.

(II) t가 $O(R)$보다 크다고 가정하자.

그러면

$$\frac{\beta}{\gamma} = \frac{t}{O(R)} \tag{15}$$

를 만족하는 두 개의 직선 β와 γ를 선택하자. δ를 β와 γ의 비례중항이라고 한다면 앞에서와 비슷하게

$$\frac{O(D)}{O(d)} < \frac{t}{O(R)} \tag{16}$$

가 된다. 그러나 정리 6과 8에 의해서

$$\frac{O(D)}{O(d)} > \frac{t}{O(R)} \tag{17}$$

이므로 (16)과 (17)이 서로 모순이 된다. 즉 가정 (II)도 틀렸다. 따라서 정리 1에서 말한 것처럼 남아있는 가능성은

$$t = O(R)$$

이다. ■

아르키메데스는 다음 정리도 이와 비슷한 방법으로 다음을 증명하였다.

정리 9. 구의 부피는 큰 원을 밑면으로 하고 구의 반지름을 높이로 하는 원뿔 부피의 4배와 같다.

3) 교수법

스테레오 거리 함수가 나타나는 아르키메데스의 연구에는 다소 복잡한 증명법이 나타나는데 그가 증명하고자 했던 이론들을 어떻게 생각해 냈는지에 대한 묘사가 전혀 없다. 에라토스테네스에게 보낸 편지를 보면 그가 구의 부피를 원뿔대들의 합으로 생각한 실진법을 이용하여 구했다는 것을 알 수 있다. 그러나 아르키메데스는 이 방법을 오로지 설명하는 목적으로 사용한 것이지 결코 궁극적인 증명법으로 생각하지 않았던 것 같다.

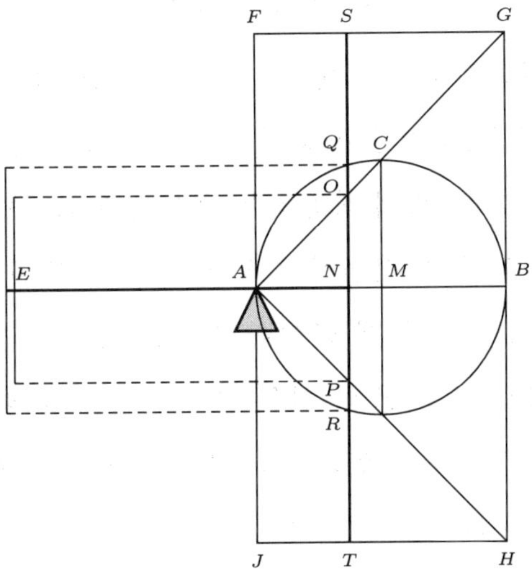

(그림 3)

정리 9의 증명. AB와 CD를 반지름이 r이고 중점이 M인 구 R의 큰 원 t의 지름들로서 서로 직각으로 만난다고 하자(그림 3). 그러면 ACD는 정리 9에서 말하는 원뿔의 단면이 된다. 그림 3에서 축을 AB로 하고 밑바닥 원의 반지름이 $AF = AB$가 되는 원통의 단면 $FGHJ$(축을 따라 잘린)을 볼 수 있다. ST를 CD에 평행한 선으로서 AB와는 N에서 만나고(A와 M 사이에 있는), 원 t와는 Q와 R에서 그리고 원뿔과는 O와 P에서 만난다고 하자. 다음에 반지름 $r = MC$가 되는 원을 $K(r)$ 또는 $K(MC)$로, 한변이 a인 정사각형은 $Q(a)$ 그리고 변의 길이가 a, b인 직사각형은 $R(a, b)$로 표시하자. 그러면 (그림 3)에 나오는 도형을 아래의 등식으로 표현할 수 있다.

$$Q(ON) + Q(NQ) = Q(AN) + Q(NQ) = Q(AQ) = R(AN, AB) = R(ON, NS).$$

따라서 분수식

$$\frac{Q(ON) + Q(NQ)}{Q(NS)} = \frac{R(ON, NS)}{Q(NS)} = \frac{ON}{NS}$$

이 성립하고 마찬가지로

$$\frac{K(ON) + K(NQ)}{K(NS)} = \frac{ON}{NS} \tag{18}$$

이 성립한다. 이제 A 위에 있는 축 AB를 연장했다고 하자. 그러면 이 축을 A 위에 중심을 잡고 있는 저울로 파악할 수 있다. 그리고 원통의 단면 $K(NS)$는 그 자리에 두고 원 $K(ON)$과 $K(NQ)$을 E에 걸어 놓는다. 그러면 $K(ON)+K(NQ)$를 E 위에 그리고 $K(NS)$를 N 위에 작동하는 무게라고 나타낼 수 있다. (18)에 의해서 이 저울에는 원뿔과 구의 단면원이 N 위 그리고 E 위에서 서로 균형을 잡고 있다. 이러한 원뿔과 구의 무게 균형이 A와 B 사이에 있는 모든 단면 ST들에 대해서 행하였다 하자. 그러면 이 저울 위에는 원뿔(축의 단면 AHG)과 구의 중심이 E 위에서 균형을 이루고 있다. 원통은 제자리에 있다. 그러면 대칭성에 의해서 M이 무게중심이 되고 저울 등식

$$\text{원뿔}(AHG) + \text{구} = \frac{1}{2}\text{원통} \tag{19}$$

이 성립한다. 왜냐하면 저울 팔 AM이 팔 AE의 길이의 반이기 때문이다. 또한

$$\text{원뿔}(ACD) = \frac{1}{8}\text{원뿔}(AGH)$$

$$\text{원통} = 3\text{원뿔}(AGH)$$

이기 때문에 (19)로부터

$$\text{구} = 4\text{원뿔}(ACD)$$

가 성립한다. ■

이 증명은 누가 봐도 흠잡을데 없이 완벽하다. 그러나 아르키메데스 자신은 이 증명에 만족하지 못하였던 것 같다. 그 이유는 여기서 저울법칙이 사용되었기 때문만은 아니었다. 그는 이미 생전에 '포물선의 구적화'를 무게중심법칙을 가지고 연구한 것을 공식적으로 발표하였기 때문이다. 따라서 이 기계공학적인 이론을 순수수학적 이론의 바탕으로 사용할 수도 있다. 그렇다면 아르키메데스가 이 증명에 만족하지 못한 이유는 무엇일까? 그는 아마도 실진법을 이용하여 한 공간을 무수히 많은 작은 조각들의 집합으로 나눈 다음 그것들의 합으로 겉넓이를 계산하고 싶어했는지도 모른다. 그러나 그는 당시에 이미 실진법을 이용한 증명이 대단히 위험하다는 것을 알고 있었던 것에 틀림없다. 이것이 또한 아르키메데스의 수학적 예지력을 나타나는 또 하나의 증거가 된다. 실제로 17, 18세기 수학사에서 많은 수학 천재들이 실진법을 이용한 무한급수 계산에서 실수에 실수를 거듭한 것을 보아도 알 수 있다. 그 대표적인 예를 아래(그림 4)에서 볼 수 있다.

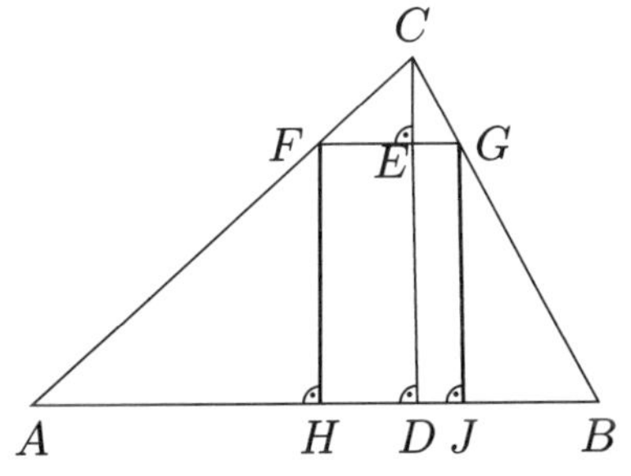

(그림 4)

삼각형 ABC에서 $AC > BC$라고 하자. 그럼 부분삼각형 $ACD(CD \perp AB)$는 분명히 부분삼각형 CBD보다는 크다. 한편 AB에 평행한 모든 FG에는 수직선 FH와 같은 길이를 가지는 단 하나의 수직선 GJ를 결정할 수 있다. 이러한 연결 은 역으로도 성립하고, 두 개의 부분삼각형의 모든 내점들에도 단 하나의 수직선이 결정된다. 이런 방법으로 이 두 개의 부분삼각형을 무수히 많은 같은 길이를 가지는 수직선들로 나눌 수 있다. 그럼에도 이 두 개의 도형이 같은 면적을 가진다고 주장하는 것이 틀릴 수도 있다. 이 보기는 무한한 방법을 이용한 방법을 사용할 때는 조심해야 한다는 것을 보여준다. 그래서 아르키메데스가 여기서 저울법칙을 사용한 것도 오로지 구와 원통 또는 구와 원뿔과의 관계를 발견하기 위한 것이었다.

4. 카르다노(G. Cardano, 1501-1576)와 타탈리아(N.Taraglia, 1500-1557)

'친애하는 독자 여러분, 이 책을 읽으시는 여러분께서는 대수학의 법칙을 발견하시게 될 것입니다. 이 책은 대수학에 관한 새로운 이론과 증명들로 가득차 있는데, 그 중에 칠십개만 가지고도 과거의 쓸모없는 이론들을 완벽하게 없앨 수 있습니다.' -카르다노-

1) 근대적 방정식의 시작

유럽의 중세시대에 활약했던 피보나치(L. Fibonacci 1170?-1240?) 등의 수학적 업적에도 불구하고 기독교적 종교관에 머물러 있던 유럽 수학의 발전은 참으로 더디었다. 15세기에 시작된 르네상스 시절은 지금으로부터 불과 5, 6백년 전 밖에 안되지만 당시 유럽인들의 수학적 수준은 현대인의 눈으로 보면 한심하기 짝이 없었다. 예를 들면 루돌프(C. Rudolff, 1550?-1549?)는 슈티펠(M.Stiefel, 1487-1567)[1]이 쓴 대수학 책을 크게 개정을 하여 '코스(Coss, 대수학)'라는 수학책을 발간하였는데 그 안에 다음과 같은 문제가 있다.

'10보다 작은 수가 있는데 그것을 3배 한 값이 10에서 그 수를 뺀 것을 7배 한 것보다 10이나 더 크다.'[2]

이 정도의 문제는 현대의 중학생 정도면 누구나 간단한 방정식 $3x - 10 = 7(10 - x)$을 통하여 쉽게 계산할 수 있다. 그러나 이렇게 간단한 계산도 당시 사람들에게는 쉽지 않아서 주로 적당한 숫자를 답이 나올 때까지 반복하여 계산하는 방법을 사용하였다. 저자 자신도 그런 방법을 쓴 것 같은데 그 이유는 x의 값을 10 이하라고 한정지어 문제풀이를 좀 쉽게 만들어 놓은 것을 보면 알 수 있

[1]르네상스 시절의 독일 수학자. 수학 교재의 보급에 힘썼고 특히 수학기호의 통일에 공헌이 크다.
[2]참고문헌 [8], 45쪽

카르다노

타탈리아

다. 이러한 수학적 수준에 머물러 있던 유럽은 르네상스가 시작되면서 여러 방면에서 눈을 뜨게 되었다. 특히 사회 경제적인 변혁은 유럽인들로 하여금 수학에서도 커다란 개혁을 요구하게 되었는데 그때까지의 수학적 지식만 가지고는 도저히 감당할 수 없을 만큼 커진 경제규모, 홍수처럼 불어나는 새로운 과학지식 시대의 도래 등은 계산문제를 포함한 수학 전반에 걸친 변혁을 요구하게 되었기 때문이었다. 특히 그중에서도 관심이 컸던 것은 방정식 근의 해법에 관한 것이었는데, 이를 위해 르네상스 시절이 시작되면서 유럽인들은 아랍어로 된 그리스 고대문헌을 연구하게 되었다. 특히 디오판토스(Diophantos, B.C. 250년경)[3]가 쓴「산학」을 알게 되면서 본격적으로 대수방정식에 대한 연구를 하게 되었다. 이렇게 걸음마 수준에 있었던 당시의 유럽인들이었지만 2차 방정식의 근의 공식은 알고 있었다. 그러나 3차 방정식의 근의 문제는 당시 수학자들에게는 불가능한 것으로 알려져 있었는데 마침내 이 문제가 해결되면서 유럽 수학이 아랍의 수학을 넘어서게 되는 계기가 되었다. 다음에 이 3차 방정식의 근의 공식 문제를 해결하는 데 중요한 역할을 한 두 사람을 소개해보겠는데, 사전에 미리 알아두어야 할 것은 16세기 유럽에는 수학자로서 제대로 전문화된 사람들이 없었다는 사실이다. 그 대신 당시에는 주로 신학자, 의사, 철학자들 중에 수학을 취미로 연구하는 사람들이 오늘날의 동호회 비슷한 모임을 만들어서 새롭게 발견된 수학이론을 연구하는 선구자적 역할을 하고 있었다.

2) 르네상스 시절의 두 수학자

16세기에 들어서자 대수 방정식의 해를 구하는 문제에 많은 진척을 보게 되었는데 그 중에 특히 중요한 업적은 3차 방정식 근의 공식의 발견이었다. 이 근의 공식을 발견하게 되는 과정에는 두 명의 중요한 수학자가 나타나는데 바로 이탈리아의 카르다노와 타탈리아(본명은 니콜라 폰타나(N. Fontana))가 주인공들이다. 이 두 사람은 누가 먼저 근의 공식을 발견하였는가 하는 문제를 가지고 거

[3]알렉산드리아에 살았던 고대 그리스의 대수학자.「산학(Arithmetica)」의 저자로 유명하다.

의 일생 동안 결코 물러설 수 없는 싸움을 벌리게 되는데, 오늘날에 와서는 타탈리아가 최초의 발견자이기는 하지만 이 공식을 좀더 일반화시키고 세상에 공개하여 결국 수학의 발전에 지대한 공을 끼친 카르다노에게 그 명예를 돌리는 것이 일반적인 경향이다. (나중에 보게 될 미적분에 관한 라이브니츠와 뉴턴의 관계에서도 이와 비슷한 현상이 일어난다.) 다음에 이 두 사람에 대하여 좀더 자세히 알아보기로 하자.

카르다노는 르네상스 시대의 대표적인 학자 중의 하나로서 그의 이름은 여러 분야의 문헌에 나타나고 있을 뿐만 아니라 그의 이름이 붙은 이론, 기계장치, 측정기구 등도 대단히 많다. 그는 일생 동안 철학, 종교 등 다방면에 걸쳐 백여 편의 논문과 여러 가지 저서들도 남겼는데 이 중에서 특히 수학에 관하여 쓴 3개의 논문이 유명하다. 그렇다고 그가 일생동안 행복한 학문적 삶을 누린 것은 결코 아니었다. 빚보증을 잘못 서서 고통을 받은 적도 있었고, 아들이 저지른 살인사건에 휘말려 말년에는 손자에게 얹혀 살기도 하였다. 뿐만 아니라 그가 저술한 범우주적인 종교관에 관한 책은 기독교를 비난한 것으로 인정되어 종교재판에 휘말리게 가게 된다. 이 사건은 독일의 극작가 레싱(D. Lessing, 1729-1782)의 관심을 불러 일으켜 '주여, 카르다노를 구하소서'라는 제목으로 카르다노의 재판을 내용으로 하는 작품을 만들 정도였다.[4]

카르다노는 이탈리아의 파비아(Pavia)에서 출생한 사람으로서 의학(수학도 함께)을 공부하였고 의학박사학위를 받은 후에는 이 대학의 의과대학장이 되었다. 의사로서 그는 심한 천식에 시달리고 있던 스코틀랜드의 대주교 해밀턴(J. Hamilton)을 치료하였는데, 이때 카르다노는 침대 덮개에서 나오는 먼지가 알레르기(Allergie)의 원인이라는 것을 알아내었다고 한다. 그는 이불을 비단으로 만든 것으로 바꾸었는데 그 즉시 대주교의 천식은 거의 다 치료가 되었다고 한다. 이렇듯 뛰어난 과학자였음에도 불구하고 그에게는 사생아라는 딱지가 붙어있었

[4]카르다노는 한 저술에서 종교에 관한 대화를 써넣은 적이 있는데 그 곳에서 그는 '기독교와 유태교 그리고 이슬람교 중 어떤 종교가 가장 위대한가?' 라는 질문을 하였다. 그리고 그에 대한 답을 써놓지 않았는데 이 때문에 무신론자로서 고소당한 것이었다. 레싱은 카르다노를 변호하는 입장에 서있었고, 이 사건으로 작품 '반지의 우화'를 만들게 된 동기가 된 것 같다.

던 관계로 의사로서나 교수 그리고 학장이 되는 데는 많은 어려움을 극복하여야 했다. 자신의 일생에 관한 자세한 내용은 그가 1552년에 발간한 자서전에 잘 나타나 있는데 그 책에는 일생동안 겪어야 했던 변화 무쌍한 인생살이, 학문적 야망, 그리고 빚 때문에 감옥에 간 일, 종교적 박해를 당한 일 등이 자세히 적혀있다. 재미있는 것은 카르다노가 그 자서전에 자신의 사망 일을 예언해 놓았는데 그 날 죽지 않자 그 예언 날짜를 수정한 다음 그 수정된 예언일에 맞추어 자살하였다는 말도 있다.

그러나 카르다노의 가장 위대한 업적은 1545년에 발간한 저서「위대한 예술과 대수적 법칙에 대하여(Ars magna sive de regulisalgebraicis)」이다. 이 책에는 대수학 발전에 한 획을 긋는 중요한 수학이론이 나타나는데 이것이 바로 3차 방정식의 근의 공식이다. 이에 관해 좀더 자세히 들어가기 전에 이 문제에 관한 그의 적수였던 타탈리아와의 관계에 대해서 알아보자. 타탈리아는 이탈리아의 가난한 집안 출신이었다. 그의 일생은 카르다노와 떼어서 생각할 수 없을 정도로 지독한 운명의 끈으로 두 사람은 엮어져 있었다. 타탈리아는 가난 때문에 제대로 된 학교 교육을 받아본 적이 없었다. 그러다가 12살 되던 해 브레시아(Brescia) 마을에 쳐들어오는 프랑스 군인들을 피해 어머니와 함께 마을 교회로 피난을 갔으나 그 곳에서 한 프랑스 군인이 휘두른 칼에 턱을 맞게 되었다고 한다. 그 충격으로 그는 말을 더듬기 시작하였는데 그의 이름 타탈리아는 바로 '말더듬이'란 뜻이고 이 별명이 평생 그의 이름처럼 사용되었다. 16세가 되자 그의 어머니는 아들에게 글공부를 시켰으나 사례금을 다 못내 중간에 고만두어 알파벳을 처음의 반만 배울 수밖에 없었다고 한다. 이것만 가지고는 자신의 이름조차도 쓸 수가 없게 되자 교과서를 훔쳐서 독학으로 깨우쳤다는 말도 있고, 또 다른 설에 의하면 그는 영특한 아이로서 이미 6세 때에 글을 다 깨우쳤다고도 한다. 어떻든 그는 이미 어린 시절부터 글과 계산법을 가르치면서 생계를 꾸려 나갔다. 그의 의뢰인들은 천문학자, 상인, 건축가 등 주로 계산이 필요한 사람들이었는데 타탈리아는 단순히 문제만 풀어주고 수수료를 받는 것이 아니라 스스로 문제를

HIERONYMI CAR
DANI, PRÆSTANTISSIMI MATHE
MATICI, PHILOSOPHI, AC MEDICI,
ARTIS MAGNÆ,
SIVE DE REGVLIS ALGEBRAICIS,
Lib. unus. Qui & totius operis de Arithmetica, quod
OPVS PERFECTVM
inſcripſit, eſt in ordine Decimus.

HAbes in hoc libro, ſtudioſe Lector, Regulas Algebraicas (Itali, de la Coſſa uocant) nouis adinuentionibus, ac demonſtrationibus ab Authore ita locupletatas, ut pro pauculis antea uulgò tritis, iam ſeptuaginta euaſerint. Neq; ſolum, ubi unus numerus alteri, aut duo uni, uerum etiam, ubi duo duobus, aut tres uni æquales fuerint, nodum explicant. Hunc aũt librum ideo ſeorſim edere placuit, ut hoc abſtruſiſsimo, & planè inexhauſto totius Arithmeticæ theſauro in lucem eruto, & quaſi in theatro quodam omnibus ad ſpectandum expoſito, Lectores incitarẽtur, ut reliquos Operis Perfecti libros, qui per Tomos edentur, tanto auidius amplectantur, ac minore faſtidio perdiſcant.

카르다노의 저서「위대한 예술과 대수적 법칙에 대하여」의 표지[5]

[5]참고문헌 [11], 391쪽

내고 푸는 등 수학의 깊은 경지까지 넘나들었다. 예를 들어 다음과 같은 문제를 스스로 내었다고 한다.

숫자 8을 두 부분으로 나누어서 한 수와 8에서 그 수를 뺀 수의 곱에 두 수의 차이를 곱한 것이 최대(또는 최소)가 되도록 숫자를 정하라.[6]

숫자들을 $x, 8-x$라고 하면 구하려고 하는 수는 $x(8-x)(8-2x)$이 되고 이 식의 값을 y라고 한다면

$$y = -2x^3 + 24x^2 - 64x$$

의 최대값 또는 최소값이다. 오늘날 누구든지 약간의 미분 개념만 알고 있으면 쉽게 풀 수 있는 문제이지만 미분을 몰랐던 타탈리아는 자신의 뛰어난 계산 능력을 십분 발휘하여 3차 방정식의 근의 문제를 찾는 방법으로 이 값을 구하였다. 이것이 3차 방정식의 근의 공식을 누가 먼저 발견했는가 하는 카르다노와의 우선순위 싸움의 발단이 되었다.

3) 학자들의 싸움

이 싸움의 시작은 다음과 같다. 앞에서 말했듯이 당시의 계산가들은 서로 문제를 내고 풀면서 자신의 명성을 드러내는 것을 즐겨했는데 이는 아마도 계산가로서의 수입과도 직결되는 일이었던 것 같다. 이러한 문제 중에서도 가장 관심이 있었던 것은 역시 3차 방정식의 근의 공식이었다. 16세기 초의 계산가 델 페로(S. del Ferro, 1465-1526)는 방정식

$$x^3 + ax = b$$

의 해를 알고 있었다.[7] 현대식 기호로 표현하면

$$x = \sqrt[3]{\frac{b}{2} + \sqrt{(\frac{b}{2})^2 + (\frac{a}{3})^3}} + \sqrt[3]{\frac{b}{2} - \sqrt{(\frac{b}{2})^2 + (\frac{a}{3})^3}}$$

[6]참고문헌 [8], 122 쪽

[7]아마도 델 페로는 공식만 알고 구하는 과정은 몰랐던 것 같다.

가 된다. 이 식은 현대의 대수학 교재에 '델 페로의' 또는 '카르다노의' 공식이라고 쓰여있다. 델 페로는 이 결과를 여러 지인들에게 알려주었는데 그 중의 하나가 사위였던 피요르(A.M. Fior)였고 피요르는 카르다노의 문하생이었다. 피요르는 약 십년 후쯤 한 수학문제 풀기대회에서 만난 상대방에게 30문제를 내었는데 그 전부가 바로 이 방정식의 근을 이용한 것이었다. 그 상대방이 바로 타탈리아였는데 그는 이미 베네치아(Venecia)에서 수학계의 고수(?)로서 이름을 떨치고 있었다. 그런 타탈리아에게 피요르는 이 문제를 가지고 도전한 것이었다. 그 중에 몇 가지는 다음과 같다.

"나 안토니오 마리아 피요르는 계산 대가이신 니콜라 타탈리아 선생에게 다음과 같은 문제 30개를 내놓습니다."

1. 어떤 수를 3제곱한 다음 다시 자신을 더해서 6이 되는 수를 구하시오.(즉, $x^3+x=6$의 되는 수.)

2. 두 개의 수가 있는데 한수는 다른 수의 두 배이고 큰 것을 제곱한 것에 작은 것을 곱한 다음 이 값에 두 수를 더한 것이 40이 된다. 두 개의 수를 구하시오(즉, $4x^3+3x=40$).

3. 한 상인이 사파이어를 500두카텐(Dukaten)에 팔았는데 이것이 원래 값의 3제곱에 해당되는 이윤을 얻었다면 원래의 사파이어 값은(즉, $x^3+x=500$)?[8]

처음에 타탈리아는 무수한 노력에도 불구하고 이 문제의 해결책을 찾지 못하였다. 그러다가 마침내 주어진 시한을 하루 앞둔 밤인 1535년 2월 12일 델 페로가 가지고 있던 해와 똑 같은 해를 발견하였고 그 다음 날에는 방정식

$$x^3 = ax + b$$

의 해도 구하였다. 그러자 피요르를 비롯한 많은 사람들이 그 공식을 어떻게 구했는지 그 방법을 끈질기게 요구하였으나 타탈리아는 완강히 거부하였다. 그러던 어느날 카르다노로부터 그 방법을 비밀로 해주겠다는 약속을 받게 되자 두 사람은 1539년 마침내 한자리에 모이게 되었다. 이 자리에서 타탈리아는 아주 난해한 시로 표현된 그 방법을 알려주었고 후에는 서신을 통하여 다른 해의 방

[8]참고문헌 [11], 387쪽

법까지도 알려주었다. 이에 대해 카르다노는 거듭 비밀을 엄수하겠다는 맹세를 하였다. 두 사람 사이의 비밀의 흥정이 정말 어땠는지는 지금의 우리는 알 수 없다. 물론 타탈리아가 그 해법을 발견하였으니 자신이 최초로 발견한 사람이라고 주장하는 것은 당연하다. 하지만 이상한 것은 1535년부터 1539년까지 4년간 그는 이 해법을 공개하지 않았을 뿐만 아니라 그 후에도 아무런 조치를 취하지 않았다. 물론 타탈리아가 한 행동이 이해가 안가는 것은 아니다. 왜냐하면 당시에는 수학자들이 자기가 알고 있는 지식을 가지고 대중 앞에 서는 것이 관례였기 때문이다. 그런데 타탈리아는 어차피 제대로 이해하지도 못할 청중들에게 자신의 업적을 감추면 감출수록 그 자신은 더 신비스럽게 느껴질 수도 있기 때문이라고 계산했을 수도 있다. 그러나 카르다노의 입장은 좀 달랐다. 그는 다방면에 재능이 있는 사람이었고, 수학에서도 3차 방정식의 근의 공식에는 특히 더 관심이 많았다. 그는 타탈리아로부터 들은 해를 더욱 발전시키고 싶어했었고, 실제로 1545년에 발간된 「위대한 예술...」에 이 공식에 관한 더욱 세련된 이론을 내놓았기 때문이다. 이로서 카르다노는 타탈리아에게 한 맹세를 깨게 된 것이다. 현대인들은 카르다노의 행동을 '명예로운 약속을 위반'한 해적질로 여기고 그가 발간한 책을 '불법'이라고 말할 수 있다. 그러나 이에 대한 카르다노의 변명을 보면 그는 그 책 안에서 아주 솔직하게 모든 상황을 설명하였을 뿐만 아니라 델 페로와 타탈리아에 관해서도 공개적으로 말하고 있었다. 아래에 이 부분에 관해 나타나는 책 「위대한 예술...」의 일부를 옮겨 놓았는데 독자들은 카르다노가 이에 관해 아주 자세하게 써 놓았을 뿐만 아니라 전반적인 내용으로 보아 크게 과장된 것이 없이 담담하게 써내려 간 것을 느낄 수 있을 것이다.

'볼로냐 사람인 델 페로는 약 30년 전에 멋지고도 놀라운 3차 방정식의 근의 해를 발견하였고 그 내용을 피요르에게 알려주었다. 그런데 피요르가 브레시아 출신의 타탈리아와 수학 문제내기에서 이 문제를 내놓으면서 그 해를 구하라고 요구하였다. 타탈리아는 그 해를 구하였는데 나에게 이 해법을 발설하지 말라고 하였다. …잘 알려진 바와 같이 나는 그동안 내가 애써서 발견한 공식들에 실망하고 더이상 그에 대한 연구는 포기하고 있었는데 타탈리아의 공식을 보는 순간, 그 공식의 증명을 시도하면서 보다 나은 방법이 있다는 것을 알게 되었다. 나는 이 것을 심도있게 연구한 끝에 좀더 나은 여러 가지의 이론들을 제자 페라리(L. Ferrari, 1522-1569)[9]와 함께 계속해서 발견하였다.'[10]

타탈리아 역시 자신의 저서「여러 가지 문제와 해법들」에 카르다노가 했던 비밀의 맹세에 대해서 다음과 같이 써놓고 있다.

카르다노: "제가 약속을 지킬 것에 대해서는 걱정하시지 말기 바랍니다."
타탈리아: "제발 (그 약속을) 잊지 마시기 바랍니다."[11]

어쨌든 이 해법은 델 페로가 발견한 지 30년이 지난 당시에는 더이상 비밀이 아니었다. 델 페로의 지인들이 알고 있었을 가능성도 크다. 그럼에도 타탈리아에 대한 카르다노의 비밀의 맹세가 의미가 있을려면 타탈리아가 자신의 발견을 적당한 시간에 공개를 했어야만 한다는 것이다. 왜냐하면「위대한 예술...」책을 발간하는 1545년까지 카르다노는 결코 이 해법을 사용하지 않았기 때문이다. 그 사이 카르다노는 이에 관련된 문제들을 열심히 연구하였고 이 해법보다 훨씬 뛰어난 이론들을 자신의 이름으로 발표하여 아주 중요한 결과들을 얻었다. 다음에 카르다노의 3차방정식의 근의 공식에 관한 과정을 써보자.

1. 카르다노는 3차 방정식

$$x^3 + a_2x^2 + a_1x + a_0 = 0$$

의 일반적인 근의 해법을 발견하기 위하여 $x = y - \frac{a_2}{3}$으로 대입한 다음 '정상적 형태'인

$$y^3 + b_1y + b_0 = 0$$

로 바꾸었다. 이것은 델 페로의 공식으로 해결할 수 있었다.

2. 3차 방정식 근을 합하면 2차계수가 된다는 것을 알았다.

3. 허근을 가지고 계산하였던 최초의 인물이다.

4. 해법을 증명하는 과정에서 기하학 모형을 이용하였는데 이는 아랍의 수

[9]볼로냐 태생의 수학자. 본래 카르다노의 하인이었으나 그의 재능을 알아본 카르다노는 그를 연구의 동역자로 삼는다. 후에 볼로냐대학의 교수가 된다.
[10]참고문헌 [11], 388 쪽
[11]참고문헌 [11], 389 쪽

학자 알 콰리즈미(al-Khwarizmi, 780-846)[12]가 했던 증명을 보다 일반화 시킨 것이었다.

어쨌든 카르다노의 책「위대한 예술...」이 발간되자 타탈리아는 '배신자' 카르다노를 맹공격하였다. 그러자 카르다노는 자신이 직접 나서서 싸우지 않고 제자 페라리에게 대신 싸우게 하였다. 페라리는 타탈리아가 그 해법을 스스로 발견한 것이 아니고 델 페로의 자손들로부터 훔쳤을지도 모른다고 마구 공격하였다. 나중에는 광장에서 만나 공개적으로 토론까지 벌였으나 페라리가 깡패들까지 동원하는 바람에 타탈리아는 피신할 수밖에 없었다.

오늘날 16세기 수학자들의 업적을 자로 그은 듯이 분명히 알 수는 없다. 델 페로에 대해서도 알려진 것은 거의 없다. 격한 성질의 타탈리아가 계산가 수준을 넘어서는 훌륭한 수학적 자질을 가진 것은 분명하지만 한편 중 세시대적 사고 방식에 사로잡혀 있는 것도 사실이다. 반면 카르다노는 좀더 진취적인 사고력을 가진 사람이었다. 그는 방정식의 근을 허수를 이용하여 해결하려고 시도하였다. 이러한 과감한 수학적 시도는 후에 가우스가 허수를 '원래의 권리'로서 사용하게 하는 데 용기를 주었다.

4) 음수를 가능하게 만드는 방법

16세기 수학자들은 그들의 임무를 주로 상인이나 항해하는 사람 또는 기하학자들을 위한 실용적인 계산에 주로 두었기 때문에 음수에 대한 큰 의미는 두지 않았다. 그러나 카르다노는 (가끔 인위적이긴 하지만) 음수를 도입하여 문제를 해결하는 과감성을 발휘하였다.「위대한 예술...」책 37장에 나오는 보기를 해결해 보자.

문제. 프란츠의 부인이 가져온 결혼 지참금은 프란츠 자신의 재산보다 금화 100량이 더 많다. 그 지참금을 제곱하면 프란츠 재산을 제곱한 것보다 금화 400량이 더 많다.

[12]유럽의 중세시절에 살았던 아랍의 석학. 인도식 계산법을 아랍에 정착시킨 인물.

지참금과 프란츠의 재산을 계산하라.

풀이. 프란츠의 재산을 $-x$라고 하면 부인의 지참금은 $100 - x$가 될 것이다. 이것을 각각 제곱하면 x^2과 $10000 + x^2 - 200x$가 되고 그 차이는 400금화가 된다. 따라서 $x^2 + 400 + 200x = 10000 + x^2$이 성립한다. 이것을 정리하면 $9600 = 200x$가 되고 따라서 $x = 48$이다. 이 만큼의 음수가 되므로 나머지가 52이다. 따라서 프란츠는 -48금화만큼 재산이 있고 부인의 지참금은 52금화가 된다. 이러한 방법으로 아주 복잡하고 어려운 문제도 해결할 수 있다.[13]

여기서 카르다노는 기하의 도형문제에 도전하는데 음의 무리수를 다루는 과정도 나타난다. 후에 페르마도 극값 문제에서 다루게 되는 문제를 여기서 소개한다. 길이가 10인 직선을 두 부분으로 나누어서 그 곱이 주어진 수와 같게 만들어라. 카르다노는 이미 이 곱의 최대값은 직선을 이등분했을 때 나타난다는 것을 알고 있었다. 따라서 한 부분을 x나머지를 $10 - x = 5$로 놓으면 최대값은 $x(10-x) = 25$가 된다. 그런데 방정식이 $x(10-x) = 40$이면 어떻게 될까? 근을 구하면 두 개의 허근이 나오는데 $x_1 = 5+\sqrt{-15}, x_2 = 5-\sqrt{-15}$가 된다. 허근을 식 $x(10-x)$에 실제처럼 계산하면 제대로 된 값 $(5+\sqrt{-15})\cdot(5-\sqrt{-15})-25-(-15) = 40$이 나온다. 카르다노는 이 결과를 더욱 파고들어 새로운 경지를 열 만큼의 정열은 없었던 것 같다. 후대의 대 천재인 라이프니츠에게 조차도 허수는 신비한 수였기 때문에 카르다노는 이것을 '존재와 비존재 사이에 있는 양서류'라고 하였다.

[13]참고문헌 [8], 54 쪽

5. 페르마(P. de Fermat, 1601-1665)

신이 아직 아이일 때 수학을 가지고 놀기 시작하였다. 수학은 인간 세상에 존재하는 신들의 장난감이다. - 얼스(V. Earth)의 소설 '인간의 마음보다 더 위대한 것'에서-

1) 아마추어 수학자

17세기 초 프랑스는 근대 과학의 발전에 지대한 공헌을 하게 되는 두 명의 걸출한 인물을 배출하는데 데카르트(R. Descartes, 1596-1650)와 페르마가 그 주인공들이다. 그러나 이 두 사람의 관계는 개성, 출신, 직업 등 여러 면에서 달랐고 사이도 그리 좋지 않았다. 데카르트가 수학을 자신의 궁극적인 목표인 철학의 예리한 논리를 시험해보는 한 도구로 인식한 반면, 페르마는 수학 자체에 관심이 있던 사람이었다. 대부분의 사람들이 수학을 주로 어린 시절 학교에서 배우거나 아니면 수학과 관련된 일에 종사하다가 어쩔 수 없이 배우게 되지만 페르마처럼 숫자와 도형으로 이루어진 '신의 장난감'인 수학을 공부하면서 행복을 느끼는 경우는 정말 드물다.

페르마는 원래 고대 그리스 수학에 관심이 많았던 사람이었다. 그는 유클리드나, 아폴로니우스(Appollonius, B.C. 262?-B.C. 192?)[1] 등과 같은 고대 그리스인들의 잃어버린 작품들을 완전히 복원해 놓으려고 노력하였다. 그러나 그의 가장 큰 관심사는 앞에서 나온 디오판토스의 수론이었다. 반면 유럽인들이 그리스 고대 문화에 눈을 뜨기 시작했던 르네상스 시절에 몇몇 인본주의자들은 수학에 관한 고대문헌을 접하였는데 그들은 주로 유클리드의「원론」에 주목하였다. 그러나 디오판토스의 수론에 관한 이론은「원론」에 비하면 그리 큰 관심을 끌지 못하였는데, 그 이유는 고대 수론의 각 이론들은 별 연관성없이 따로따로 정리된 것처럼 보여서 전체를 한눈에 보기 어려웠기 때문이다. 그러나 이렇게 산만하게 보이는 이론들도 전체적인 연관성을 알게 되면 그 이론의 아름다움에 놀라

[1] 유클리드, 아르키메데스와 더불어 고대 그리스 3대 수학자로 꼽힌다. 특히 원추형 단면에 관한 연구를 하였는데「코니카(Conica(단면))」의 저자로 유명하다.

페르마

움을 금치 못하게 된다. 바로 이러한 경이로움을 발견한 몇 안되는 사람들 중의 하나가 프랑스 툴루즈(Toulouse) 출신의 판사였던 페르마였다. 이 인본주의자는 여가 시간에 주로 디오판토스의 작품을 읽고 연구하는 게 큰 낙이었으며 심지어는 디오판토스의 업적을 훨씬 뛰어넘는 새로운 수론에 관한 이론을 발견하였다. 뿐만 아니라 기하학에도 큰 관심을 기울여서 영국의 월리스(J. Wallis, 1616-1703)[1], 프랑스의 파스칼 등 당대의 석학들과 잦은 서신 교환을 통하여 여러 분야에 의견을 교환하였는데 이를 통해 기하학의 새로운 지평을 도입한 데카르트의 해석학 이론, 대수 방정식에 관한 비에타(F. Vieta, 1540-1603)[2] 등의 이론들을 배우게 되었다.

수학사를 전공하는 사람들에게 조차도 페르마의 업적을 정확히 따져보는 것은 쉬운 일이 아니다. 페르마는 자신의 내성적인 성격으로 인하여 스스로 발견한 이론들을 발표하기를 주저하였고 직접 저술한 책도 없었을 뿐더러 당시에는 과학자들이 자신이 발견한 이론들을 발표할 수 있는 학술지도 없었기 때문이다. 남아있는 것은 그들이 서로 주고받은 서신들 또는 그들이 남긴 노트 정도인데 그의 사후 큰아들이 아버지의 유품들 중에서 수학에 관한 것을 모아 1679년에 세상에 내놓았다. 그러나 이 자료들에는 대부분 증명없이 결과만 적혀있는 경우가 많았기 때문에 후대의 많은 수학자들이 본격적으로 그의 업적을 연구하게 되었다. 그리고 그 결과로서 1912년에 4권의 책 '논문집(Euvres)'이 나왔고 이로써 페르마의 연구결과가 세상에 빛을 보게 된 것이다.

재미있는 것은 당시의 수학자들은 방정식을 포함한 수론 문제를 주로 보기를 통해서 해결하였다는 것이다. 이는 당시의 수학 세계가 어떤 일반화된 명제를 주장하면서 그것을 증명할 준비가 아직 되어있지 않았기 때문이다. 이러한 현상은 누가 어떤 문제를 먼저 해결하였는가 하는 우선순위에 관한 문제를 자주 야기시켰다. 한편 아직까지도 페르마의 서신이나 노트 등이 가끔 새롭게 발견되

[1] 무한급수 문제를 다루어 현대 적분학의 이론적 단서를 제공한 17세기 위대한 영국 수학자.
[2] 르네상스 시절의 프랑스 수학자. 많은 수학 관련 저서를 발간하여 수학의 발전에 지대한 공을 세움. 특히 수학에서 통일된 기호를 도입하는데 노력하였음.

는데 그러한 것을 볼 때마다 이 수학의 아마추어가 얼마나 놀라운 능력의 소유자였다는 것을 알게 된다. 오늘날 페르마를 현대 수론의 창시자로 인정하는데 별 이론이 없다.

2) 현대 수론의 시작

이 장에서는 페르마가 어떻게 현대 수학에서 그리 중요한 위치를 차지하게 되는지를 밝혀보기로 하자. 그는 많은 이론을 남겼지만 그 중에서도 아주 중요한 이론을 소개했는데 다음과 같다.

(1) 페르마의 소정리. a가 자연수이고 p가 소수라면

$$a^p \equiv a \bmod p$$

가 성립한다.

(2) 페르마의 대정리. 등식

$$a^n + b^n = c^n, n > 2$$

을 만족하는 자연수 a, b, c는 존재하지 않는다.

이 페르마의 대정리는 디오판토스에 관한 노트를 정리하는 마지막 장에 증명없이 나타나는데 그곳에 페르마는 이에 관한 멋진 증명을 발견하였지만 종이가 부족하다고 써놓았다.

피타고라스 이래로 등식 $a^2+b^2=c^2$을 만족하는 자연수 a, b, c는 무한히 많다는 것을 알고 있다. 그러나 n이 3보다 크거나 같게 되면 상황은 완전히 바뀐다. 이 증명을 위해 수많은 수학자들이 도전에 도전을 거듭했지만 번번히 실패하게 되고 심지어는 독일의 수학자 볼프스켈(P. Wolfskehl,1856-1906)[3]은 1905년에 거액의 현상금까지 걸었으나 성공하지 못하였다. 그러나 이 문제를 해결하기 위

[3]현재의 돈으로 약 2억이 넘는 거금. 당시 그가 있었던 대학(괴팅겐)의 조교들은 이 현상금을 타려고 응모한 수많은 틀린 증명을 틀렸다고 증명하는데 시달렸다고 한다.

한 각고의 노력은 수학의 발전에 지대한 공헌을 하였다. 독일의 수학자 쿰머(E. Kummer)는 아이디얼 수(Ideal Number) 이론을 도입하여 $n = 3, 4, \cdots, 100$까지의 경우에 대해서 증명을 하였으나 그 이상의 수에 대해서는 오리무중이었다. 그 외에 수많은 수학자들 역시 $n \geq 3$보다 큰 임의의 자연수에 대한 일반적인 증명에는 성공하지 못하였고 결국 그들은 페르마 자신이 발견했다고 하는 증명도 완전하지 않았을 것이라는 결론에 도달하게 되었다. (이 문제는 1992년에 영국의 와일즈(A. Wiles)에 의해서 완전히 증명되었다.)

2. 페르마는 소수들의 법칙에 관해서도 많은 것을 알아냈는데 그 중에서도 $4n+1$의 형태를 갖춘 모든 소수들은 두 개의 자연수 제곱수들의 합으로 나타난다는 것을 보였다.

$$p = 4k + 1 = m^2 + n^2.$$

디오판토스의 작품에 덧붙인 페르마의 이론들을 보면 현대 수학자들도 놀랄 정도인데 특히 스스로 계산한 숫자들의 양에 있어서 더욱 그렇다. 수학에 관심이 있는 사람은 이러한 보기들을 보면 볼수록 다른 수들을 발견하고 싶어지고 마침내는 일반화에 관한 증명조차 시도해보고 싶어지게 마련이라 페르마 자신도 똑같은 느낌을 받았음에 틀림없었을 것이다. 그래서 그는 이에 관한 책을 저술하게 될 것이라고 말하였으나 실현하지는 못하였다. 다음에 페르마가 디오판토스 작품에 노트한 것을 부분적으로 옮겨놓았다.

3) 디오판토스에 관한 주석

II. 두 개의 3승 합을 하나의 3승으로 표현하는 것은 불가능하다. 4승도 마찬가지다. 일반적으로 n승의 자연수 두 개의 합을 같은 승의 자연수로 표현할 수는 없다. 이에 관한 멋있는 증명을 발견하였지만 종이의 빈자리가 너무 작아서 적을 수가 없다.

....

VII. 소수 중에 $4n+1$의 형태를 가진 소수는 단 한 가지 방법으로만 직각삼각형의 빗변으로 표현된다. 이 소수를 제곱하면 단 두 가지의 방법으로만, 그리고 3승을 하면 단 세 가지의 방법으로만, 4승은 네가지의 방법으로만 표현된다. 그리고 이러한 형태의 소수들과 그 제곱은 오직 한 가지 방법으로만 두 제곱수의 합으로만 표현되고 3승과 4승은 오직 두가지 방법으로만, 5승과 6승은 오직 3가지 방법으로만...으로 표현된다. 또한 두 개 자연수의 제곱수의 합으로 나타나는 $4n+1$ 형태의 소수와, 같은 방식으로 표현되는 또 다른 소수와 곱하면 이 값은 오직 두 가지 방법으로만 자연수의 제곱수의 합으로 나타난다. 또한 소수 $4n+1$이 소수 $4n+1$의 제곱수와 곱해지면 그 값은 세 가지 방법으로 두 개의 자연수의 제곱의 합으로 나타난다. 만일 3제곱수와 곱해지면 네가지 방법으로 계속 이어진다.

따라서 주어진 수가 몇 개의 모양으로 직각삼각형의 빗변의 수처럼 표현되는가 하는 것도 쉽게 알 수 있다. 예를 들어서 주어진 임의의 자연수의 약수들 중에서 4n+1의 모양을 가진 모든 소수를 모아보자. 예컨데 5, 13, 17 등이다. 주어진 수가 이런 약수들의 멱수로 나누어지면 이 약수들을 주어진 수의 기본 약수라 하자. 예를 들어 주어진 수가 5의 3승, 13의 제곱, 17로 나누어진다고 하자. 이제 이런 모든 약수들의 멱수만 모아놓으면, 이 경우엔 5의 3, 13의 멱수 2, 17의 멱수 1이 된다. 이것들을 나열하면 3, 2, 1이 된다. 이제 처음 두개의 멱수 3과 2를 곱하고 그 값을 두 배 한 다음 거기에 그들의 합 5를 더하면 17이 나온다. 이 17에다가 나머지 멱수 1을 곱하고 두 배한 다음 그 값에 17과 1을 더한 18을 또 더하면 52가 되는데 처음에 주어진 숫자가 바로 52개의 직각삼각형의 빗변이 된다. 이 프로세스는 주어진 숫자의 약수와 그 멱수가 얼마나 되던지 상관없이 항상 작동한다. 나머지 $4n+1$의 형태가 아닌 소수들과 그들의 멱수에 관한 고찰은 하지 않겠다.

....

VIII. 어떤 수가 스스로 삼각형의 수인지 아니면 2 개 , 3개 또는 4개의 삼각형수들의 합으로 나타낼 수 있는지에 대한 아름다운 증명을 정리를 최초로 발견하였다. 뿐만 아니라 어떤 수가 스스로 제곱수인지 아니면 2 개 , 3개 또는 4개, 5개 등의 제곱수들의 합으로 나타낼 수 있는지에 대한 정리 역시 발견하였는데 이 정리들을 6개, 7개 또는 그 이상의 제곱수들의 합으로 나타낼 수 있는 증명에 일반적으로 적용할 수 있는지에 대하여도 따져보았다. 여기서는 이렇게 여러 가지 방법으로 표현되는 이상한 숫자들의 향연에 관한 증명은 자세히 다루지 않겠다. 나중에 기회가 되면 고대로부터 내려오는 수론을 훨씬 뛰어넘는 아주 놀라운 방법들과 이론들을 한 책에 담아 출간할 생각이다.[4]

[4]참고문헌 [8], 59-60쪽

4) 극값문제

페르마는 고대로부터 알려진 기하에도 관심이 많았는데 주로 유클리드와 아폴로니우스를 연구하였다. 그러면서 동시대의 인물들이었던 데카르트와 비에타 등과 서신교환을 통하여 기하문제를 해석학적으로 해결하려는 시도들에 대해서 알게 되었다. 페르마의 노트에 나타난 (그림1, 64쪽)을 보면 그가 이미 극값에 대하여 깊은 사고를 하였음을 알 수 있고 그의 생각은 오늘날 무한급수의 방법으로 해결할 수 있다는 것을 알 수 있다. 페르마가 제시했던 극값의 문제는 그가 죽은 후 14년만인 1679년에 아들에 의해서 세상에 알려졌다. 이 문제 역시 페르마는 하나씩 해결하는 방법을 택했는데 먼저 유클리드의 책에 제시된 것으로부터 그 출발점을 삼았다.

Sit recta A C, ita dividenda in E, ut rectang A E C, ſit maximum; Recta A C, dicatur B.

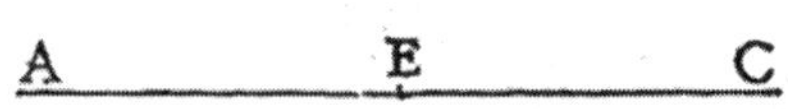

ponatur par altera B, eſſe A, ergo reliqua erit B — A, & rectang. ſub ſegmentis erit B, in A — A^2 quod debet inueniri maximum. Ponatur rurſus pars altera ipſius B, eſſe A, + E, ergò reliqua erit B — A — E, & rectang. ſub ſegmentis erit B, in A, — A^2 + B, in E, ²E in A, — E, quod debet adæquari ſuperiori rectang. B, in A, — A^2, demptis communibus B, in E, adæquabitur A, in E" + E^2, & omnibus per E, diviſis B, adæquabitur ²A + E, elidatur E, B, æquabitur ²A, igitur B, bifariam eſt dividenda, ad ſolutionem propoſiti, nec poteſt generalior dari methodus.

직선 AC에 점 E를 찍어 한 변의 길이가 AE, EC인 정사각형들의 합과 AC를 한 변으로 하는 정사각형의 넓이 c와 같도록 하여라.

직선 AC의 길이를 b, 직선 AE의 길이를 x라고 하면

$$x(b-x)=c \tag{1}$$

가 성립한다.

비에타와의 편지를 통해서 이차방정식의 근에 대해서 안 것은 아니었다. 등식 (1)에서

$$x = \frac{b}{2} \pm \sqrt{\frac{b^2}{4} - c}$$

가 곧 나온다. 여기서 해는 $c \leq \frac{b^2}{4}$이면 두 개의 실수해가 존재하지만 $c = \frac{b^2}{4}$ 면 단하나의 실수 해 $x = \frac{b}{2}$, $c > \frac{b^2}{4}$이면 실수해가 존재하지 않는다. 여기서 극값에 관한 문제가 나타난다. 직사각형의 넓이가 극대가 되는 x값은 무엇인가? 답은 당연히 $x = \frac{b}{2}$이다. 따라서 가장 큰 넓이는 정사각형일 때이다.

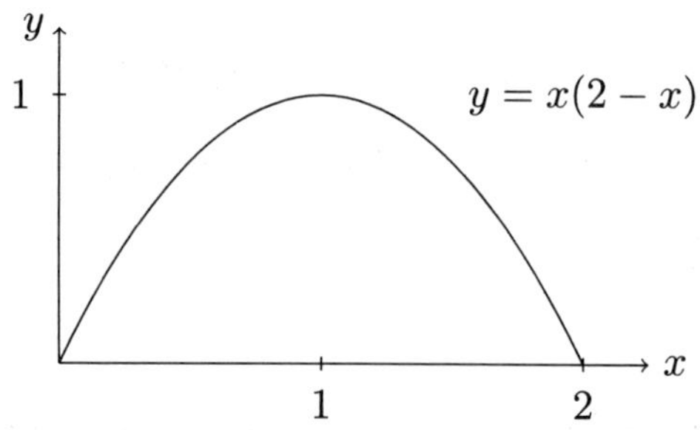

(그림1)

이 문제를 현대식으로 표현하자면 등식 (1)에 의해서 $y = x(b - x)$가 된다. 위에 있는 그림1에서처럼 근이 $x = 0$와 $x = b$인 경우의 포물선이고 극대값은 $x = \frac{b}{2}$에서 나타난다.

페르마는 커브의 극값은 수평의 접선 방정식에서 나타난다는 것을 알고 있었다. 비슷한 방법으로 다른 극값 문제도 해결하였는데 이 때문에 몇몇 수학사가들은 페르마를 라이브니츠와 뉴턴을 앞서는 미분학의 시조라고 주장하고 있다.

6. 파스칼(B. Pascal, 1623-1662)

오직 진정한 수학자들만이 잘 정의된 개념과 원칙 아래서 제대로 사고할 수 있다. 만일 주어진 개념과 원칙들이 엉성하면 수학자들은 한정되고 답답한 사고만 할 수 있기 때문이다. 그들은 누가 봐도 명확한 원칙이 있어야만 그 위에서 자유롭게 생각할 수 있다. -파스칼-

1) 천재소년

수학자들이 17세기의 수학자 반열에 파스칼을 올려놓지 않는 것은 사실이다. 쿨리지(J. Coolidge, 1873-1954)[1] 같은 사람은 파스칼을 아마추어라고까지 혹평할 정도였다. 그러나 오늘날까지도 파스칼이 발견한 여러 수학, 물리학 이론들은 모든 종류의 교과서에서 가장 중요한 부분 중의 하나이고 실생활에서도 그의 이론들은 여러모로 쓰여지고 있다.

파스칼은 1623년 프랑스의 오베르뉴(Auvergne)지방에서 태어났는데 어려서부터 수학에 천재적 재능을 보였다. 파스칼의 누나 질베르트(Gilbert)[2]에 의하면 아버지[3]는 아들이 수학책을 보지 못하게 모두 감추었는데 그 이유는 수학이 인간의 영혼을 완전히 정복하고 충만하게 만족시키기 때문에 아들이 수학에 대하여 알게 되면 라틴어나 그 밖의 것에 대하여 등한시할까봐 걱정했기 때문이었다고 한다. 이 시절에 관하여 그녀의 말을 들어보자.

'아버지는 동생이 수학을 알게 될까봐 너무나 걱정하신 나머지 모든 것을 감추셨습니다. 그래서 동생은 자기가 발견한 도형에 마음대로 이름을 붙였는데 원은 '둥그런 것' , 선은 '막대기'등으로 불렀습니다. 이름을 붙인 후에는 공식을 세웠고 그것들을 증명하기 시작했지요 . 그러면서 동생의 수학은 점점 더 나아가 마침내는 유클리드의 32번째 정리까지 스스로 알아냈습니다. 하루는 연구에 너무나 집중한 나머지 아버지가 방에 들어오신 것도 오랫동안 모르고 있었습니다. 그러다가 눈을 마주친 부자는 누가 더 놀

---

[1]뉴욕 브루클린 태생의 기하학자. 하버드와 옥스퍼드에서 수학했으나 주로 독일에서 활동함.

[2]파스칼에게는 질베르트와 자클린(Jacqueline) 두 명의 누이가 있었다. 파스칼의 일생에 대한 얘기는 질베르트 덕분에 알려졌고 동생 자클린은 종신서원을 한 수녀였는데 나중에 파스칼은 그녀의 수녀원에 변장한채 숨어서 카톨릭을 공격하였다. 이 시절 쓴 책이 바로「팡세」다.

[3]에뜨엔느(Etienne) 파스칼. 아버지 역시 수학자였는데 소위 '파스칼의 달팽이'라는 4차 곡선에 관한 이론을 발견하였다.

파스칼

랐을까요? 아버지가 못하게 한 수학을 몰래하다가 들킨 아들이었을까요? 아니면 아들이 연구하는 내용을 본 아버지였을까요? 아버지는 아들에게 무엇을 하는 중이냐고 물으셨죠. 그러자 동생은 자기가 방금 연구한 내용을 설명했는데 그것이 유클리드의 32번째 정리임을 안 아버지가 더욱 놀라셨습니다. 아버지는 동생의 엄청난 천재성과 능력에 놀라신 나머지 아무 말 없이 방을 떠나셨지요'[4]

이런 방식으로 열두살 소년은 스스로 기하학의 중요한 부분을 알아내었다고 한다. 마침내 아버지도 아들에게 수학 공부를 허락하면서 유클리드의「원론」을 읽도록 하였다고 한다. 누나의 말을 계속 들어보자.

'아버지가 비록 수학 공부를 허락은 하였지만 동생은 수학을 공부 짬짬이 쉬는 시간에만 할 수 있었습니다. 아버지는 아들이 라틴어를 배우는 계획을 엄격하게 짜놓았거든요. 그러나 수학에 대한 동생의 열정은 걷잡을 수가 없어서 겨우 16세 되던 해 아주 짧은 시간에 포물면에 관한 논문을 썼는 데 아르키메데스 이래 이렇듯 뛰어난 능력을 가진 사람은 없었다고 말할 정도였습니다.'[5]

그러나 몇 년 후 파스칼은 수학으로부터 완전히 등을 돌리는데

'동생이 24세 되던 해 자비로우신 우리 주님께서 그에게 성경을 읽으라는 계시를 주셨습니다. 주님은 동생의 눈을 밝히셔서 기독교인들은 오직 주님만을 위해서 살도록 의무지어졌다는 사실과 주님 이외의 삶의 목적은 존재하지 않는다는 것을 알게 하셨습니다. 동생에게는 이 진실을 실천에 옮기는 것이 너무나 중요하였기 때문에 한 순간에 모든 연구로부터 손을 떼었습니다'[6]

고 질베르트는 말하였다. 그러나 파스칼은 1658년 다시 한번 수학으로 돌아왔다. 치통으로 고통받고 있던 중 약간의 기하학적인 아이디어가 떠올랐고 이와 동시에 치통은 사라졌기 때문이었다. 파스칼은 이러한 현상을 신의 뜻이라 생각하고 8일 동안 온 힘을 기울여 기하학적인 아이디어를 발전시켰는데, 이 짧은 기간 동안 사이클로이드의 기하학적 이론을 거의 완전하게 완성시켰다.

[4]참고문헌 [10], 183쪽
[5]참고문헌 [8], 66쪽
[6]참고문헌 [8], 66쪽

2) 수학적 귀납법

역사적으로 수학적 귀납법이 언제부터 사용되어졌는 지에 대해서는 아무도 모른다. 다만 고대 그리스 시대부터 유럽의 중세 시대까지 여러 사람들이 독립적으로 발견하고 사용한 것으로 알려져 있다. 현재는 파스칼이 역사상 최초로 수학적 귀납법을 제대로 이해하고 증명에 이용한 사람으로 인정되고 있다.

수학적 귀납법: 명제 $A(n)$이 자연수 $n = 1$일 때 사실이고, 임의의 자연수 n에 대하여 명제가 사실이라는 가정에 의하여 $n+1$일 때에도 명제 $A(n)$이 사실이면 모든 자연수 n에 대하여 명제 $A(n)$은 항상 사실이다. 이것을 파스칼은 다음과 같은 기호로 표시하였다.

$$A(|); A(n) \to A(n|) \underset{K}{\vdash} A(n)$$

여기서 K는 $A(n)$에서 사실이면 $A(n+1)$에서 사실이라는 내용을 포함하고 있는 것이다. 수학사가들에 의하면 이 귀납법은 이미 피타고라스 학파에서도 알려져 있었지만 근대에 들어와서 파스칼이 그의 논문에서 최초로 사용한 것이라고 한다. 다음 (그림1)은 파스칼의 산술삼각형인데 열 개의 행과 열에 1부터 10까지 숫자를 써 넣는데, 여기에서는 첫 번째 행과 열에 모두 1을 써 넣었다. 파스칼은 한 세로열의 위치에 있는 칸들을 '수직계수의 칸', 한 가로열의 위치에 있는 칸들을 '같은 수평계수의 칸'이라고 하였고 오른쪽 위쪽 방향의 한 대각선 위에 있는 칸들을 '같은 밑변의 칸'이라 하였다. 파스칼은 독특한 방법으로 산술삼각형을 구성하였는데, 먼저 한 칸의 사각형을 기호로 지정한 후 그 사각형을 포함하고 있는 대각선의 수 N을 결정한다. 오늘날에는 한 칸의 사각형을 표현할 때 다음과 같이 이중 지표로 표현한다.

$$\{q_{\mu\nu}\},\ \text{여기서}\ \mu = 1,2,3,\ldots,N,\ \ \nu = 1,2,\ldots,N+1-\mu$$

여기서 첫 번째 지표는 행을 나타내고, 두 번째 지표는 열을 나타낸다. q_{1N}에서 q_{N1}을 가로지르는 대각선은 결과적으로 전체의 모양을 직각 이등변삼각형으

	1	2	3	4	5	6	7	8	9	10
1	1^G	1^σ	1^π	1^λ	1^μ	1^δ	1^ζ	1	1	1
2	1^φ	2^ψ	3^θ	4^R	5^S	6^N	7	8	9	
3	1^A	3^B	6^C	10^ω	15^ξ	21	28	36		
4	1^D	4^E	10^F	20^ϱ	35^Y	56	84			
5	1^H	5^M	15^K	35	70	126				
6	1^ρ	6^ϱ	21	56	126					
7	1^Y	7	28	84						
8	1	8	36							
9	1	9								
10	1									

(그림 1)

로 구분 짓는다. 이렇게 만들어진 직각이등변 삼각형들이 소위 산술삼각형이 되며 대각선을 결정하는 N을 산술삼각형의 '대각선의 수'라 한다. 당시에는 이중 지표의 표기법이 없었기 때문에 파스칼은 자기 마음대로 원하는 삼각형을 라틴어 또는 히랍어의 알파벳 $(G, \psi, A, D, \ldots)$으로 표기하였다. 산술삼각형을 구성하는 숫자들은 다음과 같은 방법으로 얻을 수 있다. $a(\mu, \nu)$를 칸 $q_{\mu\nu}$에 들어가는 숫자라 할 때 원하는 칸의 숫자 $a(\mu, \nu)$ 의 값을 다음과 같이 구한다. 첫 번째 수직계수의 칸과 첫 번째 수평계수의 칸에 임의의 숫자를 넣는다. 그러면 첫 번째 행과 열에는 같은 숫자가 채워지고 이 숫자들이 산술삼각형을 만드는 '생성자'(generator)가 된다. 그리고 나머지 숫자들은 다음과 같은 방법으로 결정된다. 임의의 숫자는 그 숫자와 같은 수평계수의 칸 상의 바로 왼쪽에 있는 숫자와 임의의 숫자 바로 윗 행의 같은 수직계수의 칸 상에 있는 숫자의 합으로 결정된다. 예를 들어 위의 (그림 1)에서 칸 F의 숫자는 칸 C와 E의 숫자를 합한 값이다. 이제 산술삼각형을 만드는 방법을 오늘날의 방식을 이용하여 다음과 같이 표현해보도록 하자.

$$a(\mu, \nu) = a(\mu - 1, \nu) + a(\mu, \nu - 1) \tag{1}$$

$$\text{초기조건 } a(0, \nu) = a(\mu, 0) = 0 \tag{2}$$

위의 그림1에서 나타난 산술삼각형에서는 생성자가 1인 경우이다. 이제부터 식 (1)과 (2)를 이용하면 $a(1,1) = 1$부터 시작하여 산술삼각형을 구성하는 숫자를 차례차례 채울 수 있다. 이 과정에서 우리들은 산술삼각형이 대칭성 식 (3)을 만족한다는 것을 알 수 있다.

$$a(\mu, \nu) = a(\nu, \mu) \tag{3}$$

그런데 파스칼은 당시 초기조건 (2)에 대해서는 아무 말이 없었다. 왜냐하면 첫 번째 수직계수 칸의 왼쪽 열과 첫 번째 수평계수 칸의 위쪽 행에는 아무것도 없으므로 초기 조건을 고려할 필요가 없다고 판단하였기 때문이다. 아래 정리는 식 (1)과 (2)에 의하여 증명할 수 있다.

정리 1. 파스칼 삼각형에서 첫 번째 행과 첫 번째 열에 있는 숫자들이 생성자가 된다.

정리 2. 임의의 칸의 원소는 바로 윗 행의 원소에서부터 그 행의 왼쪽에 있는 모든 원소들의 합으로 얻어진다.

정리 2는 다음과 같은 식으로 표현될 수 있다.

$$a(\mu, \nu) = \sum_{n=1}^{\nu} a(\mu - 1, n) \tag{4}$$

그런데 파스칼은 이와 같이 임의의 칸에 대하여 증명한 것이 아니라 ω_{34}에 대하여 다음과 같이 증명하였다. 이 증명에 나타나는 희랍어와 라틴어 알파벳은 (그림 1)에서 확인할 수 있다.

$$\omega = R + C, C = \theta + B, B = \psi + A, A = \varphi$$

그러면 결과적으로 $\omega = R + \theta + \psi + \varphi$가 된다. 이 당시에는 수학의 표기들이 일반적인 증명에 쓰이지 않았고 대표적인 예를 들어 증명하였으며 파스칼도 특별한 경우의 증명을 통하여 일반적인 증명을 유도했다고 믿고 있었다. 다음의 정리도 정리 2와 마찬가지로 증명할 수 있다.

정리 3. 임의의 칸의 원소는 바로 왼쪽 열에 있는 원소에서부터 그 열의 위쪽에 있는 모든 원소들의 합으로 얻어진다.

이 후에도 파스칼은 산술삼각형과 관련된 많은 정리들을 만들어 냈는데 이는 생략하기로 하고 그가 사용했던 귀납법에 대한 아이디어를 살펴보기로 하자. 현대 수학에서는 n개의 원소에서 k개의 원소를 뽑아낼 수 있는 경우의 수를 $\binom{n}{k}$로 표현하고 잘 알려진 바와 같이 다음 식이 성립한다.

$$\binom{n}{k} = \frac{n(n-1)\cdot\cdots\cdot(n-k+1)}{1\cdot 2\cdot\cdots\cdot k} = \frac{n!}{k!(n-k)!} \tag{5}$$

물론 파스칼은 이러한 오늘날의 표기법이나 식 (5)와 같은 것을 알지 못하였다. 그는 자신의 이론을 증명하기 위해 조합론에서 나타나는 단순하고도 쉬운 경우인 $\binom{n}{1}$, $\binom{n}{n}$을 가지고 아래의 정리 4를 증명하였다. 이 정리는 정리 5의 증명에 이용되는 후에 나오는 모든 정리들의 디딤돌이 되는 내용이다.

정리 4. 임의의 4개의 자연수가 주어질 때, 그 중 첫 번째 수를 k라 하자. 두 번째 수는 $k+1$, 세 번째 수는 $n \geq k+1$을 만족하는 자연수 n이고 마지막으로 네 번째 수는 $n+1$이라 하자. 그러면 n개에서 k개 만큼 뽑는 경우의 수와 n개에서 $k+1$개 만큼 뽑는 경우의 수를 합한 값은$n+1$개에서 $k+1$개를 뽑는 경우의 수와 같다.

이를 현대 수학적인 식으로 표현하면 다음과 같다.

$$\binom{n}{k} + \binom{n}{k+1} = \binom{n+1}{k+1} (n > k) \tag{6}$$

증명. 파스칼은 그의 논문 '산술삼각형론(3장 1절)'에서 $n = 4,\ k = 2$에 대하여 증명하였는데 여기서는 이 방법을 이용하여 일반적인 방법으로 증명해보자. 우리도 파스칼과 마찬가지로 임의로 선택한 원소를 A로 표현하자. $\binom{n+1}{k+1}$을 $n+1$개의 원소에서 $k+1$개의 원소를 뽑는 경우의 수를 나타내는 기호라 하자(여기서 $n > k$이다.) $n+1$개에서 $k+1$개를 뽑는 조합은 두 개의 클래스로 나눌 수 있는데 첫 번째 클래스는 A를 포함하고 있는 모든 경우의 수를 의미하고 두 번째 클래스는 A를 포함하고 있지 않는 모든 경우의 수를 의미한다. A를 포함하고 있는 첫 번째 경우에는 $\binom{n}{k}$ 만큼의 경우의 수가 있을 것이다. 이것은 A를 고정시켜 놓고 A를 제외한 n개에서 $k+1$개를 뽑는 경우의 수를 생각하면 결과가 쉽게 나온다. 두 번째 경우는 A를 제외한 n개에서 $k+1$개를 뽑는 경우의 수가 된다. 이러한 방법을 이용하여 식 (6)이 성립하는 것을 확인할 수 있다. ■

이제 파스칼이 사용했던 귀납법의 마지막 과정을 살펴보자.

정리 5. 모든 산술삼각형에서 임의의 행에 있는 모든 원소들의 합은 산술삼각형의 대각선의 수 N에서 그 행의 지표만큼 뽑는 경우의 수와 같다.

정리 5의 증명을 시작하기 전에 위의 정리를 현대 수학적 기호로 표현해보자. 산술삼각형의 대각선의 수 N은 q_{1N}칸에서 q_{N1}칸까지의 대각선으로 결정된다. 이 대각선은 산술삼각형의 밑변으로 등식 $\mu+\nu-1=N$을 만족하는 모든 $q_{\mu\nu}$들을 지난다. 산술삼각형의 μ 번째 행에는 $N+1-\mu$개의 칸이 있다. 따라서 위의 정리를 식으로 표현하면 다음과 같다.

$$\sum_{\nu=1}^{N-\nu+1} a(\mu,\nu) = \binom{N}{\mu}. \tag{7}$$

파스칼은 무한히 많은 경우들이 있을지라도 위 정리 5의 증명 자체는 굉장히 짧아질 것이라고 말하였다. 이는 그가 새로운 논리적 증명 방법을 분명히 알고 있었다는 것을 의미한다. 즉, 파스칼은 위 정리의 증명을 늘 해왔듯이 하나의 예를 통하여 하였다 (당시에는 사실 이 방법 이외는 다른 방법이 없었다). 이 방법은 부분적으로 수학적 귀납법을 사용한 것이었고 이를 통해 증명의 일반성을 확신하였다.

(a) 첫 번째 $N = 1$일 때, 산술삼각형(첫 번째 칸 q_{11})에서는 위의 정리가 분명히 성립한다. 왜냐하면 첫 번째 행의 원소의 합은 1에서 1을 뽑는 경우의 수와 같기 때문이다.

(b) 위의 명제에 맞는 산술삼각형이 있다고 하면, 다시 말해 임의의 행에 있는 원소들의 합이 산술삼각형의 대각선의 수 k에서 그 행의 지표만큼 뽑는 경우의 수와 같다고 가정하고 그 다음에 오는 대각선의 수가 $k+1$인 산술삼각형에서도 같은 성질을 만족한다.

따라서 위의 (a)와 (b)가 모두 성립하면 모든 산술삼각형은 위의 정리와 같은 성질을 만족하게 된다. 왜냐하면 (a)에 의하여 위의 명제가 첫 번째 산술삼각형에서 만족하고, 두 번째 산술삼각형도 (b)에 의해 만족하여 계속되는 산술삼각형에서도 위 내용이 성립하여 결국 모든 산술삼각형에서 성립하기 때문이다.

파스칼은 이미 (a)를 보였기 때문에 (b)에 대해서만 증명을 하였다. 파스칼은 세 번째 산술삼각형에서 참이라고 가정하고 네 번째 산술삼각형에서 참이 되는 것을 보였다.

정리 5의 증명. 오늘날의 현대 수학적 방법으로는 특별한 경우에 국한하지 않고 일반적으로 증명할 수 있다. 등식 (7)은 $N = 1$일 때 사실이다. $N = k$일 때 사실이면 $N = k+1$일 때 사실이라는 것을 밝혀보도록 하자. 다시 말하면 파스칼의 산술삼각형의 모든 행에 대하여 숫자 k인 경우 수학적 귀납법의 가정이 성립한다고 하자. 이를 기호로 표시하면 다음과 같다.

$$\sum_{\nu=1}^{k-\mu+1} a(\mu,\nu) = \binom{k}{\mu}. \tag{8}$$

그러면 이제 우리는 다음 식을 증명하여야 한다.

$$\sum_{\nu=1}^{k-\mu+2} a(\mu,\nu) = \binom{k+1}{\mu}. \tag{9}$$

그러면 식 (8)과 식 (4)에 의하여 다음의 식 (10)이 성립한다.

$$\begin{array}{ccccccccccc} & & & & & 1 & & & & & \\ & & & & 1 & & 1 & & & & \\ & & & 1 & & 2 & & 1 & & & \\ & & 1 & & 3 & & 3 & & 1 & & \\ & 1 & & 4 & & 6 & & 4 & & 1 & \\ 1 & & 5 & & 10 & & 10 & & 5 & & 1 \\ \cdot & \cdot & \cdot & \cdot & \cdot & \cdot & \cdot & \cdot & \cdot & \cdot & \cdot \end{array} \qquad \text{(그림 2)}$$

$$\sum_{\nu=1}^{k-\mu+2} a(\mu,\nu) = \sum_{\nu=1}^{k-\mu+1} a(\mu,\nu) + a(\mu, k-\mu+2) =$$

$$\binom{k}{\mu} + \sum_{\nu=1}^{k-\mu+2} a(\mu-1,\nu). \tag{10}$$

숫자 k, 연산 삼각형의 $\mu - 1$ 행에 대하여 귀납법의 가정 (8)에 의하여 다음이 성립한다.

$$\sum_{\nu=1}^{k-\mu+2} a(\mu-1,\nu) = \binom{k}{\mu-1}. \tag{11}$$

따라서 (10), (11)과 (6)에 의하여 다음이 성립한다.

$$\sum_{\nu=1}^{k-\mu+2} a(\mu,\nu) = \binom{k}{\mu} + \binom{k}{\mu-1} = \binom{k+1}{\mu}. \tag{12}$$

■

파스칼은 이 마지막 결론을 예를 통해서 보여주었지만 이러한 귀납법적 방법은 많은 증명에 사용되고 있다.

오늘날에는 파스칼의 산술삼각형을 파스칼의 방법으로 사용하기 보다는 위와 같은 모양의 삼각형으로 사용하고 있다. 여기에서는 산술삼각형에 있는 숫자들을 $\beta(N,\mu)$로 표현하고 첫 번째 지표는 이 새로운 삼각형의 행을 나타내는데 (그림 1에서의 대각선의 수가 된다.) 두 번째 지표는 그 행에 있는 숫자들의 위치를 나타낸다. 여기서의 모든 지표 N, μ 를 0부터 시작하면 다음이 성립한다.

정리 6. (그림 2)에서 n번째 행의 μ자리에 있는 숫자 $\beta(N,\mu)$는 N개의 원소에서 μ개의 원소를 뽑아내는 개수와 같으며 이는 다음과 같이 표현된다.

$$\beta(N,\mu) = \binom{N}{\mu} \tag{13}$$

증명. 식 (7), (4)와 (3)에 의해 다음이 성립한다,

$$\binom{N}{\mu} = \sum_{\nu=1}^{N-\mu+1} a(\mu,\nu) = a(\mu+1, N-\mu+1) = a(N-\mu+1, \mu+1) \tag{14}$$

산술삼각형 안에 있는 숫자들은 대각선의 수 N을 이용하여 나타낼 수 있는데 N번째 대각선에 있는 μ번째 숫자는 $b(N,\mu)$로 표현할 수 있다. 이제

$$a(N-\mu+1,\ \mu+1) = b(N+1,\ \mu+1) \tag{15}$$

로 놓으면 $b(N+1,\ \mu+1)$은 $N+1$번째 대각선에 있는 $\mu+1$의 숫자로 표현된다. 식 (16)로 표현된 대각선에 놓여 있는 삼각형의 숫자들을 나타내보면, 예를 들어 산술삼각형의 숫자 10은 다음과 같이 표현된다.

$$10 = \binom{5}{3} = a(4,3) = a(3,4) = b(6,4).$$

따라서

$$b(N+1, \mu+1) = \beta(N,\mu) \tag{16}$$

로 놓으면 결과적으로 0부터 모든 숫자들을 이끌어낼 수 있다. 따라서 공식 (13)는 (14), (15)그리고 (16)을 통하여 증명되었다. ■

3) 기하학적 증명

파스칼은 여러 가지 수학적 원칙들의 범위를 중요한 명제들을 통하여 넓혔는데 수학적 방법의 존재와 가치에 관한 사고도 깊이 하였다. 기하학적 증명에 관한 연구와 기하학적인 사고와 직관적인 사고의 차이에 관한 사고는 고대로부터 내려오는 수학적 방법과 현대의 엄격한 과학으로서의 수학의 존재와의 사이에 하나의 학문적 다리를 놓는 역할을 하였다. 그는 '학자들의 방법론과 심리'라는 글에서 정의 공리 그리고 기하학적 증명에 관한 몇 가지 규칙을 소개하였다.

정의(Definition)의 규칙.

1. 스스로 분명하여 설명할 수 있는 보다 다른 방법이 없을 때는 그대로 둔다.
2. 뭔가 불분명하고 다중적 의미를 가지는 정의는 그대로 두면 안된다.
3. 개념을 정의할 때에는 이미 검증되어 있거나 잘 알려진 단어들을 사용한다.

공리의 규칙.

1. 아무리 분명하고 필수적인 원칙들이라도 세우기 전에 반드시 인정될 수 있는가를 스스로 물어봐야 한다.
2. 오직 분명하고 스스로 명백한 것들만 공리로 세울 것.

증명의 규칙.

1. 증명하기 위하여 더 이상 명백한 것이 없을 정도로 분명한 것들은 증명하지 말 것.
2. 무언가 불분명한 이론들을 증명하되 그 증명에는 잘 알려진 공리나 이미 증명된 이론만을 사용할 것.
3. 항상 정의되어야 할 위치에 정의 한다는 것을 염두에 둘 것. 그러면 사고를 제한시키거나 혼란스럽게 만드는 이중적 개념을 피할 수 있다.

파스칼의 이론이 유클리드의 '원론'보다 더욱 발전했다는 것은 그가 모든 것을 정의할 필요도 없고 할 수도 없다는 것을 인지했다는 데 있다. 수학적 개념을 만들거나 증명은 더 이상 명백한 것이 없을 정도로 분명한 것들로 이루어지기 때문이다. 유클리드는 한 점과 직선을 정의한 것에 반하여 파스칼은 정의에는 어느 정도 한계가 있다는 것을 알고 있었다. 그렇다고 그가 현대적 의미의 형식주의자였다는 것은 결코 아니다. 만일 그가 오직 스스로 명백한 것만 공리가 된다고 가정했다면 그에게 있어서 공리는 단순히 무모순성이나 독립성만을 만족하는 게임과 같은 것은 결코 아니었다. 오히려 공리들은 현실적이어야 했다. 19세기에 들어와서야 수학의 세계에서 플라톤의 영향력에 의문이 들기 시작하였던 것이다. 다음에 파스칼이 직접 말한 '기하학의 정신과 직관적 정신과의 차이점'에 대해서 들어보자.

기하학 정신의 원칙은 누구에게나 분명하지만 공동으로 사용하진 못한다. 그래서 사람들은 공동으로 사용하는 방법을 애를 써서 찾는다. 왜냐하면 익숙하지 않은 ···

반면에 직관의 정신은 아주 일반적으로 사용되어지고 누구에게나 펼쳐져 있다. 따라서 이리저리 생각할 필요조차도 없고 애를 안써도 된다. 그냥 제대로 보고 있기만 하면 된다. 그러나 그 원칙들은 너무나 세련되고 또한 많기 때문에 모든 것을 다 볼 수 없을 수도 있으니 잘 살펴보아야 한다. ···

그런데 수학자들이 직관적인 경우나 직관론자가 수학자인 경우는 드물다. 왜냐하면 직관적인 수학자들은 이 세련된 대상을 수학적으로 다루면서 일단 정의하고 이런 식의 판단에는 적당하지 않은 방법으로 원칙을 만들어가면서 스스로를 웃음거리로 만들기 때문이다. 또한 직관론자들에게 오직 엄밀한 정의나 원리만으로 접근 가능한 이론들을 내보이면 모든 것을 첫눈에 판단하는데 익숙한 그들은 무엇을 이해했는지도 모르고 제대로 따져보지도 않은 채 스스로 놀라 더 이상 수학을 할 수 없는 지경에까지 이른다.

오직 진정한 수학자들만이 잘 정의된 개념과 원칙 아래서 제대로 사고할 수 있다. 만일 주어진 개념과 원칙들이 엉성하면 수학자들은 한정되고 답답한 사고만 할 수 있기 때문이다. 그들은 누가 봐도 명확한 원칙이 있어야만 그 위에서 자유롭게 생각할 수 있다. 그리고 직관만 할 줄 아는 직관론자들은 세상에 한번도 없었고 전혀 쓸모없는 과장되고 허황된 원칙들에서 몰려날 때까지 잘도 버티고 있다.[7]

[7] 참고문헌 [8], 75쪽

7. 라이프니츠(G.W.Leibniz, 1646 -1716)

순서대로 주어진 것에 질문들도 같은 순서를 가진다.(Datis ordinatis quaesita sunt ordinata)
-라이프니츠-

1) 독학자

앞으로의 시대는 전문가들의 시대가 될 것이다. 특히 자연과학 분야는 점점 데 세분화, 세밀화되는 과정을 거치게 되면서 누군가 스스로의 학문적 업적을 성취하려면 자신의 연구 분야에서 아주 세밀한 전공을 골라 그에 관해서 많은 학문적 연구를 해야 한다. 이를 위해서는 먼저 그 분야의 선구자들이 생각하고 발견했던 것을 이해해야 한다. 그런데 이러한 자료들이 너무나 방대해서 연구자들이 아무리 많은 지식을 섭렵하려고 노력해도 결코 충분할 수는 없다. 또한 많이 안다고 해서 넓게 또는 깊게 안다고는 말할 수 없다. 자기가 선택한 좁은 분야를 소홀히 할 수 없기 때문이다. 결과적으로 오늘날의 연구자들에게는 다른 분야의 연구자들과 학문적 연계성을 찾을 기회가 점점 줄어들고 있다고 말할 수 있다. 이런 현상은 자연과학 전체를 포괄적으로 볼 때 바람직한 현상은 아니다. 따라서 시대는 과학 전반에 걸친 통찰력을 가진 인물이 나타나 당대의 학문을 종합적으로 파악하고 집대성한 다음, 후 세대에 그 업적을 전해서 학문 발전의 디딤돌로 세우는 학자를 요구하고 있다. 이러한 학자로서 가장 대표적인 사람은 라이프니츠라고 할 수 있는데 그는 천부적인 재능과 끝없는 집념으로 연구에 임하였고 당시의 모든 학문을 꿰뚫어보는 혜안을 가지고 있었던 거인이었다.

그는 수학뿐만이 아닌 철학에서도 명예의 전당에 오른 사람이었다. 그 외에도 이론 물리학, 이론 논리학, 생물학, 공학에도 심취하였으며 계산기도 발명할 정도였다. 심지어는 외교관으로서도 맹활약을 하였는데 늘 독일을 괴롭혔던 프랑스의 관심을 중국으로 돌리기 위해 애쓴 적도 있었다. 개신교와 카톨릭간의 화해를 주선하였고 베를린 아카데미의 창설에도 주도권을 행사하였다. 그는 쉬

라이프니츠

지않고 움직이는 사람으로 유명했는데

"가만히 있는 것은 멍청하게 되는 첩경이다. 사람은 모름지기 그 대상이 공공을 위한 것이거나 또는 개인을 위한 것이거나 상관없이 자기가 흥미를 느끼는 것에 생각하고 계획하고 행동하여 뭔가 할 일을 발견해야 한다."[1]

라이프지히(Leibzig) 대학의 법학교수였던 라이프니츠의 아버지는 그가 6살 때 돌아가셨다. 다행히 집에는 아버지가 쓰시던 개인 서재가 있었는데 이 곳을 제대로 이용했던 이 어린 천재는 8세때 스스로 라틴어를 깨우쳤고 10세때 로마와 그리스 고전을 읽고 썼다고 한다. 그 후 15세에 대학을 입학, 16세에 철학 논문 발표, 18세에 라이프지히 대학에서 철학 석사학위와 법학 박사학위를 동시에 받았다. 또한 기하학자들과 물리학자들과의 끊임없는 교류를 통해서 기계공학적 문제에 관해서도 많은 관심을 가졌다. 1672년 파리 여행 중에 호이겐스(C. Huygens, 1629 - 1695)[2]를 만났고 그는 라이프니츠에게 파스칼의 수학논문을 보여 주었다. 그것이 라이프니츠가 처음으로 수학을 알게 되는 순간이었다.

라이프니츠는 본래 범우주적인 사고에 익숙해 있었고 그러한 사고력이 그의 정신세계를 지배하고 있었기 때문에 수학도 쉽게 이해할 수 있었다. 그 후부터 라이프니츠는 수학을 독학으로 공부하게 되었다. 그러면서 수학이론을 연구하는 파리 수학자들의 모임에 참석하여 함께 토론할 수 있는 좋은 기회를 얻게 되었다. 당시에는 수학을 전문적으로 가르치는 대학은 없었고 또한 과학논문지가 별로 없어서 학자들은 자신들이 연구한 내용과 결과를 이런 사적인 모임에서 공유하였다. 그래서 중요한 학문적 결과가 서로 다른 연구자들에 의해 동시에 발견되는 일이 빈번했었는데, 대표적인 예로서 미분법에 관한 뉴턴과 라이프니츠의 갈등이 있었고, 19세기에 들어와서는 볼랴이(J.Bolyai, 1802 - 1860)[3]와 로바

[1]참고문헌 [11], 464쪽

[2]뉴턴보다 한세대 앞선 헤이그(Haag) 태생의 대 학자. 수학, 물리, 공학 등 다방면에 뛰어난 업적을 남겼다.

[3]헝가리 수학자. 비유클리드 기하학 문제로 가우스와 갈등을 겪었다. 그 후, 역시 수학자였고 가우스와 대학친구였던 아버지와의 다툼이 있었다. 나중에 행방불명이 되는 비운의 수학자.

체프스키(L.lobatschewski, 1792 -1856)[4]가 비 유클리드 기하학을 독립적으로 거의 동시에 발견하였으나 가우스는 이미 그전에 비유클리드 기하학을 알고 있었다고 말하는 바람에 볼랴이를 포함한 전 헝가리와 가우스 간에 감정 싸움도 있었다.

오늘날에는 누가 어떤 이론을 먼저 발표했는가 보다는 그 내용 자체를 더 중요하게 여기는 경향이 크다. 뉴턴은 물리학을 연구하는 과정에서 무한급수에 대한 문제를 생각해 냈고 라이프니츠는 접선방정식이라는 문제에서 출발하여 오늘날 우리가 사용하고 있는 미적분학을 만들어냈다. 그 후 두 사람 사이에 있었던 우선순위에 대한 공방은 여러 해 동안 많은 논란을 불러일으켰지만 오늘날엔 뉴턴의 연구가 라이프니츠의 연구보다 선행되었다고 보는 것이 정설이다. 그렇지만 라이프니츠는 뉴턴을 중심으로 하는 영국의 학자들과는 독립적으로 미분법에 관한 수학적 이론을 정립했고 그것을 많은 유럽의 수학자들에게 알려주어 오늘날 미적분학의 발전을 이루는데 초석을 세웠다. 마치 앞에서 본 카르다노와 타탈리아와 같은 경우라고 할 것이다.

그러나 무한급수의 기초를 라이프니츠가 세웠다는 사실에 대해서는 모두가 인정하고 있다. 그는 $\frac{\pi}{4}$를 나타내는 급수를 발견하였고 그의 이름을 붙인 조화급수 판정법도 만들었다. 또한 20세가 되던 1666년에 우주적 인식론에 관한 논문을 발표하였으나 당시에는 그것을 이해할 수 있는 사람이 아주 적었다. 그러다가 나중에 부울이 발표한 논문에 나타난 계산법에 의해서 라이프니츠의 아이디어를 현실화시킬 수 있는 방법이 현실화되었다. 라이프니츠는 그 외에도 계속 행렬식 이론과 미분계산에 대해 중요한 연구를 하였다. 오늘날 학자들이 라이프니츠의 수학적 업적을 평가할 때마다 당황하곤 하는데, 그 이유는 라이프니츠의 업적 중 어떤 것을 취하고 버려야 할지 잘 모르기 때문이다. 더구나 그의 모든 업적 간에는 어떤 학문적 연관성이 존재했음이 틀림없기 때문에 그의 업적을 평가하기 위해서는 먼저 라이프니츠의 연구 전반에 대한 통찰력이 필요하기

[4]러시아 수학자. 제정 러시아의 개혁에도 힘쓴 인물. 가우스가 로바체브스키의 비유클리드 기하학 논문을 직접 러시아어로 읽기 위하여 노년에 러시아어를 배웠다고 함.

도 하다. 그렇지만 그의 독특한 철학을 연구하다보면 그가 제시했던 몇가지 테마들이 결국 그 사람 전체의 사상을 표현한다는 것을 알 수 있다. 마치 단자(라이프니츠가 주장했던 홀로 작동하는 최소한의 철학적 단위)가 거대한 우주를 생생하게 비추어주는 살아있는 거울과 마찬가지인 것 처럼, 비록 몇 가지 안 되는 주제가 철학자의 의도 전체를 나타내는 것이다.

2) 조화삼각형

라이프니츠가 파리에서 호이겐스를 만났을 때 호이겐스는 다음과 같은 무한급수의 값을 구해보라는 문제를 냈다.

$$\frac{2}{1\cdot 2}+\frac{2}{2\cdot 3}+\frac{2}{3\cdot 4}+\cdots \tag{1}$$

그러자 라이프니츠는 식 (1)을 A로 놓고 $\frac{1}{2}A$를 계산한 다음 새로운 급수

$$\frac{1}{1}+\frac{1}{2}+\frac{1}{3}+\frac{1}{4}+\cdots$$

를 B로 정의했다. 그 다음 $B-1+\frac{1}{2}A=B$가 성립하므로 따라서 $A=2$가 된다고 결론을 내렸다. 이 결과가 틀리지는 않지만 오늘날의 수학자들에게 이런 식의 계산은 대단히 위험하고 더구나 B는 수렴하지도 않는다. 이것을 현대식으로 계산하면 다음과 같다. 먼저 각 항들을 바꿔 쓰면 아래와 같이 된다.

$$\frac{2}{1\cdot 2}=2(\frac{1}{1}-\frac{1}{2}),\ \frac{2}{2\cdot 3}=2(\frac{1}{2}-\frac{1}{3}),\ \frac{2}{3\cdot 4}=2(\frac{1}{3}-\frac{1}{4}),\ldots,\ \frac{2}{n(n+1)}=2(\frac{1}{n}-\frac{1}{n+1}),\ldots$$

그러면 (1)의 부분합 S_N은

$$S_N=\frac{2}{1\cdot 2}+\frac{2}{2\cdot 3}+\cdots+\frac{2}{N(N+1)}=2(1-\frac{1}{N+1}) \tag{2}$$

가 된다. 따라서

$$S=limS_N=2$$

이다. 라이프니츠는 인간의 사고과정을 기호화해서 기호들 사이의 연산에 의하

$$\begin{array}{ccccccccccccc}
&&&&&&\frac{1}{1}&&&&&& \\
&&&&&\frac{1}{2}&&\frac{1}{2}&&&&& \\
&&&&\frac{1}{3}&&\frac{1}{6}&&\frac{1}{3}&&&& \\
&&&\frac{1}{4}&&\frac{1}{12}&&\frac{1}{12}&&\frac{1}{4}&&& \\
&&\frac{1}{5}&&\frac{1}{20}&&\frac{1}{30}&&\frac{1}{20}&&\frac{1}{5}&& \\
&\frac{1}{6}&&\frac{1}{30}&&\frac{1}{60}&&\frac{1}{60}&&\frac{1}{30}&&\frac{1}{6}& \\
\frac{1}{7}&&\frac{1}{42}&&\frac{1}{105}&&\frac{1}{140}&&\frac{1}{105}&&\frac{1}{42}&&\frac{1}{7} \\
.&.&.&.&.&.&.&.&.&.&.&.&.
\end{array} \tag{3}$$

여 완전한 결론을 유도하는 방법을 연구하였다. 결국 그는 조화삼각형을 생각해냈는데 이것은 파스칼의 산술삼각형에 있는 숫자들을 역으로 써놓은 것이다. 그가 모든 것을 우주적으로 사고를 하였던 위대한 연구자라 할지라도 그의 머리 속에서 이러한 식을 좀더 일반화시킨 조화삼각형을 생각해 냈다는 것은 대단한 일이었다.

이 조화삼각형은 다음과 같은 성질을 가지고 있다.

(I) n번째 행은 $\frac{1}{n+1}$로 시작하고 끝난다.

(II) 모든 숫자는 자기 바로 밑에 있는 두 숫자의 합으로 표현된다.

이제 조화삼각형을 오늘날의 수학적 기호로 표현해보자. 호프만(J.Hofmann, 1900 -1973)[5]과 빌라이트너(H.Wieleitner,1974 -1931)는 조화삼각형 (3)을 $\begin{bmatrix} n \\ k \end{bmatrix}$로 표시하였는데 여기서 n은 행의 숫자를 나타내고 k는 그 행의 k번째 항을 나타낸다. 그러면 조건 (II)는 다음과 같이 표현된다.

$$\begin{bmatrix} n \\ k \end{bmatrix} = \begin{bmatrix} n+1 \\ k \end{bmatrix} + \begin{bmatrix} n+1 \\ k+1 \end{bmatrix} \tag{4}$$

(I)에 의해 역시

$$\begin{bmatrix} n \\ 0 \end{bmatrix} = \frac{1}{n+1}, n = 0, 1, 2, \ldots \tag{5}$$

이 성립한다. 예를 들어서 조화삼각형의 왼쪽 첫 번째 대각선에 있는 숫자들은 공식에 $k = 0$을 대입해서 $1, \frac{1}{2}, \frac{1}{3}, \frac{1}{4}, \ldots$을 얻을 수 있다. (4)를 이용해서 왼쪽 두

[5] 뮌헨(Muenchen) 태생의 라이프니츠 전문가.

번째 대각선을 차례로 구할 수 있다. 그리고 모든 각행의 끝에 숫자 $\frac{1}{n+1}$을 쓰게 된다. 이 결과와 다음의 공식으로부터 조화삼각형의 대칭성질이 성립한다.

$$\begin{bmatrix} n \\ k \end{bmatrix} = \frac{1}{(n+1)\binom{n}{k}} = \frac{k!(n-k)!}{(n+1)!} \tag{6}$$

수학적 귀납법을 이용하여 증명하면 어렵지 않게 할 수 있다.

등식 (6)의 증명. 우선 $k = 0$ 일 때 다음이 성립한다.

$$\begin{bmatrix} n \\ \\ 0 \end{bmatrix} = \frac{0!n!}{(n+1)!} = \frac{1}{n+1}$$

등식 (6)이 $m-1$번째 대각선에서 성립한다고 가정하자. 즉 $k = m-1$로 놓으면 공식 (4)에 의해서 다음이 성립한다.

$$\begin{bmatrix} n \\ m \end{bmatrix} = \begin{bmatrix} n-1 \\ m-1 \end{bmatrix} - \begin{bmatrix} n \\ m-1 \end{bmatrix} = \frac{(m-1)!(n-m)!}{n!} - \frac{(m-1)!(n-m+1)!}{(n+1)!} =$$

$$\frac{m!(n-m)!}{(n+1)!}.$$

■

이제 (6)에 의해서

$$\begin{bmatrix} n \\ k \end{bmatrix} = \begin{bmatrix} n \\ n-k \end{bmatrix} \tag{7}$$

이 성립하고 이것은 조화삼각형의 대칭성을 보여주고 있다. 그리고 공식 (6)에 의해서

$$lim \begin{bmatrix} n \\ k \end{bmatrix} = 0 \tag{8}$$

이 성립함을 알 수 있다. 극한값 (8)은 한 대각선에 있는 숫자들의 합을 계산하는데 쓰인다. 예를 들어서 부분합

$$S_k(N) = \sum_{n=k}^{N} \begin{bmatrix} n \\ k \end{bmatrix} \, (k = 1, 2, 3, \dots)$$

로 정의하면 공식 (4)에 의해서

$$S_k(N) = \sum_{n=k}^{N}(\begin{bmatrix} n-1 \\ k-1 \end{bmatrix} - \begin{bmatrix} n \\ k-1 \end{bmatrix}) = \begin{bmatrix} k-1 \\ k-1 \end{bmatrix} - \begin{bmatrix} N \\ k-1 \end{bmatrix} \tag{9}$$

이 성립을 하고 공식 (8)에 의해서

$$lim S_k(N) = S_k = \sum_{n=k}^{\infty} \begin{bmatrix} n \\ k \end{bmatrix} = \begin{bmatrix} k-1 \\ k-1 \end{bmatrix} = \frac{1}{k} \tag{10}$$

이 성립한다. 따라서 다음의 급수들을 만들 수 있다.

$$2 \cdot S_1 = 2 \begin{bmatrix} 0 \\ 0 \end{bmatrix} = \frac{2}{1} = 1 + \frac{1}{3} + \frac{1}{6} + \frac{1}{10} + \ldots$$

$$3 \cdot S_2 = 3 \begin{bmatrix} 1 \\ 1 \end{bmatrix} = \frac{3}{2} = 1 + \frac{1}{4} + \frac{1}{10} + \frac{1}{20} + \ldots$$

$$4 \cdot S_3 = 4 \begin{bmatrix} 2 \\ 2 \end{bmatrix} = \frac{4}{3} = 1 + \frac{1}{5} + \frac{1}{15} + \frac{1}{35} + \ldots \tag{11}$$

이 무한급수 수열 (11)은 라이프니츠의 노트에서 나타난다. 이렇게 하여 그는 무한급수를 만들어냈다. 물론 그는 여기서 위의 공식을 사용한 것이 아니라 공식 (I)과 (II)를 이용했다.그리고 라이프니츠는 무한급수 (11) 외에도 다음을 얻었다.

$$\frac{1}{0} = 1 + \frac{1}{2} + \frac{1}{3} + \frac{1}{4} + \ldots \tag{12}$$

이 급수는 공식 (11)에 나타나는 급수 $(k+1)S_k$에서 $k = 0$을 대입하는 형식 논리의 결과다. 이로서 무한급수 $1 + \frac{1}{2} + \frac{1}{3} + + \ldots$이 발산하게 된다는 것을 알 수 있다.

3) 라이프니츠 무한 급수

오늘날 미적분학에서 배우는 무한급수

$$\frac{\pi}{4} = 1 - \frac{1}{3} + \frac{1}{5} - \frac{1}{7} + \cdots \tag{13}$$

도 라이프니츠 시대에는 전혀 다른 방법으로 계산하였다. 라이프니츠는 반지름이 1인 원의 1사분면의 넓이를 계산하였는데 이를 위해 이 사분면을 직삼각형(그림 1의 ABO)과 활모양 (AB)로 나누었다. 이 활모양의 넓이는 무한히 많은 삼각형 ADE들로 나누어 그 합으로 구한다. K와 L을 D와 E가 x축 AO에서 수직으로 만나는 점들이고, H를 직선 DE와 y축과 만나는 점 그리고 G를 A에서 직선 DE 위에 수직선으로 내린 발이라고 하자. 직선 EL 위에 있는 D의 수직선이 무한히 많은 삼각형의 하나인 DEJ가 된다. 우선 DEJ와 AHG는 닮은꼴이다. 따라서

$$DE : DJ = AH : AG$$

또는

$$AG \cdot DE = AH \cdot DJ$$

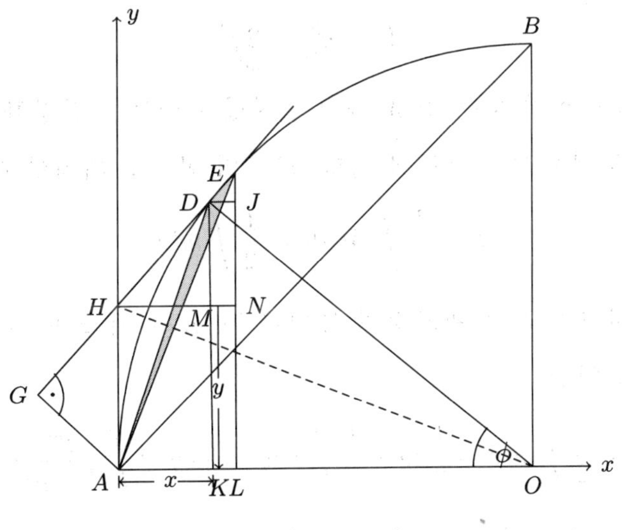

(그림 1)

가 성립한다. H를 지나는 x축의 평행선과 DK와 JL은 M과 N에서 만난다. 그러면 삼각형 ADE의 넓이 $F(ADE)$는

$$F(ADE) = \frac{1}{2} AG \cdot ds = \frac{1}{2} F(KLMN)$$

또는

$$\frac{1}{2}AG \cdot ds = \frac{1}{2}y \cdot dx \tag{14}$$

가 된다. 여기서 ds는 DE, y는 $AH = KM$, x는 AK 그리고 dx는 $DJ = MN = KL$로 표현된다. 각 DOA를 ϕ로 나타내면

$$x = AK = 1 - cos\phi = 2sin^2\frac{\phi}{2} \tag{15}$$

가 성립한다. AH가 원의 접선이고, 근처에 있는 점을 연결한 선 DE가 원을 지나므로

$$y = AH = KM = tan\frac{\phi}{2} \tag{16}$$

이 성립한다.

$$sin^2\alpha = \frac{tan^2\alpha}{1 + tan^2\alpha}$$

이므로 (15), (16)과 더불어

$$x(1 + y^2) = 2y^2 \tag{17}$$

이 성립한다. 이 등식이 모든 점 M들이 놓여있는 커브를 결정한다. y를 x에 관한 적분을 함으로써 (14)는 모든 삼각형 ADE의 합으로 대치할 수 있다.

$$S = \frac{1}{2}\int AGds = \frac{1}{2}\int ydx. \tag{18}$$

여기서 S는 구하고자 하는 활모양의 넓이가 된다. 이제 모든 곡선 $y = y(x)$를 x에 관한 적분을 하면

$$S = \frac{1}{2}\int ydx = \frac{1}{2}xy - \frac{1}{2}\int xdy = \frac{1}{2}xy - \int \frac{y^2}{1 + y^2}dy \tag{19}$$

가 된다. 라이프니츠는 (19)에 있는 분수를 급수

$$\frac{y^2}{1 + y^2} = y^2 - 4y^2 + 6y^2 - + \ldots$$

로 나타내었다. 여기서 각 항을 적분하면

$$S = \frac{1}{2}xy - \frac{y^3}{3} + \frac{y^5}{5} - + \ldots$$

이 되고 $\phi = \frac{\pi}{2}$ 그리고 $x = y = 1$로 하면

$$S = \frac{1}{2} - \frac{1}{3} + \frac{1}{5} - \frac{1}{7} + - \ldots$$

가 따른다. 삼각형 ABO의 넓이를 더하면 사분면의 넓이는

$$F = \frac{\pi}{4} = 1 - \frac{1}{3} + \frac{1}{5} - \frac{1}{7} + \frac{1}{9} - + \ldots$$

이다.

4) 무한소

무한소의 개념은 미분법에서 결정적인 역할을 하고 있다. 그러나 당시의 수학적 이론들을 가지고 이 개념을 정립하는 데에는 한계가 있었다. 그럼에도 불구하고 라이프니츠와 베르눌리(J.I Bernoulli, 1654 -1705)를 대표로 하는 그의 후계자들은 미분법의 무한한 유용성을 가지고 새로운 수학 분야를 개척하는데 여념이 없었다. 다시 말하면 완벽한 수학적 이론의 뒷받침 없이 새로운 분야들이 발전하게 된 것이다. 이는 당시에 자연과학의 지나친 발전이 중세적 기독교 종교관을 해친다고 믿는 많은 신학자들의 공격의 대상이 되었다. 신학자들은 증명되지도 않은 이론들을 가지고 논리를 전개하는 라이프니츠를 비롯한 당시의 많은 과학자들을 비난하였지만 그들은 오히려 이러한 비논리적인 수학이 신의 존재를 증명한다고까지 주장하였다. 그런데 라이프니츠와 그 당시 학자들이 무한소와 무한대에 관해서 어떠한 개념을 가지고 있었는지 이해하려면 그들이 이것에 대해서 어떻게 사고를 하고 있었는지 살펴보는 것이 중요하다. 이에 관해 1701년 11월 28일 바리뇽(P. Varignon, 1654 -1722)[6]이 라이프니츠에게 보낸 편지를 보기로 하자.

'... 선생님에 대한 무한한 존경심을 표하면서 동시에 선생님의 이름으로 회자되고 있는 한 논문이 있다는 것을 알려드립니다. 그 논문은 선생님께서도 아시다시피

[6]칸느 태생의 수학자. 신부 서품을 받았으나 후에 프랑스 국립대학의 수학과 교수가 됨. 이론역학을 연구하였음.

롤(N.Rolle, 1652 - 1719)[7] 선생님과 제가 선생님이 발견한 무한급수계산 방법에 대해서 토론하면서 생겨난 연구결과입니다. 그 토론은 롤 선생님이 잘못 이해하여 틀린 결론을 도출한 것에 관한 것입니다. 한편 이 모든 일 뒤에는 도승 겔로이(galoy)가 서있는데 그는 이 곳에서 선생님께서 미분 가능한 것 또는 무한히 작은 것에 대해서 다음과 같이 설명하셨다고 퍼뜨리고 있습니다. 그는 선생님께서 무한히 작은 것은 아주 작음에도 불구하고 어떤 일정한 크기를 갖는 것으로 정의를 내렸다고 말하면서 마치 우주 안에서의 지구 또는 지구 안에서의 모래알로서 이해하면 된다고 하는 것이었습니다. 그런데 저는 무한히 작다는 것과 또는 미분가능하다는 것은 '결코 다하지 않는 것'으로 이해를 하는 것이 옳다고 생각합니다. 다시 말해 저에게 있어서 무한대라든가 또는 무한히 작다는 것은 주어진 어떤 크기에 비해 결코 비교할 수 없다는 것입니다. 따라서 저는 다음과 같은 결론에 도달했는데 미분계산에서 나타나는 무한히 작다는 것은 주어진 크기보다 항상 작아지고, 또 무한히 커진다는 것은 주어진 것보다 항상 무한히 커진다는 것으로 이해하고 있습니다. 끝으로 선생님의 그 미분에 반대하며 선생님의 명성에 먹칠을 하고 있는 자들에게 제가 대항할 수 있는 방법을 알려주시기 바랍니다.'[8]

이 편지에 대해서 라이프니츠가 1702년 2월 2일 바리뇽에게 보낸 답장은 다음과 같다.

'... 제가 사용했던 표현법이 어땠는지는 정확하게 기억은 못하겠지만 제 의도는 학자들이 수학을 형이상학적인 방법에서 해석하는 것에서 이제는 벗어나야 한다는 것이었습니다. 즉, 자연에는 어떠한 경우에도 절대적으로 작은 직선이 있다고 주장할 필요가 없습니다. 이런 근본적인 무용론을 피하기 위해서, 그리고 제 생각을 보다 널리 알리려는 의도하에, 저는 이 무한하다는 것을 비교할 수 없는 그 어떤 것으로 표현하고 싶습니다. 다시 말하면 이 세상에 존재하는 어떤 것 보다도 비교할 수 없이 크거나 작은 것으로 정의하는 것입니다. 이렇게 생각을 하면, 비교할 수 없이 큰 원소를 결정할때도 그렇습니다만, 비교할 수 없이 작은 것을 계산함에 있어서 거의 무시해도 좋을 정도가 된다면, 저희들은 비교할 수 없는 크기를 여러가지 얻을 수 있습니다. 예를 들어 유리를 통과하는 자석 알갱이와 모래알, 모래알과 지구, 그리고 지구와 우주처럼 비교가 불가능한 것들입니다. 여기서 간과해서는 안 될 것은 이 비교할 수 없이 작은 크기들을, 일반적인 의미에서 본다 할지라도, 결코 상수와 같이 일정하지 않고, 원하는 만큼 작게 가정할 수 있으므로, 기하학에서도 무한소처럼 이 개념을 엄격하게 적용할 수 있다는 것

[7] 미적분학에서 롤의 정리로 유명한 영국 수학자.

[8] 참고문헌 [8], 86쪽

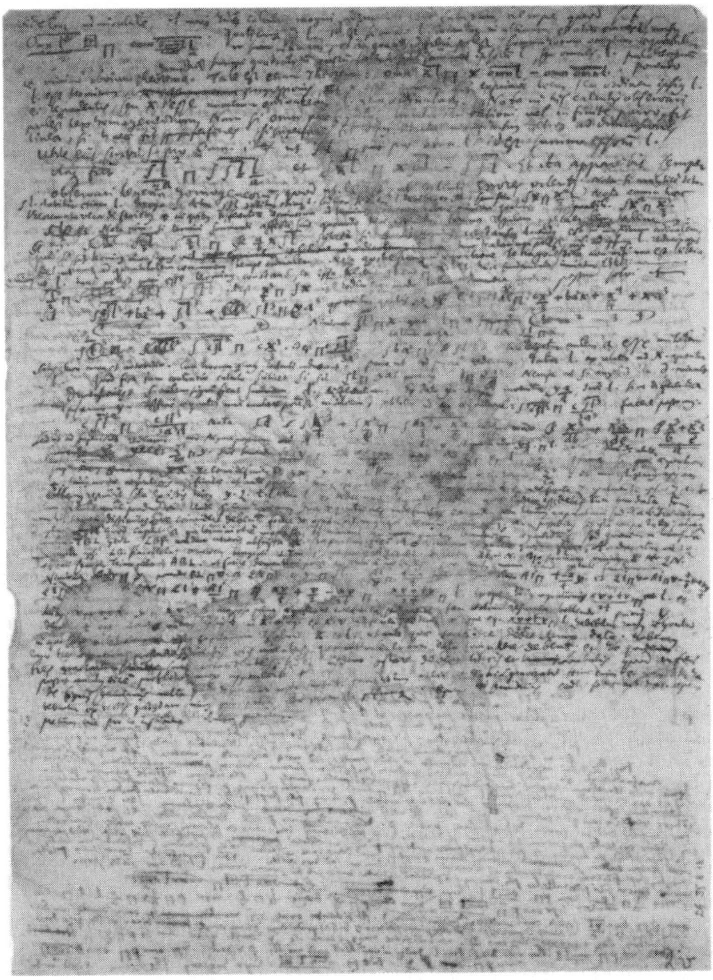

라이프니츠의 친필편지(1675년 10월 29일)[9]

[9] 참고문헌 [11], 469쪽

입니다. 우리들의 의견에 반대하는 사람들이 그 이론의 정당성에 대해 시비를 걸게 되면 제가 발견한 미분에서 나타나는 오류는 원하는 만큼 얼마든지 작게 만들 수 있는 비교할 수 없이 작은 것이기 때문에 다른 모든 오류들보다도 더 작다고 이야기할 수 있습니다. 아마도 이것이 선생님께서 말씀하신 '결코 다하지 않는다는 것'을 의미하는 것이고 이것으로 저희들이 발견한 무한급수의 엄격한 증명을 할 수 있을 것임이 틀림없을 것입니다. 그럼에도 불구하고 절대로 낙관해서는 안 되는 것은 '다하지 않는 것'에 관한 이러한 해석이 정말로 의미가 있고 확실하다고 믿어서는 안 된다는 것입니다. 왜냐하면 죄송한 표현이기는 하지만 아직도 이해할 수 없는 무한하다는 것이 존재하기 때문입니다. 예를 들면

$$1 + \frac{1}{2} + \frac{1}{4} + \frac{1}{8} + \dots$$

이 2가 된다는 사실입니다, 즉 분모는 기하급수로 늘어나고 분자는 항상 1인 분수들의 무한급수 값이 2가 된다는 것입니다.'[10]

라이프니츠는 무한소의 개념을 정확하게 정의내리지는 못하였다. 그러나 미적분학의 기본 정리를 발견하고 이 주제에 관한 개념의 대부분을 연구하고 개발하였으며, 현재 사용하고 있는 미분 기호뿐만 아니라 미분법의 수많은 기본 공식을 만들어 냈다. 결국 그가 연구한 무한과 유한의 연관성과 무한소의 개념은 19세기에 들어와서 코시(A. L .Cauchy, 1789 -1857)[11]와 바이어스트라스에 의해서 정립되었다.

---

[10] 참고문헌 [8], 86-87쪽

[11] 18-19세기 당시 유럽 수학계를 이끌었던 대표적인 사람. 수학과 물리학 분야에 이 수학자의 이름이 붙어있는 이론이 많음. 프랑스대혁명때 정권의 기복이 심한 가운데 항상 왕정에 충성을 다한 이 위대한 프랑스 수학자도 왕권과 함께 영욕을 같이 하였음.

8. 오일러(L. Euler, 1707-1783)

팽창에 관한 문제에 대해서 모든 철학자들은 이 문제가 정신세계에서는 일어날 수 없다는 데 동의하고 있다. 팽창된 것들은 나누어질 수 있거나 또는 부분들로 이루어져 있다는 것은 분명한 사실이다. 그러나 사람의 정신은 나눌 수가 없다. 영혼의 반쪽이나 삼분의 일을 상상이나 하겠는가? 오히려 정신은 모든 부분들을 배제하는 그 무엇이다. 그리고 정신이 길이나 넓이 또는 크기가 있다고 상상할 수 없다. 한마디로 요약하면 우리가 생각하는 팽창이라는 것은 정신의 세계와는 분명히 분리되어야 한다.

-오일러-

1) 태생적 수학자

오일러는 1707년 4월 15일 스위스의 바젤(Basel)에서 태어났다. 이 도시에는 이미 17세기에 대학이 설립되어 있었고 유럽에서는 비교적 오래된 도시 중의 하나였다. 목사였던 아버지는 높은 교양을 쌓은 분이었는데 신학 외에도 수학에 대한 관심도 대단하여 당시의 유명한 스위스 수학자 야콥 베르눌리(J. Bernoulli, 1654-1705)에게서 수학을 공부하기도 하였다. 그래서 아버지는 아들에게 직접 수학을 가르칠 수 있었다.

오일러는 자신이 무엇을 하고 싶은지를 일찍부터 깨닫고 있었다. 그럼에도 불구하고 자신의 뒤를 이어 마을의 목사가 되기를 바라는 아버지의 명에 따라 바젤 대학의 철학 신학부에 입학하여 신학과 히브리어를 공부했다. 수학에서는 요한 베르눌리(J. Bernoulli, 1667-1748)[1]의 주의를 끌 만큼 우수하여 그가 자진해서 일주일에 한 번 개인교습을 해주겠다고 나설 정도였다. 아버지는 아들의 수학적 재능을 충분히 알고 있었기에 수학과 물리를 전공하는 것을 허락하였으나 철학 석사학위를 취득한 1724년에 수학을 버리고 신학에 전력을 다하라고 그에게 충고했다. 그러나 베르눌리 일가 사람들이 오일러는 목사가 아니라 수학자가 될 운명이라고 설득하자 마침내 아버지도 허락하게 되었다. 비록 오일러는 수학자의 길을 걸었으나 소년기에 받았던 종교 교육은 그를 평생에 걸쳐 신실한 신앙인으로 남게하였다.

[1]스위스의 유명한 베르눌리 수학 가문 출신. 요한, 야콥, 니콜라우스(Nikolaus Bernoulli, 1687-1759) 베르눌리가 특히 유명하다.

오일러

2) 첫 번째 상트 페테르부르그 시기

1724년 오일러와 동문수학한 다니엘과 니콜라우스 베르눌리는 러시아의 상트 페테르부르그 아카데미의 교수로 초청을 받았다. 그들은 얼마 후 오일러를 상트 페터스부르그의 교수로 초청받게 하였으나 수학과가 아닌 의학부 교수였다. 먼저 대학으로 오게 한 다음 나중에 수학과로 옮겨줄 생각이었다. 그러나 그곳의 상황은 기대한 것만큼 좋지는 않았다. 오일러가 러시아에 도착한 그 날 러시아의 여제 카타리나 1세(Katharina 1)가 죽은 것이다. 그녀가 죽자 아카데미를 비롯한 러시아 정부의 모든 기구들은 급속도로 축소되었다. 그렇다고 오일러의 연구열이 식은 것은 아니었다. 1730년에 헤르만(J. Hermann, 1678-1733)[2]이 바젤로 돌아가자 그의 물리학과 교수 자리를 이어받았고, 1733년에 다니엘 베르눌리 역시 바젤로 돌아가자 그의 뒤를 이어 수학과 교수가 되었다. 이 시절은 오일러의 연구 활동이 본격적으로 시작되던 때였다. 그 유명한 쾨닉스베르그(Koenigsberg)시에 있던 다리문제[3](그림 1)를 해결한 시기도 이때였다.

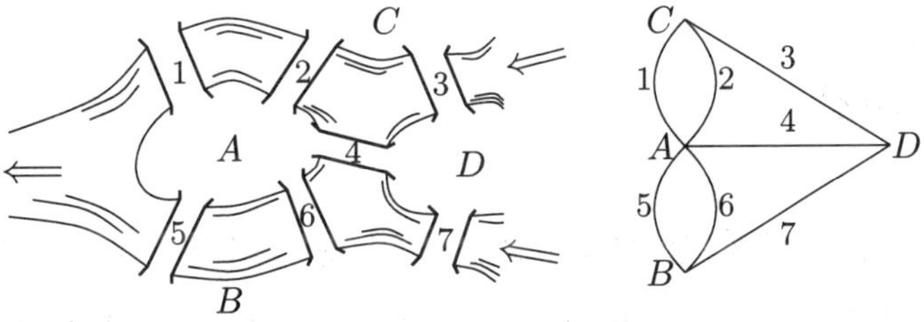

(그림 1)

오일러는 어떤 환경이나 장소에서도 일할 수 있는 대 수학자 중의 한 사람이었는데 그가 평생에 쓴 논문을 집대성 한 오일러 전집은 전부 80권이나 된다. 그는 상트 페테르부르그 아카데미의 연구 논문지에 창간호부터 수학논문을 게재하였는데 편집자는 오일러 덕분에 논문 부족으로 고민하는 일은 없었다고 한다.

[2]스위스 태생의 수학, 물리학자. 야콥 베르눌리의 제자였다.
[3]일곱 개의 다리를 모두 한 번씩만 지나 출발점으로 되돌아 오는 문제.

수학자 아라고(D.F. Arago, 1786-1853)[4]는 오일러가 "사람이 숨 쉬는 것처럼, 독수리가 하늘을 날아다니는 것처럼 아무런 어려움도 없이 계산을 했다"고 한다. 1727년부터 1741년까지의 기간 중에 오일러는 수학자로서의 능력을 십분 발휘하였는데 연구 분야의 넓은 폭, 이론적 깊이, 풍부한 양 그리고 내용의 실용성 등에서 닿지 않는 곳이 없을 정도였다. 그의 연구 영역은 순수 수학 분야 뿐만 아니라 천문학, 기계공학, 광학, 군대에서의 제도학 그리고 공학 기술적인 문제 등 수학과 멀리 떨어진 분야까지 거칠 것이 없었다. 이 첫 번째 연구 기간 중에 그는 조선술, 항해술, 음악 이론, 러시아 초등학생들을 위한 기초 산수 등 수많은 책을 저술하였다. 1735년에 지질학과에서도 일을 하였는데 당시에는 잘 알려지지도 않은 엄청난 러시아의 영토를 제도학을 이용하여 측정하는 역할을 하였다. 이 일에서 그는 너무나 집중적으로 연구하다가 과로로 인하여 병에 걸리게 되었는데 이로 인해 한 쪽 눈의 시력을 잃어버리는 결과까지 가져왔다. 그럼에도 불구하고 그의 연구열은 조금도 식지 않았다. 그 후에 두 권으로 된 책 '해석학적인 방법으로 본 운동의 역학'을 저술하였는데 이것은 물리학에서 획기적인 연구분야였다.

3) 베를린 시절

1740년 러시아의 여제 안나(Anna)가 죽자 불안해진 러시아 정정으로 인해 아카데미의 운명이 혼돈 속에 빠지게 되었다. 오일러는 마침 그때 베를린 아카데미로부터 초청을 받았다. 이 아카데미는 프로이센의 프리드리히 2세의 야심찬 계획에 의해서 만들어졌는데 왕은 베를린을 과학과 예술에서 유럽의 빛나는 중심지로 만들려고 하였다. 1744년에 오일러는 아카데미의 수학교실 책임자로 임명되었다. 그러나 왕은 프랑스식으로 살기를 원했고 프랑스의 석학들에 호감을 가졌던 만큼 오일러와의 관계는 비교적 소원하였다. 거기다가 한창 볼테르식 이성주의에 심취해 있던 왕은 신앙심 깊은 오일러를 내심 비웃고 있기도 하

[4]빠리 태생의 수학, 물리학자. 에꼴 공대에서 몽즈의 후계자가 된다.

였다. 이외에도 오일러는 프리드리히 2세와는 경제정책에서 아주 심각한 의견 차이를 보였다. 더구나 왕은 오일러에게 운하의 일, 재정 평가, 과부들의 연금 문제, 복권 문제 등 많은 일을 시켰으나 오일러의 위대한 수학적 업적에 관해서는 전혀 이해심을 보이지 않았다.

이러한 불리한 여건 속에서도 오일러는 베를린에서 제2의 연구시기를 맞았다. 그는 베를린에서 26년을 보냈는데 상트 페테르부르그 시절 못지않게 많은 업적을 쌓아 18세기 수학사에 커다란 발자취를 남겼다. 순수와 응용 분야에서뿐만 아니라 아주 고차원적인 조직론에도 관여하여 당시에 존재하였던 거의 모든 수학 분야에 중요한 이론을 남겼다. 이들은 개별적인 논문으로서가 아닌 과거의 이론들과 연결시켜 놓은 새로운 교과서의 형태로 나타났다. 여러 권의 책들이 있지만 1768년부터 1770년 사이에 발간한 미적분 계산에 관한 교과서인 '적분학개론'에서는 무한소 개념을 도입하였다. '입문서'라는 책은 수론, 멱급수, 지수, 로그 함수와 같은 대수적 해석학을 포함하고 있다. 수많은 작품 외에도 함수기호 $f(x)$를 도입하였고 π, $\sqrt{-1}$, e 등을 최초로 사용하였다. 적분 계산과 대수학에 관한 논문들에는 기호들이 일치하지 않는 곳이 여러 곳 있었지만 그의 뛰어난 수학적 능력 때문에 누구도 이의를 달지 않았을 정도였다. 어쨌든 수학의 전분야에 걸친 거의 믿기 어려울 정도의 풍성한 연구는 그를 역사상 가장 위대한 수학자들의 반열에 올려놓았다.

4) 지수함수

오일러는 등식 $a^0 = 1$로부터 관계식

$$a^\omega = 1 + \chi \tag{1}$$

을 만들었다. ω, χ는 무한히 작은 수이다. 그 다음 $\chi = k\omega$로 놓고 등식 (1)을

$$a^\omega = 1 + k\omega \tag{2}$$

로 변형하였다. ω는 a를 밑수로 하는 $1 + k\omega$의 로그값이다. 즉,

$$\omega = l(1+k\omega)^5. \tag{3}$$

이 예를 통해서 그는 숫자 k가 밑수 a에 의해서 결정된다는 것을 알아 보려고 하였다. 그는 log표를 이용해서 $a = 10$과 $\omega = \frac{1}{100000}$에 대해서 k의 값을 계산하여 k가 $k = 2.30258$로서 유한한 수이고 a에 의해 결정된다는 것을 알았다. 이제 오일러는 등식 (2)에서 양변에 i번째 제곱을 계산하였다.

$$a^{i\omega} = (1+k\omega)^i \tag{4}$$

그리고 (4)의 우변을 이항정리에 의해서 다음과 같이 정리하였다.

$$a^{i\omega} = 1 + \frac{i}{1}k\omega + \frac{i(i-1)}{1\cdot 2}k^2\omega^2 + \frac{i(i-1)(i-2)}{1\cdot 2\cdot 3}k^3\omega^3 + \cdots \tag{5}$$

여기서 i는 무한히 큰 수도 가능한 임의의 숫자이다. 오일러는 $i = \frac{z}{\omega}$로 놓았는데 z는 임의의 유한한 수이고 ω가 무한히 작기 때문에 i는 무한히 클 수 있다. ω에 $\frac{z}{i}$를 대입하면

$$a^z = (1+\frac{kz}{i})^i = 1 + \frac{1}{1}kz + \frac{1(i-1)}{1\cdot 2\cdot i}k^2z^2 + \frac{1(i-1)(i-2)}{1\cdot 2i\cdot 3\cdot i}k^3z^3 +$$

$$\frac{1(i-1)(i-2)(i-3)}{1\cdot 2i\cdot 3i\cdot 4i}k^4z^4 + \cdots \tag{6}$$

가 된다. 이 식은 a의 유한한 멱 a^z의 등식인데 우변에는 무한히 큰 수인 $i, i-1, \ldots$ 등이 나타난다. 오일러는 여기서 무한히 큰 수인 i에 대해서

$$\frac{i-1}{i} = \frac{i-2}{i} = \frac{i-3}{i} = 1 \tag{7}$$

이 성립하고, 마찬가지로

$$\frac{i-1}{2i} = \frac{1}{2}, \frac{i-2}{3i} = \frac{1}{3}, \frac{i-3}{4i} = \frac{1}{4}, \ldots \tag{8}$$

이 성립함을 알았다. 등식 (6)에 (7)과 (8)을 대입하면 다음과 같고

$$a^z = 1 + \frac{kz}{1} + \frac{k^2z^2}{1\cdot 2} + \frac{k^3z^3}{1\cdot 2\cdot 3} + \frac{k^4z^4}{1\cdot 2\cdot 3\cdot 4} + \cdots, \tag{9}$$

특히 $z = 1$ 일때

[5]오일러는 오늘날의 log를 lx로 표기하였다.

$$a = 1 + \frac{k}{1} + \frac{k^2}{1 \cdot 2} + \frac{k^3}{1 \cdot 2 \cdot 3} + \frac{k^4}{1 \cdot 2 \cdot 3 \cdot 4} + \ldots \tag{10}$$

이 성립한다.

log를 무한급수로 유도하기 위하여 오일러는 $a^{i\omega} = 1 + x$ 를 대입하였다. 그러면 (4)에 의해

$$a^{i\omega} = (1 + k\omega)^i = 1 + x \tag{11}$$

가 성립하고, 따라서

$$i\omega = \frac{i}{k}((1 + x)^{\frac{1}{i}} - 1) \tag{12}$$

이다. (11)과 (12)에 의해서 이항급수로 우변을 전개하면 다음과 같이 $l(1+x)$의 급수를 얻는다.

$$l(1 + x) = i\omega = \frac{i}{k}(\frac{1}{i}x - \frac{1(i-1)}{i \cdot 2i}x^2 + \frac{1(i-1)(2i-1)}{i \cdot 2i \cdot 3i}x^3 -$$

$$\frac{1(i-1)(2i-1)(3i-1)}{i \cdot 2i \cdot 3i \cdot 4i}x^4 + \ldots).$$

(8)에 의해서

$$l(1 + x) = \frac{1}{k}(\frac{x}{1} - \frac{x^2}{2} + \frac{x^3}{3} - \frac{x^4}{4} + \ldots) \tag{13}$$

가 성립한다.

$k = 1$ 을 대입하면 log와 지수함수가 아주 간단해지는데 오일러는 $k = 1$일 때에 해당되는 밑을 e로 나타내었다. 등식 (9)에 의해서

$$e^z = 1 + \frac{z}{1} + \frac{z^2}{1 \cdot 2} + \frac{z^3}{1 \cdot 2 \cdot 3} + \frac{z^4}{1 \cdot 2 \cdot 3 \cdot 4} + \ldots \tag{14}$$

가 성립한다. 특히 밑수 e에 대해서는

$$e = 1 + 1 + \frac{1}{2} + \frac{1}{1 \cdot 2} + \frac{1}{1 \cdot 2 \cdot 3} + \frac{1}{1 \cdot 2 \cdot 3 \cdot 4} + \ldots \tag{15}$$

가 된다. 이로써 오일러는 자연지수 밑수 e를 소구점 23자리까지 계산하였다.

$$e = 2.71828182845904523536028. \tag{16}$$

$k = 1$일 때에 자연지수의 급수는 다음과 같다.

$$l(1+x) = \frac{x}{1} - \frac{x^2}{2} + \frac{x^3}{3} - \frac{x^4}{4} + \dots. \tag{17}$$

(17)과 그리고 $l(1-x)$에 해당하는 급수로부터

$$l\frac{1+x}{1-x} = \frac{2x}{1} + \frac{2x^3}{3} + \frac{2x^5}{5} + \frac{2x^7}{7} + \dots \tag{18}$$

을 얻는다.

오일러의 논문집 제1부 제7장으로부터 좀더 중요한 공식

$$e^z = (1 + \frac{z}{i})^i \tag{19}$$

가 나오는데 여기서 i는 무한히 큰 수이다.

오늘날의 표현으로 나타내면

$$e^z = lim(1 + \frac{z}{n})^n$$

가 된다.

5) 두 번째 상트 페테르부르그 시기

오일러는 상트 페테르부르그에서 자연과학의 모든 분야에 있어서는 최고의 경지에 올랐다. 러시아의 여제 카타리나 2세는 오일러를 다시 상트 페테르부르그 아카데미 원장으로 초빙하는등 최상의 대우를 해주었다. 그러나 오일러는 과학의 모든 분야에서 가장 왕성한 시기를 보내고 있었던 중에 느닷없이 찾아온 불행으로 인하여 우울한 인생의 후반기를 맞게 되었다. 그는 한쪽 눈의 시력을 잃었고 그에 따른 후유증으로 나머지 눈에 염증이 발생하여 완전히 두 눈의 시력을 잃게된다. 그러나 그는 포기하지 않고 과학 논문들을 읽었다. 그가 인생의 말년에 가서 좀더 많은 독자들을 위하여 자신의 과학적 이론을 자세하고 친절하게 설명하는 수많은 책들을 저술하였던 것은 아마도 이 사건과 관련이 있는 것 같다. 오일러는 상트 페테르부르그 시절에 베를린에 있을 동안에 써 놓았던 '프

로이센 공주에게 보내는 편지'를 발간하였는데, 거기에는 프로이센의 16살의 공주에게 음악학, 철학, 신학 등의 기본 개념들을 자세히 써 놓았다. 편지들의 첫 단계에서는 아주 기본적인 것들을 써 놓았는데, 시간이 지나갈수록 공주의 연령에 맞추어서 점점 더 내용을 어렵게 만들어 나갔다.

이 위대한 수학자가 시력을 잃은 후에도 얼마나 많은 작품을 썼는지 아카데미는 그가 죽은 뒤 20여 년 후에까지 그의 업적을 정리하는 데에만 매달려야 했다. 오일러는 응용수학의 여러 가지 분야를 연구했을 뿐만 아니라 해석학과 수론의 고전적인 문제에 있어서도 많은 업적을 남겼다. 그 중에서도 특히 유명한 책은「대수학의 완벽한 입문서」인데 오일러는 이 책을 학교 근처에도 가보지 않은 자신의 하인에게 펜으로 받아쓰게 하였다. 그 내용이 얼마나 자세하였는지 이 양재사가 받아쓰는 중에 스스로 이해했을 정도이고 나중에는 대수학자가 되었을 정도였다. 이 책은 가장 기본적인 계산문제부터 3차, 4차 방정식의 근의 공식까지 알려주고 있다.

대수학의 완벽한 입문서

1. 우선 늘어날 수도 있고 줄어들 수도 있는 또는 덧붙일 수도 있고 뺄 수도 있는 것을 크기라고 한다. 예를 들면 돈의 합 같은 것이 일종의 '크기'인데 왜냐면 그것들은 덧붙일 수도 있고 빼낼 수도 있기 때문이다. 마찬가지로 무게도 하나의 크기가 될 수 있다.

2. 크기에는 여러 종류가 있는데 어떤 것은 셀 수 없는 것도 있다. 그래서 수학에서는 여러 종류의 부분을 만들어서 그 각 부분마다 연구를 하게 된다. 수학이란 도대체 주어진 크기를 완벽하게 꿰뚫어 보거나 또는 측량할 수 있게 하는 과학에 지나지 않는다.

3. 그러나 크기에는 알 수 없거나 또는 측량할 수 없는 경우가 있어서 그런 경우에는 잘 알려진 대체 크기를 받아들여서 본래의 크기와 비교하는 방법도 있다. 예를 들면 돈뭉치의 크기를 계산하는 데 있어서 굴덴(금 또는 은의 화폐 단위), 루블, 탈러 또는 두카텐(옛 유럽 금화 이름) 등을 알려진 것으로써 계산을 하여 본래의 돈다발에는 얼마나 있는지 계산할 수 있다. 마찬가지로 무게의 크기를 계산하는 데 있어서 파운드, 센트너(Centner) 또는 루트(Loth) 등을 알려진 무게들을 가지고 주어진 무게들이 얼만큼 들어있는지 알 수 있다. 어떤 길이나 넓이를 계산할 때에는 피트(feet)로 불리우는 기본적

Vollständige
Anleitung
zur
Algebra
von
Hrn. Leonhard Euler.

Erster Theil.
Von den verschiedenen Rechnungs = Arten,
Verhältnißen und Proportionen.

St. Petersburg.
gedruckt bey der Kays. Acad. der Wissenschaften 1770.

대수학의 완벽한 입문서 표지 1770[6]

[6] 참고문헌 [12], 63 쪽

인 단위로 알 수 있다.

4. 여러 가지 종류의 크기를 측량할 때는 우선 똑같은 종류의 잘 알려진 크기를 결정하는 것이 대단히 중요하다. 이것들은 단위 또는 기본으로 불리는데 이들은 계산에 중요한 역할을 한다. 그러고 나서 이 주어진 크기가 이 단위들과 어떠한 관계에 서있는가 알아야 하는데 그 결과는 주로 숫자로 표현된다. 결국 숫자는 주어진 크기가 소위 단위라고 하는 것들과 어떠한 관계에 서 있는가 나타내는 비교에 지나지 않는다. 따라서 모든 크기들이 숫자로 나타날 수가 있고, 모든 수학적 과학에는 이러한 기초를 제공할 수 있기 때문에 계산하는 방법, 숫자의 공부를 더욱 심도있게 그리고 완벽하게 다뤄야 한다. 이러한 수학의 기본적 구성요소가 해석학이나 대수학이라는 것이다.[7]

[7]참고문헌 [8], 112쪽

9. 가우스(C.F. Gauss, 1777-1855)

짧게 그러나 완벽하게 -가우스-

1) 수학의 왕자

역사상 수학에서 가장 위대한 세 사람을 꼽는다면 아마도 아르키메데스, 뉴턴 그리고 가우스가 될 것이다. 가우스가 태어난 시기에 프랑스에는 라그랑쥬(J.L. Lagrange, 1736-1813)[1], 몽즈(G. Monge, 1746-1818)[2], 라플라스(P.S. 1749-1827)[3] 등 기라성 같은 수학자들이 포진하고 있어 영국과 더불어 당대의 유럽 수학계를 이끌고 있는 쌍두마차의 한 축을 담당하고 있었다. 이에 비해 작은 독립된 지방으로 이루어진 연방형태의 독일은 정치. 사회. 경제 등 모든 면에서 프랑스와는 비교가 안되었다. 그러다가 독일에서 가우스가 나타나자 가우스 혼자 전 프랑스를 상대한다는 국수주의적인 말까지 나올 정도로 가우스의 위상은 대단하였다.

가우스는 1777년 5월 4일 독일의 작은 도시 브라운슈바이그(Braunschweig)에서 태어났다. 아버지는 미장일, 보험회사 직원 등 다양한 직업을 전전했던 분이었고, 어머니 도로테아(Dorothea)는 남의 집 하녀를 하던 단순한 집안이었다. 어머니는 말년에는 거의 장님이 되었는데 1839년에 죽을 때까지 아들 가우스와 함께 살면서 아들을 보살핀 것으로 유명하다. 가우스의 수학적 재능은 아주 어렸을 때부터 나타났는데 이미 3살 때 아버지가 하는 계산을 지켜보다가 틀린 것을 발견하였다고 한다. 그 스스로도 자신은 말보다 계산을 먼저 배웠다고 말한 적이 있다. 초등학교 시절, 1부터 100까지 더하는 문제는 너무나 유명하여 따로 소개할 필요조차 없을 정도다. 이런 가우스의 천재성을 알아본 보조교사 바텔스(J.C.M. Bartels, 1769-1836)[4]는 브라운슈바이그의 영주에게 어린 가우스를 소

---

[1] 18세기를 대표하는 프랑스 수학자.
[2] 대표적인 프랑스 기하학자. 프랑스혁명에 적극 가담하였고 에콜공대의 설립에 참여하였다.
[3] 당시 유럽의 지성을 대표했던 프랑스 수학자. 빠리 에콜공대 교수였다.
[4] 나중에 러시아에서 수학과 교수가 된다.

가우스

개 하였다. 이에 영주는 가우스가 나중에 교수가 되어서 경제적으로 독립할 때까지 재정적 지원을 해줄 것을 약속하였다. 가우스는 영주의 이런 호의를 마음속 깊이 감사하게 생각하였다고 한다. 그러나 영주는 지원을 오래할 필요가 없었다. 가우스는 이미 20대도 되기 전에 최고의 수학자가 되어 있었기 때문이다.

가우스는 어린 시절에 이미 고대 그리스 시절부터 내려오는 풀리지 않는 문제를 해결하였는데 그 중에 대표적인 것이 어떤 정n다각형이 자와 컴퍼스 만으로 작도 가능한 것인가 하는 문제였다. 고대 그리스 수학자들도 이미 $n = 3, 4, 5, 15$인 경우와 이 숫자들의 배수인 $n = 6, 8, 10$ 등에 대해서는 가능하다는 것을 알고 있었다. 그러나 임의의 n다각형일 경우의 문제는 원 안에 내접하는 정n다각형을 그리는 문제와 동등한 것이었고 당시의 수학 수준으로는 커다란 난제 중의 하나였다. 그런데 이 문제에 허수를 도입하면 등식 $x^n - 1 = 0$의 근들이 모두 반지름이 1인 원에 놓여있게 된다. 한편 모든 제곱근들은 자와 컴퍼스 만으로 작도 가능하는 것을 알고 있었기 때문에 결국 문제는 어떤 n에 대해서 $x^n - 1 = 0$의 근들이 제곱근들로 묘사될 수 있는가 하는 문제로 귀결되었다. 그렇다면 그 정n각형은 자와 컴퍼스만으로 작도가 가능할 것이고 이로써 원의 분할에 관한 문제가 일반적으로 해결되어 질 것이다. 가우스는 만 18세가 되던 1796년 3월 29일 아침에 이 문제를 해결하였는데 이 때의 상황에 관해 게어링(C. L. Gerling, 1788-1864)[5]에게 쓴 편지를 보면,

'연산에 근거하여 오랫동안 심사숙고 한 끝에 이 근들의 상관관계가 여기 브라운슈바이그에서 휴가를 보내는 아침에(아직 자리에서 일어나기 전인데).... 나에게 아주 분명한 모습으로 떠올랐다네. 그래서 나는 이것을 정17각형에 적용하여 원 안에 그 점들이 차지하는 위치를 수리적으로 계산하는데 성공하였다네.'[6]

그 다음날인 30일에 가우스는 그의 '수학 일기(1796-1814)'에 다음과 같이 적어 놓았다.

[5]독일의 수학자, 천문학자. 가우스의 친구
[6]참고문헌 [12], 180쪽

'Principia quibus innititur sectio circuli, ac divisibilitas eiusdem geometrica in septemdecim partes etc.'(원의 분할, 특히 17개로 이루어지는 기하학적 분할법에 관한 원론)

가우스의 후원자였던 브라운슈바이그 대학의 수학과 교수였던 폰 찜머만(E.A. W. von Zimmermann, 1743-1815)은 1796년 7월 1일자 '일반 문화 신문의 지식지(Intelligenzblatt der allgemeinen Literaturzeitung)'에 가우스의 업적을 소개하였는데 이는 가우스가 최초로 공개적으로 발표한 자신의 논문에 관한 글이었다. 다음에 가우스가 직접 올린 이글을 보기로 하자.

<새로운 발견>

기하를 처음으로 공부하는 모든 사람들에게 정다각형, 예를 들어 삼각형, 오각형, 십오각형 등과 이것들의 배수로 이루어진 다각형들은 기하학적으로 작도 가능하다는 것이 알려져 있다. 이 사실은 유클리드 시대로 거슬러 올라가는데 그 때부터 사람들은 기하학에서 더 이상의 다른 발전은 없을 것으로 생각해왔던 것 같다. 적어도 나는 이런 한계를 넘어선 시도는 없던 것으로 안다.

그럴수록 나는 위의 정다각형 말고도 다른 형태의 예컨데, 정17각형 같은 것들도 작도가 가능하지 않을까 하는 생각에 사로잡혀 있었다. 내가 발견한 이것은 아직 완성되지 않은 커다란 분야의 한 부분일 것이다. 그리고 이 분야가 확립이 되면 곧 발표를 하게 될 것이다.

가우스, 브라운슈바이그에서.

<괴팅겐 대학교 수학과 학생>

이제 겨우 18세인 가우스 학생이 여기 브라운슈바이그에서 철학과 고전문학 분야인 수학에서 이렇듯 멋진 결과를 얻은 것은 당연히 알려져야 할 것이다.

1796년 4월 18일

교수 찜머만[7]

---

[7]참고문헌 [12], 181쪽

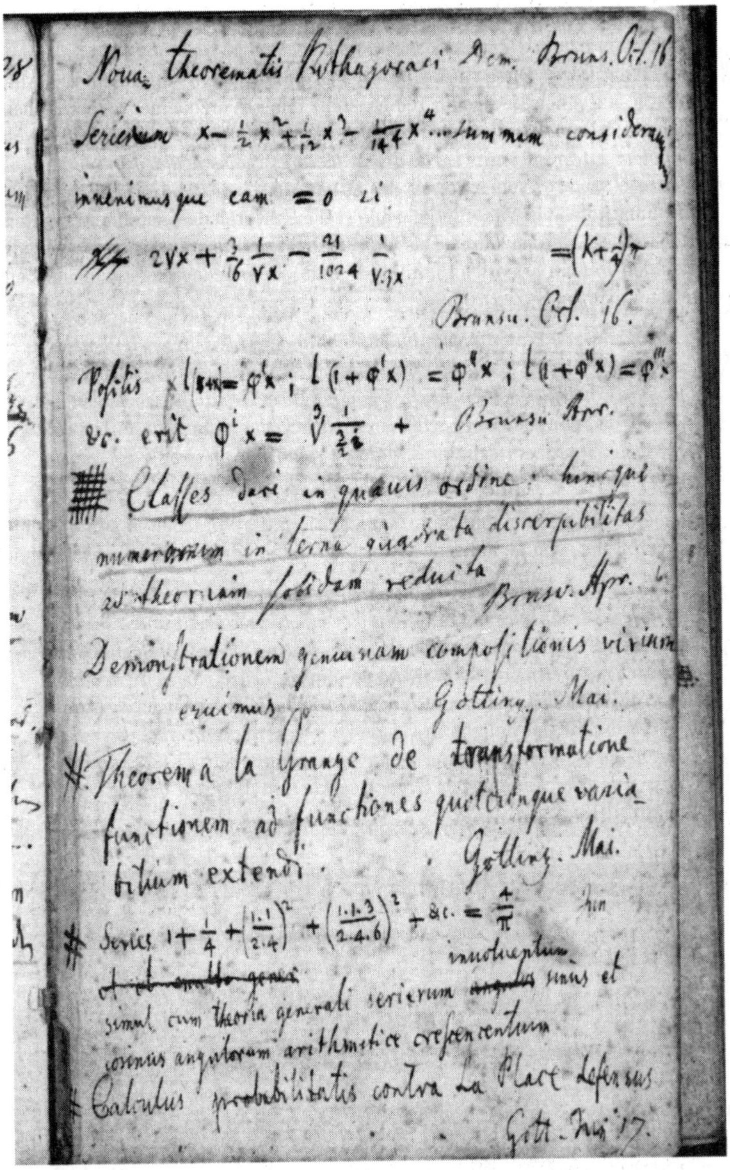

가우스의 수학일기[8]

[8] 참고문헌 [12], 183쪽

앞에서 나온 가우스의 수학일기는 1898년 수학자 슈텍켈(P. Staeckel, 1862-1919)이 가우스의 손자로부터 구입한 것인데 여기에 보면 가우스가 언제 어떤 문제들을 생각하고 연구했는지 자세히 나와있다. 결론적으로 그는 매우 어린 나이 때부터 수학의 심오한 문제들을 연구한 것으로 나타난다.

이렇게 시작된 그의 빛나는 수학 인생은 78세로 마감하는데 가우스가 죽자 독일의 왕은 특별 동전을 주조케 하여 그 위에 -수학의 왕자(GEOR-GIUS V REX HANOVERAE MATHEMATICORUM PRINCIPI)-라고 새겨놓게 하여 그를 기렸다. 이것만 보아도 독일인들이 가우스를 얼마나 자랑스러워하고 있는지를 알 수 있다.

그를 이렇게 위대하게 만든 것은 그가 연구한 학문 분야가 수론, 대수, 해석 등 순수 수학으로부터 응용수학, 천문학 물리학 등 거칠 것이 없었기 때문이었다. 더욱 놀라운 것은 이렇게 많은 분야를 연구하면서 각 분야마다 그 학문의 깊이를 측량할 길이 없을 정도로 심오하다는 것이다. 뿐만 아니라 가우스는 자신의 논문을 군더더기 하나 없이 깔끔하게 만든다는 것으로 유명한데 그 이론전개의 우아함과 완벽함을 보게 되면 누구나 그 논문이 대가의 것이라는 것을 금방 알 수 있을 정도였다. 한번은 젊은 나이에 요절한 노르웨이의 천재 수학자 아벨(N.H. Abel, 1802-1829)[9]이 가우스의 논문 스타일에 대하여 "그는 마치 여우가 사막을 지나면서 자신의 꼬리로 흔적을 지우면서 가는 것과 같이 논문을 쓴다"고 말한 적이 있다. 또한 수학자 야코비(C.G.J.Jacobi, 1804-1851)[10]는 "차갑게 얼어붙은..." 이라고 말하면서 "그의 논문을 이해하려면 우선 녹을 때까지 기다려야 한다"고 말하였다. 그리고 그 논문의 독특한 개성은 현대인에게도 대단히 매력적으로 다가오는데 그 매력은 현대인들에게서는 발견하기 힘든 어떤 인격적인 성숙함에서 나오는 것이기 때문일 것이다. 가우스는 자신의 친구 슈마허(H. Schumacher, 1780-1850)에게 다음과 같은 편지를 쓴 적이 있다.

[9] 요절한 노르웨이 태생의 천재 수학자. 20대 초반에 몇 백년 동안 안 풀렸던 '5차 이상의 고차방정식에 일반적인 근의 해법은 없다'는 문제를 증명하여 가우스조차 관심을 가졌던 인물.
[10] 야코비로 말하면 자칭 가우스 다음 가는 수학의 2인자. 야코비 함수 등 많은 업적을 남겼다. 아벨과 경쟁적으로 타원함수 이론을 연구한 사람으로 유명.

'자네는 내가 천천히 글을 쓴다는 것을 잘 알고 있을 것이네. 그건 내가 작은 공간에 되도록 많이 그리고 시간이 걸리더라도 길게 쓰는 것 보다는 짧게 쓰는 것을 선호하는 나만의 취미 때문이라네.'[11]

가우스 자신은 자기의 이러한 연구 스타일에 대하여 '짧게 그러나 완벽하게(pauca sed matura)'라고 표현하였는데 이에 관해 폰 발터하우젠(S. von Walterhausen)은 가우스를 기리는 글에서 다음과 같이 말하였다.

'가우스는 자신의 연구를 예술적으로 승화하기 위하여 평생을 숙고하였는데 그 논문이 원하는 만큼 되기 전엔 결코 발표하는 법이 없었다. 그는 자주 말하기를 '좋은 건축물에는 마감한 후에 단 하나의 불필요한 것이 있어선 안 된다'고 하였다.' [12]

이렇듯 엄격한 원칙 아래 논문을 썼던 가우스는 뭔가 충분치 못한 것을 결단코 용서치 못하였다. 심지어는 숙고하는 기간이 너무 길어 다른 사람이 같은 분야의 논문을 먼저 발표하는 경우도 있었다. 예를 들자면 타원함수 이론 같은 것이 대표적인 것인데 이 분야의 선구자로는 아벨과 야코비로 알려져 있다. 그러나 가우스의 일기를 자세히 들여다 보면 그는 이미 1800년도에 이 분야에 관한 중요한 이론들을 이미 알고 있었다는 것을 알 수 있다. 비유클리드 기하학 역시 마찬가지였는데 러시아의 로바체프스키와 헝가리의 볼랴이가 비유클리드 기하학의 창시자로 알려져 있다. 그러나 가우스는 이미 이 분야에 대해 자세히 알고 있었다. 다만 이 이상한 이론을 공개할 경우 이것을 이해할 수 없는 '바보들의 아우성'이 귀찮아서 공개를 안 했을 뿐이라고 자신의 친구 베셀(F.W. Bessel, 1784-1846)[13]에게 편지한 적이 있다. 다음에 '모든 수학적 표현을 가장 단순하고 우아하게 압축하는' 가우스의 재능을 보여주는 한 예를 직접 보기로 하자.

[11]참고문헌 [8], 113 쪽
[12]참고문헌 [8], 113 쪽
[13]독일의 천체물리학자, 수학자.

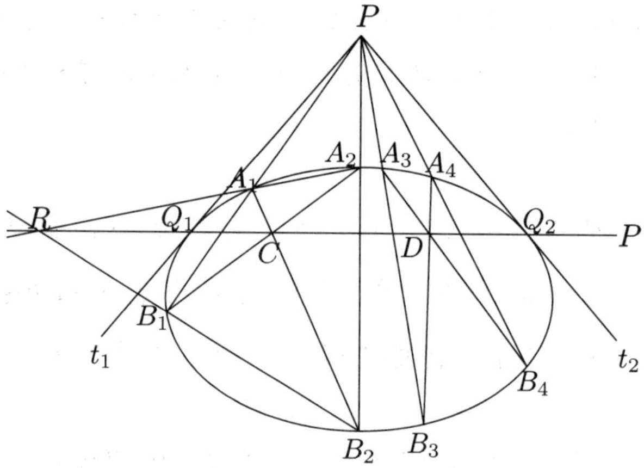

(그림 1)

1836년 9월 22일에 가우스는 친구 슈막허에게 타원 밖에 있는 점 P를 지나면서 주어진 타원에 접하는 접선(그림 1)을 만들어 나가는 륨커(Ruemcker)의 방법에 대해서 말한 적이 있다. 륨커는 P를 지나는 임의의 네 개의 현 $PA_\nu B_\nu(\nu = 1,2,3,4)$ 그리고 절단점 C와 D를 가지고 있는 직선 A_1B_2, A_2B_1, A_3B_4 그리고 A_4B_3를 그렸다. 직선 CD[14]는 Q_1과 Q_2를 지나가는데 이 점들이 P를 지나면서 타원에 접할 때 생기는 접선 t_1과 t_2의 접점들이다. 슈막허는 이 고상한 문제를 좀더 단순하게 해결할 수 있다고 부연하였는데 그는 절단점 A_2B_3와 A_3B_2가 직선 CD 위에 있기 때문에 오직 세 개의 현만 필요하다고 말하였다. 이에 관해 6일 후에 보낸 가우스의 편지에는 보다 단순한 해결책이 들어 있었는데 그는 오직 두개의 직선 A_1B_1, A_2B_2만 필요하다고 하였다. 왜냐하면 A_1A_2, B_1B_2의 절단점 R이 직선 CD위에 있기 때문이라고 하였다.

가우스의 논문 형태를 보여주는 대표적인 또 다른 예로 대수학의 기본정리에 관한 증명을 들 수 있다. 이 증명은 가우스가 1797년 헬름스테트(Helmstedt)에 있는 파프(J. F. Pfaff, 1765-1825)[15]에게 머물면서 제출한 박사학위논문의 내용

[14] CD는 점 P의 극선이다

[15] 원래는 법학도였으나 후에 물리학자가 된 인물. 가우스는 박사학위를 받는 날, 대학이 아니라 파프의 집에 머물렀다고 한다.

이었다. 그는 이 논문에서 실수계수의 모든 대수 방정식이 적어도 (실수나 허수의) 하나의 근을 가지고 있다는 증명을 여러 가지 방법으로 하였는데 다음에 이 증명을 자세히 살펴보기로 하겠다. 이 순수 해석학적인 증명은 1816년 '괴팅겐 석학들의 논문지'에 발표되었는데 독자들은 이 증명을 보면서 이 논문의 우아함이나 명쾌함 또는 아벨의 말처럼 지워진 흔적을 다시 찾을 것인지 아니면 스스로 가우스가 어떻게 이 증명을 하게 되었는지 그 아이디어를 알아낼 수 있는지 시도해 보기를 바란다. 대부분의 증명은 원본에 충실하겠지만 독자들의 계산과정 이해를 돕기 위해 때로는 부연설명을 해놓았다.

2) 대수학의 기본정리에 관한 해석학적 증명

대수학의 기본정리. 모든 실수 계수 $A_\nu(\nu = 1, 2, \ldots, m)$의 다항식

$$f(z) = z^m + A_1 z^{m-1} + A_2 z^{m-2} + \cdots + A_{m-1} z + A_m \tag{1}$$

는 실수 또는 복소수 근을 적어도 한 개 이상 가진다.

증명.

$$z = x + iy = r(cos\varphi + isin\varphi),$$

$$f(z) = t + iu = t(r,\varphi) + iu(r,\varphi) \tag{2}$$

즉, $|f(z)|^2 = t^2 + u^2$라고 하자. 만일 $f(z)$가 모든 z에 대해서 0이 아니라고 가정해보자. 만일 오로지 분자 $g(r,\varphi)$만이 이 성질을 가지고 있다면

$$\frac{g(r,\varphi)}{(t^2+u^2)^2}$$

은 모든 평면에서 어디에서나 유한하게 연속이고 미분가능한 함수가 된다. 그렇다면 분모는 근을 가지지 못할 것이다.

이 경우에 알려진 실수 해석학에 의해서 원점을 중심으로 하고 반지름이 R인 원 $K(R)$ 위에 정의된 적분

$$\Omega = \iint_{K(R)} \frac{g(r,\varphi)}{(t^2+u^2)^2} dr d\varphi \tag{3}$$

을 우선은 r에 관해서 0부터 R까지 그 다음엔 φ에 관해서 0부터 2π까지 계산할 수 있다(역으로도 가능하다). Ω의 값은 적분의 순서와 무관하다. 이제 만일 함수 $g(r,\varphi)$에 대해서 적분 (3)을 계산할 때 그 적분 순서가 무관하지 않다면 이는 곧 가정 $f(z) \neq 0$이라는 것에 모순된다는 것을 알 수 있다. 대수학의 기본정리에 관한 증명은 이런 적분 (3)의 존재성을 제시할 수 있다면 끝나는 것이다. 이를 위해 가우스는 다음의 기호를 도입하였다.

$$t' = mr^m cos\, m\varphi + (m-1)A_1 r^{m-1} cos(m-1)\varphi + \cdots + A_{m-1} r cos\varphi$$

$$u' = mr^m sin\, m\varphi + (m-1)A_1 r^{m-1} sin(m-1)\varphi + \cdots + A_{m-1} r sin\varphi$$

$$t'' = m^2 r^m cos\, m\varphi + (m-1)^2 A_1 r^{m-1} cos(m-1)\varphi + \cdots + A_{m-1} r cos\varphi$$

$$u'' = m^2 r^m sin\, m\varphi + (m-1)^2 A_1 r^{m-1} sin(m-1)\varphi + \cdots + A_{m-1} r sin\varphi \tag{4}$$

에 정의된 크기는 주어진 함수 $f(x+iy)$의 실수 부분

$$t(r,\varphi) = r^m cos\, m\varphi + A_1 r^{m-1} cos(m-1)\varphi + \cdots + A_{m-1} r cos\varphi + A_m \tag{5}$$

과 허수부분

$$u(r,\varphi) = r^m sin\, m\varphi + A_1 r^{m-1} sin(m-1)\varphi + \cdots + A_{m-1} r sin\varphi \tag{6}$$

과 연관이 있다.

$$t' = u_\varphi, u' = -t_\varphi, t'' = -t_{\varphi\varphi}, u'' = -u_{\varphi\varphi} \tag{7}$$

로 놓으면 (4), (5), (6), (7)로부터 아래의 등식들을 쉽게 유도해 낼수 있다.

$$\begin{gathered} t_{\varphi\varphi} = -r \cdot u_{\varphi r}, u_{\varphi\varphi} = -r \cdot t_{\varphi r}, \\ u_\varphi = r \cdot t_r, t_\varphi = -r \cdot u_r \end{gathered} \tag{8}$$

결론적으로 다음의 관계식을 얻는다.

$$\begin{aligned} T &= R^m cos\frac{\pi}{4} + A_1 R^{m-1} cos(\frac{\pi}{4} + \varphi) + \cdots + A_m cos(\frac{\pi}{4} + m\varphi), \\ U &= R^m sin\frac{\pi}{4} + A_1 R^{m-1} sin(\frac{\pi}{4} + \varphi) + \cdots + A_m sin(\frac{\pi}{4} + m\varphi), \end{aligned} \tag{9}$$

그리고

$$T' = mR^m cos\frac{\pi}{4} + A_1(m-1)R^{m-1} cos(\frac{\pi}{4} + \varphi) + \cdots + A_{m-1} R cos(\frac{\pi}{4} + (m-1)\varphi),$$

$$U' = mR^m sin\frac{\pi}{4} + A_1(m-1)R^{m-1}sin(\frac{\pi}{4}+\varphi) + \cdots + A_{m-1}Rsin(\frac{\pi}{4}+(m-1)\varphi) \quad (10)$$

이 되는데 여기서 R은 다음의 부등식을 만족하는 임의의 양의 실수이다.

$$R > \max(\sqrt[n]{m|A_\mu| \cdot \sqrt{2}}), \mu = 1, 2, \ldots, m \quad (11)$$

R을 이렇게 택하면 T, U, T' 그리고 U'의 크기는 항상 양수가 된다. 이 사실은 예를 들어 T의 경우에

$$T = \sum_{\mu=1}^{m} \frac{R^{m-\mu}}{m \cdot \sqrt{2}}(R^\mu + mA_\mu \cdot \sqrt{2}cos(\frac{\pi}{4} + \mu\varphi)) \quad (12)$$

로 고쳐쓰면 금방 알 수 있다.

식 $|cos(\frac{\pi}{4} + \mu\varphi)| \leq 1$와 (11) 때문에 (12)에 있는 모든 항들이 음수가 아니다. 또한 모든 항들이 동시에 0이 될 수는 없기에 T는 양수가 되어야 한다. 같은 방법으로 나머지 U, T' 그리고 U'도 보여줄 수 있다. 따라서 $r = R$의 경우에 (5), (6) 그리고 (4)에 정의된 크기 t, u, t' 그리고 u'에 다음과 같은 값을 줄 수있다.

$$t(R, \varphi) = Tcos(\frac{\pi}{4} + m\varphi) + Usin(\frac{\pi}{4} + m\varphi),$$

$$u(R, \varphi) = Tsin(\frac{\pi}{4} + m\varphi) - Ucos(\frac{\pi}{4} + m\varphi),$$

$$t'(R, \varphi) = T'cos(\frac{\pi}{4} + m\varphi) + U'sin(\frac{\pi}{4} + m\varphi),$$

$$u'(R, \varphi) = T'sin(\frac{\pi}{4} + m\varphi) - Ucos(\frac{\pi}{4} + m\varphi). \quad (13)$$

이로부터 $r = R$의 경우에 크기 $t^2 + u^2 = T^2 + U^2$ 그리고 $tt' + uu' = TT' + UU'$는 둘 다 양수라는 것이 성립한다.

$$t^2 + u^2 = T^2 + U^2 > 0, tt' + uu' = TT' + UU' > 0 \quad (14)$$

이 정도의 준비가 되있으면 적분

$$\Omega = \int\int_{K(R)} ydrd\varphi \quad (15)$$

여기서

$$y = \frac{(t^2+u^2)(tt''+uu'')+(tu'-ut')^2-(tt'+uu')^2}{r(t^2+u^2)^2} \tag{16}$$

을 계산할 수 있다. $K(R)$은 중심이 원점인고 반지름이 R인 원으로써 부등식 (11)를 만족한다. 등식 (15)의 분자에 나타나는 모든 항들이 r을 포함하고 있고 따라서 분모에 있는 r과 약분된다. 원 $K(R)$에 있는 t^2+u^2이 0과 다르다고 가정하자. 그리고 먼저 φ와 그 다음 r에 관하여 (15)를 적분해 보자.

$$\Omega = \int_{r=0}^{R}(\int_{\varphi=0}^{2\pi} yd\varphi)dr \tag{17}$$

(17)에 있는 안에 있는 적분은 다음과 같이 쓸 수 있다.

$$\int yd\varphi = \frac{tu'-ut'}{r(t^2+u^2)} \tag{18}$$

이것은 분수

$$q(r,\varphi) = \frac{tu'-ut'}{r(t^2+u^2)} \tag{19}$$

를 φ로 미분해 보면 곧 알 수 있다. 이 계산을 마치기 위해서 (19)에 있는 t'와 u'를 (7)에 따라서 u_φ와 $-t_\varphi$로 대치하는 것이 좋을 것 같다. (5)와 (4)를 보면 $q(r,0) = q(r,2\pi)$=0가 된다는 것을 곧 알 수 있고 따라서

$$\Omega = \int_{r=0}^{R}(\int_{\varphi=0}^{2\pi} yd\varphi)dr = 0 \tag{20}$$

이다. (15) 역시 적분을 r에 관해서 하면 계산할 수 있는데 그러면

$$\Omega = \int_{\varphi=0}^{2\pi}(\int_{r=0}^{R} ydr)d\varphi = 0 \tag{21}$$

가 된다. 이번에는 안에 있는 적분을 다음과 같이 쓸 수 있다.

$$\int_0^R ydr = [\frac{tt'+uu'}{t^2+u^2}]_0^R. \tag{22}$$

그러면

$$q^*(r,\varphi) = \frac{tt' + uu'}{t^2 + u^2} \tag{23}$$

을 r에 관하여 편미분하면 위의 주장이 맞다는 것을 알 수 있다. 여기에서 q^*를 (7)에 의해서 공식

$$q^*(r,\varphi) = \frac{tu_\varphi - ut_\varphi}{t^2 + u^2} \tag{24}$$

로 바꾸자.

(7), (8) 그리고 (16)을 고찰하면서 계산해 보면

$$\frac{dq^*}{dr} = -\frac{(t^2+u^2)(tt_{\varphi\varphi} + uu_{\varphi\varphi}) + (tu_\varphi - ut_\varphi)^2 - (tt_\varphi + uu_\varphi)^2}{r(t^2+u^2)^2} = y$$

이 성립한다. 이로써 (22)의 증명이 끝났다.

(14)와 $t'(0,\varphi) = u'(0,\varphi) = 0$에 의해서 (22)로부터

$$\int_0^R y dr = \frac{TT' + UU'}{T^2 + U^2} > 0$$

가 성립한다. 그러면 적분 Ω은 반드시 양수이다.

$$\Omega = \int_0^{2\pi} \frac{TT' + UU'}{T^2 + U^2} d\varphi > 0 \tag{25}$$

(25)와 (20)이 서로 모순관계에 있으므로 가정 $f(z) \neq 0$가 틀렸다. ■

10. 볼차노(Bernard Bolzano, 1781-1848)

모든 과학 중에서 수학만이 이상적으로 가장 완벽하다는 것은 모든 진정한 평론가들이 고백하고 있다. 평범한 수학 교과서 안에도 이미 가장 완벽하다고 생각되는 형이상학적인 물리학에 관한 교과서보다 훨씬 더 이론적 명쾌함과 분명함이 들어있다. -볼차노-

1) 수학과 신학 사이에서

수학사에서 보면 아주 획기적인 내용들이 가끔 동시에 그리고 독립적으로 일어난 것을 볼 수 있다. 대표적으로는 앞에서 살펴본 3차방정식의 근의 공식이 그랬고, 미분법의 발견 또한 뉴턴과 라이프니츠가 서로 우선순위를 주장하였다. 비유클리드 기하학의 창시자에 대해선 우선 순위의 싸움은 없었으나 가우스를 비롯한 당사자들이 모두 독립적으로 생각하고 발표했던 것은 사실이다. 이 장에서 보게 되는 볼차노 역시 코시의 함수의 연속 개념과 칸토의 집합론에 나오는 특징적이고도 중요한 개념을 이 두 사람보다 앞서서 독창적으로 발견하였다. 그는 수학적 논리학에 나오는 여러 가지 불분명한 이론들을 바로 세우려고 노력한 사람이다. 이런 연유로 오늘날 볼차노는 수학적 논리학의 창시자로 불리고 있다.

볼차노는 체코슬로바키아의 프라하에서 1781년 10월 5일에 태어났는데 원래 그의 집안은 북부 이탈리아 출신이었다. 어머니는 프라하의 상인집안 출신이었고 아버지는 당시의 계몽주의적 사상에 심취해있던 교양 있는 분이었다. 경건한 어머니는 아마도 아들에게 신앙적으로 크게 영향을 끼쳤을 것이고, 아버지는 교육을 대단히 중요시하던 것으로 보인다. 이런 부모님들의 영향을 받아 볼차노는 스스로 정치, 철학 등 여러 분야를 공부하게 되었다. 그 중에서도 볼차노가 특히 관심을 가지고 공부하였던 분야는 신학이었다. 그러면서 그는 인류 공동의 행복이 무엇인지 그리고 그것을 위해서 무엇을 할 수 있을지 끊임없이 생각하였다. 그러나 이에 대한 해답을 쉽게 찾지 못하게 되자 그는 사고의 근본적인 전환을 하게 되었는데, 논리적이고도 이성적인 깊은 사고를 통하여만 이 문제를 해결

Dr. B. BOLZANO
hemaliger Professor der Religionswissenschaft
an der Hochschule zu Prag;
geb d. 5. October 1781.

볼차노

할 수 있다는 결론을 얻었고 이에 수학이 그의 연구에 중요한 도구로 자리잡게 되었던 것이다.

1804년에 프라하 대학에는 수학과 신학 두 학과에 교수 자리가 생겼는데 볼차노는 이 두 자리에 모두 신청을 하였다. 수학과 정교수였던 게르트너(F. J. Gerstner,1756-1832)[1]는 이 뛰어난 해석학적 재능을 가진 학생을 수학과에 교원으로 만들고 싶었으나 무슨 이유에서인지 학교 당국은 수학과는 전혀 상관없는 사람을 수학과 교수로 임명하고 볼차노에게는 신학과 자리를 제공하였다. 그러면서 학교나 국가는 프랑스 혁명 이후 막 퍼져나가기 시작하는 자유주의 사상을 막고 전통적인 종교적 교리를 가르쳐서 나라의 정치적인 안정을 꾀하는데, 이 국가적인 계획에 볼차노가 일조하기를 희망하였던 것이다. 볼차노는 신부 서품을 받고 그 임무를 행하기 시작하였다. 그러나 볼차노는 그들의 희망을 여지없이 꺾어버렸는데 사실 그는 누구보다도 자유주의 사상에 투철한 사람이었던 것이다. 더구나 당시에는 적지 않은 교수들과 학생들이 자유주의적 사고방식과 교회의 가르침 사이에서 어떤 균형점을 찾고 과학적 사고와 이성적인 신앙 사이에서 고민하고 있던 중이었는데 때마침 볼차노가 나타난 것이었다. 더구나 그는 모든 대학 구성원들에게 일요일의 미사 시간에 설교를 할 수 있는 기회까지 얻게 되었다.

볼차노는 기존 교회와 사회의 타락상을 많은 학생들과 교직원들 앞에서 공개적으로 비난하고 왕정을 비난했을 뿐만 아니라 학교나 정부가 질색하는 유토피아적 사회주의 사상의 전파를 시도하였다. 심지어 언젠가는 모든 계급이 사라지는 때가 올 것이라고 설파하였고 하층계급은 무조건적인 순종을 거부하여야 한다는 매우 급진적인 발언도 서슴지 않았다. 이러한 그의 행동은 당연히 당국으로부터 미움을 받아 학교는 그를 교수 자리에서 내몰려고 하였으나 볼차노를 옹호하는 세력 또한 만만치 않아 그는 장장 15년 동안이나 교수로서 자기의 뜻을 펼수가 있었다. 그러나 결국 1819년에 학교는 그를 퇴임시키는 데 성공하

[1]나중에 스스로 교수 자리에서 물러나며 볼차노를 자신의 후임으로 천거하였으나 거절당함.

였다. 그 와중에 볼차노는 1813년에 자신의 설교를 모아서 책으로 발간하였는데 이것이 프라하의 대학생뿐만 아니라 전 유럽에 서서히 퍼져나가기 시작하였다. 볼차노는 그 책에 초인적인 존재를 이성적인 것으로 해석하는 논리를 폈다.

2) 수학적 기본에 관한 연구

볼차노는 당시 해석학에서 절대적인 명성을 떨치고 있던 코시 덕분에 자신의 업적은 빛을 보지 못했을 뿐만 아니라, 학문의 중심세계로부터 떨어져 있었고 삶 또한 곤고하였다. 그러나 볼차노는 교수로서 왕성한 사회활동을 하면서도 수학에 관한 연구를 하는 것을 게을리하지 않았다. 특별히 그는 수학의 가장 원론적인 문제에 관심을 가졌는데 명제나 정의를 현대적인 개념으로 바꾸었고 '가정에서 결론으로 넘어가는(implication)'의 논리적 의미를 설명하였다. 또한 연산이나 기하 그리고 특히 함수론과 같이 당시에 수학계에서 회자하던 분야에서 몇 가지 중요한 논리적 결함들이 있다는 것을 알게 되자 볼차노는 수학의 방법과 성격에 관한 새로운 관점을 제시하려는 목적의식을 가지고 그것을 수학의 몇몇 분야에 적응시키려고 하였다. 그리고 이에 대한 생각을 정리하여 1810년 '논리적인 수학의 전개에 관한 논문'으로 발표하였다. 이 논문을 보면 그가 연산학과 기하학에 나타난 불분명함을 제대로 잡으려고 한 노력의 흔적을 볼 수 있다. 그러다가 1817년에 연속함수의 개념에 대한 이론(볼차노 전집 12권)을

> '주어진 경계 내외에 있는 모든 점 x의 값에 대해서 함수 $f(x)$가 연속이라는 것은 $\cdots f(x+w) - f(x)$가 임의로 작게 잡을 수 있는 것보다 작게 될 때$\cdots$'[2]

라고 세웠는데 이것은 역사상 최초로 잘 정의된 것이었고 코시가 '해석학 코스(Course of Analysis)'에서 정의한 것과 단어마저도 거의 맞아 떨어질 정도였다. 그리고 아직까지 모든 수학자들이 이 정의를 쓰고 있을 뿐만 아니라 수열이 수렴하기 위한 필요충분조건을 정의하였는데 이는 내용적으로 보면 코시가 세

[2] 참고문헌 [10], 328쪽

운 그것보다 훨씬 더 앞서가는 방법이었다. 볼차노가 살아있던 당시에는 유클리드의 '원론'이 기하학을 배우는 과정의 첫 번째 교재로서 가장 널리 쓰여지고 있던 때였다. 볼차노 역시 그런 현상을 반대하는 것은 아니었지만 그 책이 너무나 어려워서 전문가들조차도 아주 열심히 연구해야 할 정도라고 주장하였다.

'예나 지금이나 원론이 우리 인류가 만든 모든 지식의 산물 중에서도 가장 신뢰성이 뛰어난 책이라는 데는 이의가 있을 수 없습니다. 아마 미래에서도 순전히 지식을 배우기 위한 목적이거나 아니면 학생들이 짧은 시간에 아주 많은 지식을 습득해야 하는 수업에서나 또는 사고력이 그리 높지 않아서 기존의 지식에만 매달리는 사람들에게도 이 책의 내용을 가르칠 것입니다. 그러나 도형을 단순히 보기만 하고 새로운 증명법을 가르쳐주지도 않으면서 그 안에 있는 진리를 찾아내라고 강요하는 것은 결국 시간 낭비일 것입니다. 우리의 지식을 가장 명료하게 하고 진실들의 객관적인 연관성들을 얻기 위해서 지금까지 수학자들이 추구해 오던 방식은 그것이 비록 유클리드식 원칙에 맞을지라도 충분치 못하고 적당하지도 않습니다'[3]

볼차노는 유클리드가 공개적이든 묵시적이든 적당한 도형에 관한 암시를 했어야 한다고 주장하였다. 그러면서 유클리드가 분명히 시각적인 것을 의미했을 '사이(between)'에 대한 개념의 설정을 아쉬워하였다. 그러면서 볼차노는 특별히 공간에 관한 기본적인 이론을 세우려고 하였다. 그 이유는 유클리드가 공간은 오직 3차원만으로 존재한다는 것을 증명하려고 시도했다고 생각하였기 때문이다. 즉, 볼차노 역시 유클리드 기하학에 만족하지 못하고 새로운 기하학 세계를 세우려고 노력한 것인데, 이 때는 이미 비 유클리드 기하학이 싹을 트던 시기이기도 하여 결국 비슷한 시기에 여러 곳에서 몇몇의 수학자들이 서로 독립적으로 같은 문제를 연구하였다는 재미있는 사실도 나타나게 되었다.

볼차노는 모든 개념들이 전부 완벽하게 성립될 수 없다는 사실을 일찍이 깨달았다. 그러나 그것들을 가능한 제대로 세우려고 노력하였다. 이것이 그가 엄밀한 정의의 예술가로 인정받게 된 이유이기도 하다. 그의 논문을 보면 그때까지 한번도 제대로 정의되지 않은 채 마구 쓰여졌던 정의들에 관해 언급해 놓은

[3] 참고문헌 [8], 127 쪽

것을 알 수 있다. 만일 그가 오로지 수학연구에만 매진했다면 아마도 바이어슈트라스(K.T.W. Weierstrass, 1815-1897)에 앞서 중간치 정리를 발견했을지도 모르며 또한 바이어슈트라스 교실에서 이룩한 몇 가지 중요한 업적들을 미리 알았을 수도 있었을 것이다.

그러나 불행히도 그는 정치적으로 고립되어 있었기 때문에 그가 발견한 이론들도 발표하기가 쉽지 않아 대부분의 이론들은 그가 죽은 후에야 세상에 나타나게 되었다. 심지어 그가 주장한 '안티-유클리드(Anti-Euclid)'조차도 1967년에야 체코 과학 아카데미를 통해 겨우 발간되었을 정도로 철저히 외면당했던 운명을 지니고 있었다.

오늘날 수학자들은 유클리드가 시도했던 형식적인 명쾌함이나 독특한 정의들에 관한 평가를 유보하고 있는데 그 이유는 힐베르트가 그런 식의 정확한 정의의 설정은 불가능하다고 증명하였기 때문이다. 그로나 볼차노에게 수학은 형식적인 대상이 아니었고, 더구나 공간에 관한 문제는 궁극적으로 신과 이 세계가 과학 안에서 해결해야 할 대상이었다. 그에게는 어떤 보증을 받아내거나 또는 모순에 대한 기피가 아니라 절대적인 진리가 중요했기 때문이었다. 이로 인해 그의 '안티-유클리드' 이론은 힐베르트를 포함한 많은 수학자들의 저항을 받게된다. 그럼에도 그의 이론은 또 다른 곳에서 학문적인 동지를 맞게 되는데 바로 집합론의 창시자인 칸토(G. Cantor, 1845-1916)가 그 사람이다.

3) 무한대의 모순

무한대의 문제는 르네쌍스 시절 이래로 끊임없이 수학자들을 괴롭혀 왔던 뜨거운 감자와 같은 문제였었다. 당시의 수학자들은 무한대의 문제가 나타나면 필요에 따라 적당히 맞추어 쓰는 형편이었는데 미적분학의 출생과 더불어 이 문제는 무한소의 문제와 함께 더 이상 피할 수 없는 반드시 해결하고 넘어가야 할 문제가 되었다.

볼차노는 '무한대의 모순'이라는 논문을 친구 프리혼스키(Prihonsky)를 통해서 1851년에 발표하였는데, 이로 서 그는 이 문제에 관해선 집합론의 창시자인 칸토보다 앞선 인물이 되었다. 당시의 대부분의 수학자들은 무한소 또는 무한대를 주로 무한히 작은 수 또는 무한히 큰 수 등으로 파악하였는데 이는 자주 논리적인 모순에 부딪히게 되었다. 그래서 가우스 같은 수학자들은 무한대를 무한급수에서처럼 무한히 가는 것 정도로 하나의 잠재적인 개념으로 다룰 것을 주장하였다. 이에 반해 볼차노는 무한대를 좀더 현실적인 것으로 다루었는데, 숫자들로 이루어진 무한한 집합 또는 직선 위의 무한히 많은 점 등으로 생각하였다. 그러면서 이러한 집합들의 성질에는 어떤 패러독스로 보이는 문제가 있다는 것을 알게 되었다.

여기서 먼저 오해를 피하기 위해서 패러독스라는 말이 수학에서 뿐만 아니라 철학 물리학 그리고 신학 등에서도 사용된다는 것을 밝히고자 한다. 이러한 분야들에서의 패러독스는 주로 모순(antinomie)의 의미로 사용되지만 원래 패러독스라는 단어는 '의미없는 것'이라는 뜻이 강하다. 이 단어를 통하여 수학자들은 중요한 한 가지의 명제 가능성을 얻게 되는데, 볼차노가 발견한 패러독스는 진정한 의미의 모순은 아니었다. 이는 오히려 비합리적인 방법으로 유한한 개념을 무한한 개념으로 확장시켜 생긴 결과로써 초보자들에게 자주 틀리는 것으로 간주되는 것들이었다. 실제로 유한한 집합일 경우에는 본래의 집합으로부터 그것의 부분집합으로 가는 일대일 함수를 만들 수는 없지만 무한한 집합에서는 가능하다는 것이다. 즉, 무한한 집합이 유한한 집합과 전혀 다른 성격을 가지고 있다는 사실은 모순이 아니다. 외로운 이 보헤미안 수학자는 이렇듯 역함수가 존재하는 함수를 이용하여 현실적인 무한한 집합의 연구를 하면서 칸토에 앞서 집합의 개념을 생각했던 것이다. 그리고 칸토 자신도 이 사실을 인정하고 그것을 대단히 경이롭게 생각하였다. 물론 볼차노가 집합들끼리의 동등성이나 초월수들에 대한 개념까지 생각한 것은 아니었다. 다음에 볼차노의 전집에서 나온 일정 부분을 직접 살펴보기로 하자.

§19

지금까지 알려진 무한대에 관한 예들을 보면, 모든 무한한 집합이 여러 가지 면에서 서로 같다고 주장할 수 없다는 사실을 피해갈 수는 없을 것 같다. 오히려 무한대인 집합들끼리도 크고 작을 수 있는데, 다시 말하면 한 무한한 집합이 다른 무한한 집합을 포함할 수도 있고 그 역도 가능하다는 것이다. 그런데 이러한 주장은 자칫 패러독스처럼 들릴 수도 있다. 또한 무한하다는 것을 더이상 커질 수 없다는 것으로 설명하는 것도 패러독스일 뿐만 아니라 모순마저 일으킨다는 것도 분명하다. 이러한 관점은 단어 자체가 가지고 있는 의미와 전혀 맞지 않는 무한대 개념에 그 근거를 두고 있다는 것을 알게 되었다. 단어 자체의 의미에도 맞고 과학적인 설명에도 어울리는 개념은 누구도 이의를 제기할 수 없으며 한 무한대의 집합이 다른 집합들보다 클 수밖에 없다는 모순에도 부딪히지 않는다. 예컨데

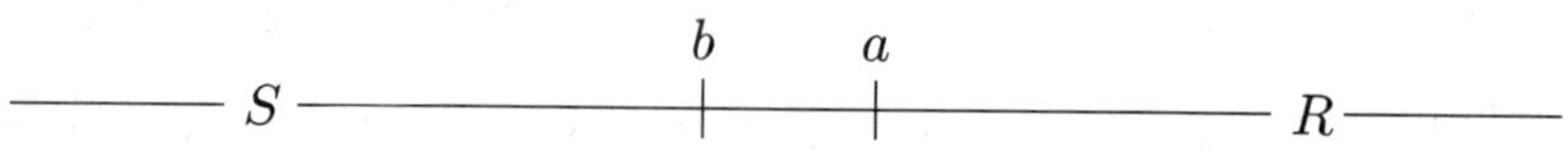

(그림 1)

aR의 방향으로 무한히 가는 직선이 무한하다는 사실을 납득 못하겠는가? 또는 점 b를 시작으로 bR의 방향으로 뻗어나가는 직선이 직선 ba만큼 직선aR로 나가는 직선보다 크다는 사실, 또는 aR과 aS의 양쪽 방향으로 무한히 뻗어나아가는 직선이 무한대 만큼 더 크다는 것을 부정하겠는가?

§20

그렇지만 이제 둘다 무한한 집합들 사이에서 나타날 수 있는 아주 이상한 현상으로 넘어가겠는데 사실 이것은 항상 나타나는 것이긴 했지만 사람들이 물리학, 형이상학 그리고 수학 등에서 자신의 지식에 반하는 사실을 간과했고 이 사실을 말하는 지금도 모순이 나타나면 이것을 좀더 오래 연구해 봐야겠다고 생각 하고 있다. 내가 주장하고자 하는 것은 무한한 두 개의 집합에서 각 원소들을 하나씩 취하여 한 쌍으로 만들어 어떤 한 원소도 다른 여러 개의 쌍에 나타나지 않게 할 수 있다. 뿐만 아니라 이 한 집합을 다

른 집합의 한 부분으로 고찰할 수가 있는데 이러한 다원적인 성질을 살펴볼 때 이 두 집합을 한 개의 단위로서 같은 것으로 파악할 수 있다는 것이다. 이 증명을 하기 위하여 두 개의 보기를 들텐데 그러면 위에서 주장한 것이 맞는 것으로 자연히 들어날 것이다.

1. 예를 들어 (추상적인) 크기가 5와 12인 두 개의 집합을 생각해 보면, 0과 5 사이 그리고 12보다 작은 크기들의 집합이 무한히 크다는 것은 분명하다. 또한 크기가 5인 집합이 12인 집합의 한 부분이라고 생각하는 것이 무리가 아니기 때문에 크기가 12인 집합이 크기가 5인 집합보다 더 크다고 말하는 것이 틀린 것은 아니다. 더구나 크기가 5와 12인 두 집합 대신에 다른 집합을 넣어서 생각한 경우에 두 집합 사이에 앞에서와 같은 비교가 나타나는 것이 아니고 완전히 새로운 모양의 비교가 가능하다고 주장하게 될 수 있을 것이다. 다음의 설명만 보더라도 이 말이 결코 사실이 아니라는 것을 주장할 수 없을 것이다. x를 0와 5 사이에 있는 크기라고 하고 x와 y 사이의 관계를 등식 $5y = 12x$로 나타내면 y는 0과 12 사이에 있는 크기가 될 것이다. 역으로, y가 0과 12 사이에 있으면 x는 0과 5 사이에 있게 된다. 뿐만 아니라 등식으로부터 x의 모든 값에 y의 단 하나의 값을 대응시킬 수 있다는 것도 따른다. 이로 서 분명해진 것은 크기가 0부터 5 사이에 있는 x에 있는 집합의 모든 원소들에 크기가 0부터 12 사이에 있는 y에 있는 집합의 모든 원소들을 한 쌍으로 묶을 수 있는데 어떤 원소도 홀로 남겨지지 않고 또한 어떤 원소도 두 개 이상의 쌍에 연결되지 않는다는 것을 알 수 있다.

2. 두 번째 보기는 공간적 개념으로부터 나온 것인데 공간의 개념은 시간에 두고 있고 시간은 추상적인 숫자들과 크기로 결정된다는 것을 이미 알고 있을 경우에는 시간과 공간에는 이미 우리가 크기로 서 파악한 것처럼 무한한 집합이 존재한다는 사실을 굳이 보기를 들어서 설명할 필요는 없다. 그럼에도 순서에 따라 이론들을 만드는 과정에서는 각각의 경우를 설명해야 할 필요가 있다. a, b, c를 한 직선 위에 있는 임의의 점이라고 하고 거리의 비 $ab : ac$를 임의로 놓되 ac가 ab보다 더 큰 것으로 표시하기로 하자.

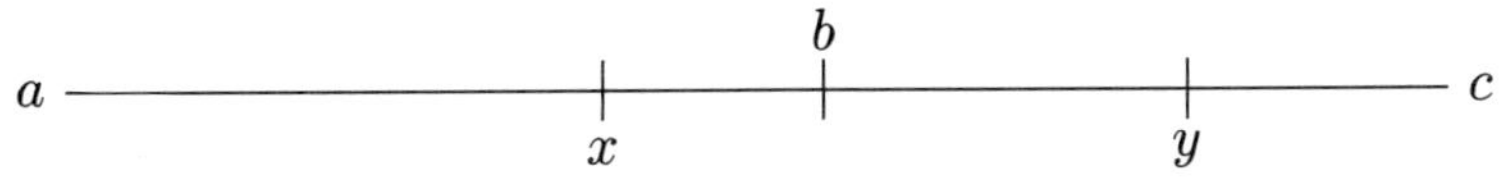

(그림 2)

그러면 ab 위에 있는 점들과 ac 위에 있는 점들의 수가 무한하기는 하지만 ac 위에 있는 점들의 집합이 ab 위의 그것보다 많게 되는데 그 이유는 ac 위에는 ab 이위에 있는 점 외에도 bc에 있는 점들이 있기 때문이다. 더군다나 거리의 비인 $ab : ac$를 임의로 바꾸어 놓을지라도 이 두 집합의 관계 역시 아주 상이하게 변하지 않는다는 것을 말하지 않을 수 없다. 여기서도 마찬가지로 크기가 0과 5 사이에 있는 집합과 0과 12 사이에 있는 집합들 사이에서 처럼 한 원소를 다른 원소와 빠짐없이 연결할 수 있다는 사실에는 변함이 없다. 왜냐하면 x를 ab에 있는 임의의 한 점이라고 하고 ax의 방향으로 관계식 $ab : ac = ax : ay$를 성립하게끔 한 점 y를 택하면 점 y 역시 ac 위에 있기 때문이다. 역으로 y가 ac 위의 한점이면 ay로부터 같은 방향으로 가는 ax를 만들어 위의 등식이 성립하는 x를 찾을 수 있다. 이러한 사실로부터 ab에 있는 모든 점들을 ac 위의 모든 점들에, 그리고 ac 위 모든 점들을 ab의 모든 점들에 하나씩 연결할 수 있어 결국 ab 위의 모든 점들이 하나도 빠짐없이 ac의 점들과 맺어지고 또한 ac에 있는 모든 점들이 ab의 모든 점들과 빠짐없이 단 한번씩 연결되어 진다는 것을 다시 한번 확인할 수 있다.

§21

단지, 어떤 규칙에 의해 두 집합 A, B에서 모든 A에 있는 부분 a에 집합 B의 부분 b를 찾아내어 모든 쌍 $(a + b)$의 모임에 A에 있는 원소와 B에 있는 원소를 어김없이 오직 한 번씩 포함될 수 있게끔 만들 수 있다는 이유때문에 두 집합이 같다고 말할 수는 없다. 또한 이 두 집합이 무한하다면 각 집합의 부분들의 다양성(즉, 상이한 다양성을 제외하고)이 서로 같다고 하여 이들이 같다고 얘기할 수 있는 것이 아니고 서로 같다고 말할 수 있는 관계가 있음에도 불구하고 서로 다르다고 말할 수 있는 관계도 존재한다. 즉, 하나가 전체이고 다른 것이 그 전체의 부분인 경우다. 이러한 다양성에도 불구하고 동일하다고 주장할 수 있는 또 다른 원인도 나타날 수 있는데 두 집합이 아주 똑 같은 생성방법을 가지는 것이 예라고 할 수 있다.[4]

[4]참고문헌 [8], 129-132쪽

11. 쿰머(E. Kummer, 1810-1893)

무한한 것을 유한한 것으로 파악하고 또한 유한한 것을 무한한 것으로 표현할 수 있는 확실한 법칙을 세우고 또 증명하면서 무한대의 해석학은 자신 안에 존재하는 양적인 축 안에서 유한한 것을 무한하게 그리고 무한한 것을 유한하게 인식하기 위한 진정한 지식의 최고봉을 세울 수 있다.
-쿰머-

1) 신학에서 수학으로

쿰머는 1810년 프러시아(현재의 독일) 브란덴부르그(Brandenburg)에 있는 쏘라우(Sorau)에서 태어났다. 아버지는 의사였는데 쿰머가 3살 때 죽었다. 그러자 어머니는 쿰머와 그의 형인 두 아들을 데리고 근근히 살아갈 수밖에 없었다. 고향에서 고등학교를 졸업한 쿰머는 1828년에 할레(Halle)대학에 신학을 공부하기 위하여 입학을 하였으나 신학에 필요한 수학 강의를 들으면서 스스로에게 수학적 재능이 있다는 것을 깨달은 것 같다. 동시에 그 대학에서 수학을 가르치던 쉐르크(H.F. Scherk, 1798-1885)는 쿰머의 수학에 관한 천재적 재능을 알아채고 잠재해 있던 그의 재능을 들깨웠다. 그러면서 쿰머는 아예 수학을 주 전공처럼 공부하게 되었고, 이 시절 어머니에게 쓴 긴 편지에서 양심의 소리에 따라 신학을 포기하고 수학을 전공할 계획이라고 썼다.

'...저는 ...수학을 선택하였습니다, 왜냐하면 수학을 열심히 연구하는 사람은 누구로부터도 오해를 받지 않으며 또한 신을 부정하거나 나쁘게 생각하지도 않고 수학 안에서 무언가 진실을 발견한 사람은 인정받아야만 하고 또 인정받는 그런 학문이기 때문입니다.'[1]

그 후 1831년에 쉐르크의 논문에 부연한 수학 논문으로 상을 받게 되자 수학 교사로 나갈 수 있는 자격을 얻었으며, 이 논문으로 아예 박사학위까지 동시에 받게 되었다. 그후 리니츠(Liegnitz, 현재의 폴란드 지방)의 고등학교에서 교편을 10년간 잡게 되는데 이 기간에 그는 뛰어난 제자 둘을 알게 된다. 크로넥커(L.

[1] 참고문헌 [8], 149쪽

쿰머

Kronecker, 1823-1891)[2]와 요아킴슈탈(F. Joachimstahl, 1818-1861)[3]이 그들이었다. 이 두 사람하고는 일생을 동료로서 같이 연구하게 된다.

한편, 쿰머는 교사로 있으면서 수학 연구를 계속하였는데 초평면 기하에 관한 논문을 크렐레(A.L.Crelle, 1780-1855)[4]의 논문지에 게재하면서 그 사본을 야코비에게 보냈다. 이 일을 계기로 야코비, 후에는 디리힐렛(P.G.L. Dirichlet, 1805-1859)[5]도 함께 쿰머와 수학연구를 하게 되었고 1839년에 디리힐렛과 야코비는 아직 교사였던 쿰머를 베를린 아카데미의 회원으로 추천하였다. 쿰머는 이 두 사람의 강력한 후원을 받는데, 처음에는 브레슬라우(Breslau) 대학의 정교수가 되었다가 마침내 1855년에는 디리힐렛의 후임자로 베를린 대학으로 부임하였다. 그리고 이 세 사람은 당시 베를린의 수학자 3인방이라고 할 정도로 막강한 연구업적을 세상에 내놓았다. 그들은 순수 수학 세미나를 개설하였는데 학생들로부터 좋은 평판을 받았고 쿰머는 수학적 업적뿐만 아니라 훌륭한 지도교수로서 많은 박사들을 배출하였다. 그는 디리흘렛의 사촌과 결혼하였고, 1848년에 일어난 공화혁명 시기에도 항상 왕에게 충성을 다하였다. 인생의 말년에는 학교 당국의 간곡한 만류에도 불구하고 스스로 교수직을 사임하였다.

쿰머의 학문적 시기는 비교적 명확하게 구분할 수 있는데, 30대에는 주로 해석학, 그 중에서도 무한급수를 주로 연구하였으나 후에는 수론으로 연구 방향을 잡았다. 쿰머는 페르마의 마지막 정리를 풀고 싶었던 것이다.

2) 페르마의 정리

정수론 학자였고 법학자였던 페르마는 자신의 저서 디오판토스에 관한 발간

[2]저명한 정수론 학자. 칸토의 집합론을 부정하고 동료인 바이어슈트라스와 수학의 원칙론에서 갈등을 겪는다.

[3]평면 이론과 미분기하학의 대가. 야코비의 제자이기도 하다.

[4]논문지 '순수 수학과 응용수학을 위한 논문지'의 설립자겸 초대 발간자. 크렐레는 수학자가 아닌 건축기사였으나 수학의 발전에 지대한 관심을 가지고 비운의 노르웨이 수학자 아벨의(Abel)의 천재성을 최초로 인정하는 등 당대 유럽수학, 특히 독일 수학계를 이끌어 간 인물.

[5]야코비, 가우스와 동시대 수학자로서 가우스 후임으로 괴팅겐대학교 수학과 주임교수가 된다. 작곡가 멘델스존(J.L.F. Mendelssohn-Bartholdy, 1809-1847)과는 처남 매부 사이다.

물의 끝자락에 등식

$$a^n + b^n = c^n$$

에는 $n > 2$면 정수의 해 a, b, c가 존재하지 않는다고 써놓았는데 이에 대한 멋진 증명을 하였으나 종이가 좁아서 못쓴다고 하였다. 그리고 이 문제가 바로 페르마의 대정리(또는 마지막 정리)로 알려지게 되었고 그 이후로 수학자들은 대를 이어서 이 문제를 해결하려고 노력하였으나, 오일러가 $n = 3$인 경우를 해결하였고 $n = 5, 7$인 경우는 디리흘렛과 르장드르의 이론들과 더불어 해결되었다. 쿰머는 이 페르마의 대정리를 모든 자연수에 대해서 해결하려고 무진 애를 썼다. 1843년에 쿰머는 유일한 소인수 분해가 성립하는 확장된 수의 체계를 만들기 위해 '이상 수(ideal number)' 이론을 도입하여 이 문제를 해결하려고 하였다. 그리고 이 이론을 통하여 매우 많은 숫자들인 $n = 3, 4, , 100$에 대해서 이 등식의 불가능성을 증명하였다. 그럼에도 일반적인 증명에는 아직 요원하였다. 어쨌든 페르마의 정리와 더불어 다른 수론의 연구 업적으로 인해 쿰머는 국제적인 명성을 얻었다. 그러면서 바이어슈트라스, 크로넥커 등과 같이 많은 학생들이 그에게 몰려와서 프로이센의 수도 베를린이 몇 십년 동안 국제적인 수학 중심지로서의 명성을 유지하는 데 큰 역할을 하였다.

3) 물리학자와 교수 쿰머

쿰머가 대학에서도 인기 있는 교수가 된 것도 아마 그가 고등학교에서의 경험이 도움이 되었던 것 같다. 그 보답으로 제자 메트(Meth)는 나중에 존경하던 스승을 '쿰머의 역사'라는 작은 모임을 통해 기념하였다. 수학의 엄밀성에 관한 쿰머의 일화가 있는데 특히 경험적인 것을 중시 여기는 물리학자들을 조롱하는 것들이 있었다. 한번은 쿰머가 강의실에서 한 농담을 한 적 있는데

"여러분, 120은 1, 2, 3, 4, 그리고 5로 나누어 지지요. 그러면 이제 숫자 120이 모든 수로 나뉘어지는지 알아보겠습니다. 계속해서 나누어 보니 6이 또 나눕니다. 확실히 하

기 위해서 8, 10, 12 그리고 15로도 나누어 보고 20, 24로도 해봅니다. 그런데 이 숫자들이 전부 약수인 것을 보니 제가 물리학자라면 분명히 120은 모든 수로 나누어진다고 말했을 것입니다."[6]

물리학자와의 일화는 또 있다. 쿰머가 한번은 테플리츠(Teplitz)라는 곳에 여행을 갔다가 많은 비 때문에 일찍 돌아온 적이 있었다. 그러자 절친했던 한 물리학자가 물었다.

"그래, 그곳이 날씨가 안 좋았다면서?" 그러자 쿰머는 즉시 "테플리츠에는 절대 비가 안내리더군! 내가 그 곳에 3주나 있었는데 첫날부터 마지막 날까지 비가 안오더라구. 그러니 거긴 비라고는 도통 없는 곳이지…"[7]

고 대답하였다고 한다.

4) 라이프니츠 강의

쿰머는 베를린대학 교수로 발령이 나자 그 전에도 이미 교신 회원이기도 했었지만 곧바로 프로이센 과학아카데미의 정회원이 되었다. 그리고 후에는 수학물리 분과위원장이 되었다. 이 시기에 그는 소위 '쿰머의 표면'이라고 하는 중요한 기하학 논문을 아카데미에서 발표하였고 이로 인해 여러 학회에 강사로 초빙되어 과학에 대한 기본적인 원리에 대한 자신의 의견을 피력할 기회가 자주 있었다. 그 중에서도 1867년 7월 4일 라이프니츠 날에 행한 연설이 특별히 의미 있었다.

그가 수학에서 해석학 분야의 역할에 대해서 생각한 것을 보면 당시 19세기 60년대의 수학자들의 사고방식을 잘 알 수 있다. 당시 수학자들은 무한급수 계산에 있어서 무한대의 개념을 정립하였다고 믿고 있었다. 그리고 그에 대한 근거로 해석학에서의 여러 분야에 나타나는 무한대의 실제적인 응용성을 주장하였다. 쿰머 역시 이러한 무한급수의 계산에 별 생각없이 대하였다. 그러나 쿰머

[6] 참고문헌 [8], 151쪽
[7] 참고문헌 [8], 151쪽

의 동료인 바이어슈트라스와 그의 제자들이 무한급수의 계산에 관한 훌륭한 이론을 내놓았다. 그들은 엄밀한 극값 계산에 관한 개념을 정립하여 무한급수에서 나타나는 모순을 피할 수 있었던 것이다. 그리고 몇 년 후에는 쿰머에게서 박사학위 공부를 하고 있던 칸토가 그 유명한 집합론에서 실제적인 무한대 문제에 도전하고 있었다. 일단 라이프니츠 날에 쿰머가 행한 연설의 내용을 살펴보면, 그는 라이프니츠 시절에 와서야 무한대를 두려워하지 않게 되었다고 말하였다. 그럼에도 무한급수에 관하여 아는 것은 거의 없었다고 말하였다.

'이름하여 무한급수는 당시에는 아주 생소한 것이었고, 무한급수의 문제가 나타날 때마다 무언가 그 안에 수수께끼 같은 것이 숨어있다고 생각되었다. 왜냐하면 이러한 보기들을 보면 차례대로 계산하면서 무한히 나아가는 급수에 분명히 유한하고도 한정된 크기 안에 그 값이 존재한다는 확실한 사실들이 실제로 있기 때문이다. 그 실제는 정상적인 이해력이 따르지 못하는 유한한 크기와 수학적 연산에 근거하기 때문이다. 값이 존재하는 가장 단순하면서 오래된 보기로는 $\frac{1}{2}+\frac{1}{4}+\frac{1}{8}+\ldots$가 있는데 이 급수에서는 모든 항들이 바로 앞의 항의 반인데 이를 계속해서 더하면 그 합이 1이 된다. 왜냐하면 1의 반으로 시작하여 먼저 1/2를 가지고 그리고 나머지 반을 더하고 또 그 나머지의 반을 계속해서 더하는 계산을 유한하게 반복하면 항상 전체의 나머지는 남게 마련이지만 이 과정을 무한히 반복하면 결국 전체 1이 된다. 이 보기는 아리스토텔레스부터 전해오는 4개의 추론중 하나였는데 그리스의 철학자 제논(Zenon, B.C.490-B.C.430?)[8]은 이 추론을 가지고 우주 안에 움직이는 것은 아무것도 없다는 것을 논리적으로 증명하려고 시도하였다. 만일 제논이 제대로 말했다면 어떤 물체가 한 점에서 직선 위의 다른 점으로 움직일 경우에 우선 전체 길이의 중앙에 가야 할 것이고, 나머지 반의 가운데에 가고, 이런 식으로 무한히 가야 될 것인데 그렇다면 달려야 할 모든 공간을 반, 사분의 일, 팔 분의 일 등으로 나누어야 할 것이다. 그리고 한 물체가 출발점부터 끝점까지 도달하기 위해서는 이 무한히 많은 모든 길이를 지나가야 한다. 만일 제논이 무한히 많은 길이들의 합으로 이루어진 직선을 유한한 시간 안에 달릴 수 없다고 확정적으로 가정하였다면 그것은 틀린 가정이 될 것이다. 만일 무한히 많은 공간이 연속적으로 연결되어 유한한 전체가 된다면, 자연에 존재하는 물체가 무한히 많은 공간을 유한한 시간 안에 통과할 수 있는 것처럼, 사고력의 공간 안에 존재하는 유한한 이해력도 무한히 많은 연산들

[8]현대의 '무한대의 가정'과 비슷한 논리 '무한히 커질 정도로 크고 동시에 없다고 할 정도로 작은 것들이 존재한다면…'를 남겼다.

을 전체적인 법칙을 통해서 단번에 해결될 수 있을 것이다.

아리스토텔레스는 유한한 크기가 무한히 많은 부분들로 이루어질 수 있다는 것을 인정하는 수학적 내용을 사용하지도 않고 제논의 주장을 제대로 반박할 수 있었다. 알려진 바로는 그리스 수학자 중에서 아무도 제논의 주장에 이의를 달지 않았는데 그 이유는 아마도 그것이 수학적 범위를 넘어간다고 생각해서 그랬던 것 같다. 실제로 오직 유한한 것만이 수학적 고찰의 대상이었다. 그러나 과학에 임의의 제한을 설정하지 않을 수만 있다면 학자들은 마땅히 이런 것을 허락해야 할 뿐만 아니라 유한한 것을 더 적극적으로 확장하여 끝까지 가보도록 시도해봐야 할 것이다. 이렇듯 주어진 대상에 놓여 있는 한계를 넘어서는 사고의 확장이야말로 라이프니츠의 무한대에 관한 기본 인식였고 또한 그것이 미분계산과 전체 해석학에 깔려있는 기본생각이었다. 과학에서는 무한대의 개념을 마치 유한한 방법으로는 부족한, 그래서 아무 것도 도출할 수 없는, 내용없는 추상적인 부정적인 것, 또한 완전히 빈 상태로 나타나 결국 무와 동일한 것으로 인식할 뿐만 아니라 이 개념이 가지고 있는 고차원의 이론이 아무 것도 아닌 것이 되어서 더이상 수학의 대상이 아니라고 생각하는 경향이 있다. 그러나 유한함의 충만함이 있는 곳에 머무르고 있고, 본래의 고상한 진리로 가득찬 내용의 무한대는 라이프니츠로 인하여 수학 안에서 제자리를 찾은 것이다. 유한함의 무한대 그리고 무한함의 유한성 개념은 여러 가지 형태로 끊임없이 되돌아오는 과제이며 새로운 해석학 분야다.

인식론으로서의 수학은 유한한 것에서 무한한 부분을 어디서나 무시할 수 있는 타당성을 가지고 있으며 그럼으로써 수학의 유용성을 원론적인 분야에도 제대로 작동시킬 수 있는 것이다. 왜냐하면 추상적 동일성 안에서 자신에게만 귀착되는 것은 가장 쉽게, 오로지 유한한 것으로 파악되기 때문이다. 그러나 자연 도처에 널려있는 양적인 존재로 끊임없이 변화하는 것에서는 그 안에 들어있는 무한대성을 제거하기가 쉽지 않다. 이런 이유로 무한대의 해석학은 비록 기본적인 수학의 대상으로서 모든 방면에 유용하지만 우선은 좀더 고등한 수학적 원칙에서 다루어져야 한다.

무한한 것을 유한한 것으로 파악하고 또한 유한한 것을 무한한 것으로 표현할 수 있는 확실한 법칙을 세우고 또 증명하면서 무한대의 해석학은 자신 안에 존재하는 양적인 축 안에서 유한한 것을 무한하게 그리고 무한한 것을 유한하게 인식하기 위한 진정한 모든 지식의 최고봉을 세울 수 있다.'[9]

그가 한 강연의 마지막 부분에 특별한 의미가 있는데 쿰머는 라이프니츠의

[9]참고문헌 [8], 152-154쪽

수학적 학문관을 자신의 세계관에 자리매김하였던 것이다. 이 강연의 말미에 $\frac{\pi}{4}$에 관한 논문의 끝자락에 라이프니츠의 정리를 새겨놓았다.

'신은 홀수를 즐기신다!(Dues impair numero gaudet!)'

홀수에 대한 신의 환희를 쿰머는 아래와 같이 말하였다.

'이런 표현에서 우리가 우선 알 수 있는 것은 라이프니츠가 무한급수가 단순하고도 무한히 많은 형태로 나타나는 것을 경이롭게 관찰하였다는 것이다. 그리고 무한한 바다를 보거나 거대한 산맥의 모습이 인간에게 영향을 끼치는 그 방법 비슷하게 그에게도 작동하였습니다. 이러한 인상은 모든 수학자들에게도 느껴질 터인데, 수학이라는 대제국 안에는 고유의 예술적 아름다움만이 지배하는 것이 아니라 그보다는 자연과 동일시 되는 아름다움이 있기 때문입니다. 그리고 그 아름다움은 그 사실을 이해한 깨어 있는 수학자들에게도 비슷한 영향을 끼치고 있습니다. 라이프니츠가 홀수에 대해서 흥분한 나머지 신께 부르짖었던 것도 또 다른 깊은 의미가 있는데 수학의 제국 안에서 무한급수가 가지고 있는 무한히 많은 다양성은 인간의 작품이 아니라 오로지 신만의 창조물로 공정하게 나타난다는 것입니다. 또한 라이프니츠가 이해한 홀수에 대한 신적인 기쁨은 완벽한 종교적 관점에서 나오는 것이었는데 성경의 창세기에 보면 하나님께서 당신의 피조물을 보시며 '참 좋았더라' 고 말씀하신 것이었습니다. 마침내 우리는 라이프니츠가 유한한 것에서 무한한 것을 인식하는 것을 이해하였을 뿐만 아니라 자신의 지혜와 지식 그리고 연구가 오로지 신과 관계가 있다는 것을 당연하게 생각하였고 또 그러한 인식을 자신 연구의 최고 목표로 삼았다는 의견을 가지고 있다는 것을 알 수 있습니다.'[10]

[10] 참고문헌 [8], 154쪽

12. 부울(G. Boole, 1815-1864)

부울은 순수수학의 발견자다. -러셀-

1) 독학자

오늘날과 같은 전문가들의 전성시대에서는 특별한 사전 지식이나 교육없이 독학으로 전문적인 문제를 해결하기가 쉽지 않다. 그 이유는 갈수록 어려워져 가고 있는 세분화된 전공 때문이다. 그러나 수세기 전만 해도 수학을 독학으로 연구하는 사람들이 적지 않았다. 특히 수론에서 그런 경향이 강했는데 19세기에 들어와서는 이러한 사람들 중에서는 전문가들 조차도 인정할 수밖에 없는 뛰어난 연구결과를 낸 독학자들도 있었다.

저명한 영국의 수학사가인 벨(E. T. Bell, 1883-1960)[1]은 수학을 파고드는 독특한 개성의 독학자들은 그들의 성격이 시각적인 것 보다는 추상적으로 생각하는데 별난 재주를 가지고 있다고 이야기한 적이 있다. 그는 이런 사람들은 다른 사람들이 크리켓을 하는 동안 숫자를 조합해보고 도형을 만들어 보는 데 커다란 희열을 느끼는 사람들이라고 말했다.[2]

이 장에 나오는 영국 수학자 부울이 바로 독학으로 연구를 한 수학자이다. 그의 수학사적 역할은 러셀(B. Russell, 1872-1970)[3]이 그를 평가한 '순수수학의 발견자'보다 더하면 더했지 부족하진 않았다. 부울은 수학의 추상적인 논리체계에 새로운 대수적 체계를 정의하였는데 오늘날 이 새로운 대수학 분야를 부울의 대수라고 한다. 부울의 대수는 논리 분야에서 응용되는 것 외에도 집합에서의 두 연산(합집합, 교집합)에 관한 집합대수로써 수학의 많은 분야에 쓰이고 있으며, 또한 실생활에도 스위치 이론이나 암호 이론, 컴퓨터 이론 등 많은 분야에 응용

---

[1] 에버딘(Aberdeen) 태생의 수학자. 타원함수와 정수론에서 두각을 나타내었음.
[2] 참고문헌 [8], 155쪽
[3] 철학자, 논리학자, 수학자등 다방면에 뛰어난 영국의 석학. 칸토의 집합론에서 모순을 발견하여 수학의 근본적 물음에 대한 연구를 하게 만드는 계기가 되었다.

부울

되고 있다. 러셀은 부울을 기리면서 그가 순수수학에서 발견한 이론을 '사고의 법칙(Laws of thought)'이라고 평가한 적이 있었다.

부울은 영국의 링컨(Lincoln) 시에서 태어났다. 그는 빈민 출신이었기 때문에 정상적인 교육을 제대로 받지 못하였다. 그래서 부울은 단지 초등학교 교육만을 받았으나 후에 성직자가 되기 위해서 라틴어와 히랍어를 열심히 공부하였다. 당시에는 누구나 성직자가 되어 상류층으로 가려는 것이 일반적인 경향이었으나, 그가 꼭 그런 이유로 성직자가 되려고만 했던 것은 아니었다. 왜냐하면 비록 그의 아버지는 철학에 일가견이 있는 양화공이었으나 독실한 기독교 신자였기 때문에 아들이 성직자가 되려고 했던 것은 당연한 일이었다.

부울은 우선 생계를 해결하기 위해서 초등학교 선생님이 되었는데, 20년이 지난 즈음에는 스스로 학교를 세웠다. 그런데 그가 수학을 공부하게 된 이유는 수학책들이 다른 과목보다 저렴했기 때문이었다고 한다. 그러면서 그는 많은 수학 교재들이 많은 수학적 오류들을 범하고 있다는 것을 발견하였고, 이를 밝히기 위해 스스로 수학적 대가였던 사람들의 업적을 연구하게 되었다. 예를 들면, 아벨, 갈로아(E. Galois, 1811-1832)[4] 또는 라플라스의 논문들을 독학으로 공부하기 시작하였던 것이다. 그러면서 그는 새로운 분야을 개척하였는데, 그것은 기존의 학자들이 발견해 놓은 이론들을 진일보시킨 것이 아니라 그 안에서 순수수학이 가지고 있는 범우주적인 의미를 통찰하면서 나온 것이었다. 이 과정에서 부울은 대수의 기호들이 오직 숫자나 변수로만 사용될 필요가 없다는 것을 깨달았다. 그 결과로 논리학 분야에 수론에서 쓰는 연산을 도입할 수 있다는 사실을 알게 되었고, 그러면서 수학적 형식주의가 가지고 있는 의미를 분명히 깨달았다.

러셀은 부울이 발견한 것은 순수수학에서는 연산의 법칙이 어떤 특별한 '의미'에 묶여 있을 필요가 없다는 것을 보여준 것이라고 말하였다. 그 후 이러한 연산의 개념은 수학의 여러 분야의 개념에서 새로운 가지치기를 하게 되었다. 이로써 '부울의 대수'는 오늘날 순수수학에서 뿐만 아니라 기호논리학, 집합론, 확

[4]갈로아 이론으로 유명한 프랑스 수학자. 19세에 요절하였다.

률론 등에서 그 빛을 더하고 있다.

부울이 논리적 문제에 관심을 갖게 된 계기는 논리학을 전공으로 하는 수학자인 드 모르간(A. de Morgan, 1806-1871)[5] 그리고 스코트랜드 출신 철학자인 해밀턴 경(Sir W. Hamilton, 1788-1856)[6] 과의 수학토론에서 시작되었다. 부울은 그의 소논문집인 '논리학의 수학적 해석(The mathematical Analysis of Logic, 1847)'에서 형식적 논리학에 대한 자신의 견해를 밝혔다. 이 아이디어는 라이프니츠가 이미 제시하였지만 거의 200년이 지난 후에야 한 수학 교사였던 부울에 의해서 사용 가능한 계산법으로 발전하게 된 것이다. 이 논문의 중요성을 발견한 드 모르간은 부울을 초등학교 교사직을 그만두게 하고 카크(Cork)에 있는 퀸스 대학(Queen's College)의 수학과 교수로 임명되게 도와주었다.

부울은 6년 후에 수학적 논리학의 계산법을 자세히 설명하고 특히 확률론에서 유용하게 쓰일 수 있는 가능성에 대한 방대한 논문을 제출하였다. 부울의 이 논문은 새로운 과학적인 원리를 제공하였는데, 이것은 철학적인 관점이나 수학적인 관점에서 다 같이 응용될 수 있는 것이었다. 그러나 수학자들은 이 논문이 수학에서 형식주의를 새로운 모티브로 삼을 수 있다는 것이 더욱 중요하다는 것을 알게 되었다. 그 전에 피콕(G. Peacock, 1791-1858)[7]은 1830년에 그의 논문인 '대수학 논문(Treatise on Algebra)'에서 다음과 같은 식을 사용하였다.

$$x(y+z) = xy + xz, x + y = y + x$$

이 식에서 알파벳 x, y, z는 꼭 숫자만을 의미할 필요는 없다고 말하였다. 그에게 있어서 알파벳들은 그저 어떤 관계식을 충족하는 추상적인 기호에 지나지 않았다는 것이다. 이러한 사고는 부울의 논문을 통해서 새로운 추진력을 얻게 되었는데, 그는 논리학의 분야에서도 유사한 형식이 가능할 수도 있다는 것을 확실하게 보여주었다. 이로써 부울은 형이상적인 기본적 개념에 놓여져 있던 수학연구에 새로운 차원의 길을 열었다.

[5]런던대학 교수. 아리스토텔레스 논리학을 부울의 대수적 논리학으로 재정립함.
[6]오스포드, 에딘버그대학 교수. 영국 태생의 논리학자, 철학자.
[7]캠브리지대학 교수. 기하학 , 천체물리학자.

지난 수세기 동안 플라톤식 방법에 젖어 있었던 수학자들에게는 수학의 이론은 사실상 추상적인 세계에 관한 논리들 뿐이었다. 후에 불확실한 형이상학적인 개념(특히, 집합론에서 나타나는 비현실적인 발견 같은 것)들이 나타났을 때 수학자들은 크게 당황하였지만 부울의 이론을 통해서 새로운 수학의 형식주의에 매진할 수 있게 되었다. 그리고 이 분야는 의식적으로 기본개념의 존재를 부정하는 형식적 시스템의 과학이 되었다. 이것은 플라톤의 세계에서 벗어난 혁명적인 사건이었다. 이 이론은 수학에서 나타나는 모든 불완전한 요소들을 논리적으로 해결하려는 노력의 출발점이 되었다. 나중에 이를 통하여 힐베르트는 현대적인 증명이론의 체계를 세웠는데 이는 현대과학에 나타난 중요한 인식론적 이론의 덕분이었다.

2) 부울 대수

우리의 사고 속에서 나타나는 모든 개념은 여러 종류의 언어와 여러 가지의 단어로 표현이 되는데 예를 들면 '국가'는 라틴어로 'citivas'라고 하고, 영어로는 'state' 그리고 독일어로는 'Staat'라고 한다. 여기서 중요한 것은 알파벳의 나열이 아니라 이 단어와 연결되어있는 개념이다. 부울은 '오직 한 가지의 단어로만 표현되는 개념들은 우리에게 어려운 것이 아니다'고 말했다. 오히려 이러한 표시들은 시간이 지남에 따라서 논리적으로 변함이 없다는 사실이 더 중요하다고 하였다. 예를 들어, 개념들의 조합을 수학적 기호인 '$+, -, \times$' 등의 조합으로 대체할 수 있다면 수학자들은 논리적인 추론을 대수학적인 방법으로 번역할 수 있을 것이다. 이것이 부울의 이론의 시작이다.

정리. 사고의 도구로 쓰이는 언어적인 모든 기능은 아래에 나타나는 문장들로 이루어진 기호들의 시스템으로 대체될 수 있다.

1. 알파벳 $a, b, c, \ldots$ 등은 통상의 현상들에 대한 개념들로 나타낼 수 있다.
2. 정신적인 기능을 담당하는 '$+$, $-$, $\times$' 등은 어떠한 사물들에 대한 개념으

로 대체되어서 그 사물들을 포함하는 새로운 개념으로 만들어 질 수 있다.

3. 동등한 표시 ‘ =’

이러한 논리적인 기호들은 어떤 특정한 규칙에 맞게 정의되는데 부분적으로는 대수학의 일반적인 법칙에 맞는 것도 있고, 상이한 것도 있다.

이제 간단한 예를 한번 들어 보기로 하자. 기호 x가 ‘흰 물건’ y가 ‘강아지’를 의미한다면 그들의 곱인 xy는 x와 y에 동시에 속하는 ‘흰 강아지’을 나타낸다. 이러한 곱 계산은 교환법칙을 만족한다.

$$xy = yx, xyz = xzy = yzx = \dots \tag{1}$$

등식(1)은 교환법칙을 만족하는 대수에서도 성립하지만, 등식

$$xx = x^2 = x \tag{2}$$

은 더이상 성립하지 않는다. 그러면 우리는 x를 어떤 종류에 클래스로 생각해야 할 것인가? 이 경우에 xx는 x와 항상 같아 교집합을 의미하고 관계식

$$yx = xy = x \tag{3}$$

는 포함관계를 나타내는 것으로 생각할 수 있다. 예를 들어서, x가 ‘한국인’을 나타내고 y가 ‘동양인’을 나타낸다면 동양인이면서 한국인은 바로 한국인이다. x가 ‘신사’, y가 ‘숙녀’를 나타낸다면 $x+y$는 ‘신사 그리고 숙녀’ 또는 ‘신사 또는 숙녀’들의 집단을 의미하는 클래스가 된다. 이것은 영어에서 의미하는 ‘either, or’와는 좀 다른데 이에 대해서는 나중에 보기로 하겠다. 이러한 차이는 보통의 회화에서도 조심스럽게 사용해야 한다. 왜냐하면 ‘또는’이라는 단어에서는 여러가지 의미가 나타날 수 있기 때문이다. 이 새로운 대수에서는 분배법칙

$$z(x + y) = zx + zy \tag{4}$$

도 만족을 하는데 부울은 이 등식을 다음과 같이 해석하였다. z가 ‘동양인’을 나타내고 x, y가 ‘신사, 숙녀’를 나타낸다면 등식 (4)는 ‘동양신사 그리고 숙녀는 ‘동양신사’ 그리고 ‘동양숙녀’를 의미한다.

‘−’ 기호는 예외적인 것을 표현하기 위해 사용된다. x가 ‘인류’를, y가 유럽

인'을 의미한다면 $x-y$는 유럽인이 아닌 인류의 집단을 의미한다. 또한, 등식 (4)와 마찬가지로 등식

$$z(x-y) = zx - zy \tag{5}$$

이 성립한다. 숫자 1를 '범우주적인 것' (즉, 모든 사물을 포함하는) 그리고 0을 '빈 집합'으로 사용한다면 등식(2)를 통해서 새로운 등식

$$x - x^2 = 0,\ x(1-x) = 0 \tag{6}$$

을 얻는다. 여기서 $1-x$는 x에 속하지 않는 사물들의 집단이므로 $(1-x)=0$는 'x에 속하면서 x에 속하지 않는 것은 없다'는 것을 의미한다. 'either x or y'는 'x 그리고 y가 아닌 것' 또는 'y 그리고 x가 아닌 것'을 나타내므로 등식

$$x(1-y) + y(1-x) \tag{7}$$

으로 표현된다.

아래에서는 '논리적 함수' $f(x)$를 부울의 논리에 맞추어서 '대수적 표현'으로 이해하기로 하자. 여기서 x는 '변수'이고, '논리적 기호'로 해석한다. 또한 '논리적 함수들'은 여러 개의 기호로 이루어져 있는데, 예를 들면

$$f(x,y) = (x+y)(1-x)$$

로 나타난다. 부울은 숫자로 정의되어진 함수 $f(x)$에서 x는 오직 0과 1만 될 수 있다고 가정하였다. 함수

$$f(x) = f(1)x + f(0)(1-x) \tag{8}$$

는 x에 1과 0을 대입하면 이 식이 성립한다는 것을 알 수 있다. 또 다른 보기로 부울은 아래의 등식을 소개했다.

$$\frac{1+x}{1+2x} = \frac{2}{3}x + 1 - x \tag{9}$$

이 등식은 x가 1과 0에서만 성립하는 것이 분명하다. 등식 (8)로부터 우리는 변수 두 개의 함수에 관해서도 등식을 끌어낼 수 있다.

$$f(x,y) = f(1,y)x + f(0,y)(1-x) \tag{10}$$

여기서 $f(1,y)$와 $f(0,y)$를 (8)에 의해서 아래의 식으로 대치할 수 있고,

$$f(1,y) = f(1,1)y + f(1,0)(1-y), f(0,y) = f(0,1)y + f(0,0)(1-y),$$

(10)에 의해서 아래의 등식을 얻는다.

$$f(x,y) = f(1,1)xy + f(1,0)x(1-y) + f(0,1)(1-x)y + f(0,0)(1-x)(1-y) \quad (11)$$

같은 방법으로 변수가 세 개인 x, y, z를 이용해서 등식

$$f(x,y,z) = f(1,1,1)xyz + f(1,1,0)xy(1-z) + +f(1,0,1)x(1-y)z$$

$$f(1,0,0)x(1-y)(1-z) + f(0,1,1)(1-x)yz + f(0,1,0)(1-x)y(1-z) +$$

$$f(0,0,1)(1-x)(1-y)z + f(0,0,0)(1-x)(1-y)(1-z) \quad (12)$$

을 얻는다.

부울은 이러한 표현 방식을 함수에도 이용했는데 여기서 그는 x, y, z를 논리적 상징성으로 표현하였다. 그러면 1은 '우주적인 것' 0은 '빈 집합'으로 이해할 수 있다. 이런 식의 과정에는 물론 보다 중요한 사고가 가능하다. 부울은 등식 (8)을 x가 오직 0과 1만 가능하다는 조건에서 출발하였지만, x, y, z가 논리적인 상징성을 의미한다면 그렇게 해석되어야 한다. 즉, 논리적 상징 x, y, z에는 오로지 우주를 상징하는 1과 또는 빈 집합을 의미하는 0으로만 해석될 수 있다. 실제로 부울은 등식 (11)과 (12)에서 임의의 상징성을 나타낼 수 있다고 밝혔다.

이러한 논리적인 과정은 나중에 0과 1만으로 나타나는 '진실값'을 도입함으로써 그 빛을 발하는데, 이 함수들을 진실표에 관한 이론으로 해석할 수가 있기 때문이다. 어쨌든 부울의 대수에서는 등식 (8)과 (11)과 (12)에서 처럼 간단한 형태의 함수들만 나타난다는 것을 알아야 한다. 그리고 등식 (9)과 같은 분수 형태로는 나타낼 필요가 없고 일변수 함수에서는

$$f(x) = \alpha x + \beta \quad (13)$$

등의 형태로 나타낼 수 있다. (2)번 등식 때문에 x가 선형적으로 되는 함수의 경우로만 한정시킬 수밖에 없다. (13)번 같은 모양의 함수를

$$f(x) = ax + b(1 - x) \tag{14}$$

로 바꾸어 쓸 수 있다. 따라서 $a = f(1)$, $b = f(0)$가 된다. 이로써 부울의 대수에서 등식 (8), (10), (12)를 모든 임의의 논리적 상징성에 이용하여도 항상 맞는다는 것을 알 수 있다. 또한 등식 (13)을 (14)로 바꾸면서 대수적 법칙을 사용해도 그 논리적인 모순은 나타나지 않는다.

등식 (13)이 논리적인 해석학에도 사용할 수 있다는 것을 부울은 한 간단한 예로 보여주었다. 성경에 나오는 모세의 시대에서는 다음의 두 가지 성질을 가지는 짐승들만 깨끗한 짐승으로 표현하였는데, 되새김질 해야 되고 굽이 갈라져야 한다. 따라서 x를 '깨끗한 짐승', y를 '굽이 갈라진 짐승', 그리고 z를 '되새김질하는 짐승'으로 표현하면 $x = yz$ 또는

$$x - yz = 0 \tag{15}$$

가 된다. 이 함수를 (12)에서처럼 삼변수 함수 $f(x, y, z) = x - yz$로 표현을 하면

$$0xyz + xy(1-z) + xz(1-y) + x(1-y)(1-z) - (1-x)yz +$$

$$0(1-x)y(1-z) + 0(1-x)(1-y)z + 0(1-x)(1-y)(1-z) = 0 \tag{16}$$

로 된다. 물론 이 등식은 0를 포함하지 않는 항들이 사라져야 맞는다. 결국

$$xy(1-z) = 0, xz(1-y) = 0, x(1-y)(1-z) = 0, (1-x)yz = 0. \tag{17}$$

가 되어야 한다. 이 등식 (17)을 보면 아래의 성질을 만족하는 짐승 종류의 집단은 존재하지 않는다는 것을 알 수 있다.

1. 흠 없고 굽은 갈라졌지만 되새김질하지 않는 짐승들.
2. 흠 없고 되새김질은 하지만 굽이 없는 짐승들.
3. 흠은 없지만 되새김질을 안하고 굽이 갈라지지 않는 짐승들.
4. 굽은 갈라지고 되새김질도 하지만 흠이 있는 짐승들.

물론 이러한 방식은 부울의 대수를 사용하지 않아도 흠 없는 짐승들의 정의로부터 쉽게 이끌어 낼 수 있다. 그럼에도 모세 3경 11장 3절에 보면 이러한 깨

끗한 짐승의 정의를 이해하기가 쉽지 않아서 모세 3경 중에 11장 4절부터 7절까지에서 이러한 해석을 설명하는 예를 볼 수 있다.

지금까지 우리는 알파벳 $x, y, z \ldots$ 등이 표현하는 구체적인 대상들에 대해서 살펴보았다. 이렇게 나타난 논리적인 공식들을 부울은 '구체적' 또는 '우선적'인 이론이라고 말했다. 이 외에도 이런 논리들을 서로 연결시켜주는 관계도 존재한다. 이러한 연결고리들을 부울은 '추상적' 또는 '이차적'인 논리라고 말하였다. 이차적인 논리에 대해서는 더이상 거론하지 않고 부울의 계산법을 확률의 계산법에 적용하는 것을 보기로 하겠다.

3) 확률에의 응용

고전적인 확률론은 '똑같은 가능성'의 개념 위에 성립한다. n개의 모집단 안에서 '같은 가능성을 가진' m개의 사건이 일어난다면 그 확률 $p(x)$는 $p = p(x) = \frac{m}{n}$이다. 여기서 x는 사건이 일어나는 것을 의미한다. 마찬가지로 사건이 일어나지 않을 확률은

$$p(1-x) = \frac{n-m}{n} = 1 - \frac{m}{n} = 1 - p \tag{18}$$

이다. (18)에서는 부울의 표기법을 이미 사용했는데 x와 그의 여사건 $1-x$가 나타나기 때문이다. x, y가 확률 p와 q로 나타나는 것이라면 x와 y가 독립적 일때, pq는 두 개의 사건이 동시에 일어나는 확률을 의미한다.

사건	확률
xy	pq
$x(1-y)$	$p(1-q)$
$(1-x)y$	$(1-p)q$
$(1-x)(1-y)$	$(1-p)(1-q)$

위의 표는 x와 y가 특별한 경우에서 나타날 수 있는 모든 경우의 수를 밑의 확률표로 나타낸 것이다. 이 표를 통해 복잡한 확률 계산도 좀더 쉽게 계산할 수 있다. 여기서는 부울이 직접 제시한 것으로 확인해 보도록 하겠다. y가 일어난

다는 가정하에서 x가 일어나는 확률인 조건부 확률의 기호는 $p(\frac{x}{y})$로 나타내면

$$p(\frac{x}{y}) = \frac{p(xy)}{p(y)} \tag{19}$$

가 된다. 이제 p, q, r을 사건 x, y, z가 일어날 수 있는 확률이라 하자. 그러면 x가 아니면 y가 일어날 확률, 그리고 y가 아니면 z가 일어날 확률은 무엇인가? u를 x는 일어나고 y가 일어나지 않는 결과라고 하자. 마찬가지로 v를 y는 일어나고 z는 일어나지 않는 결과라면 등식 (7)에 의해서

$$u = x(1-y) + y(1-x); v = y(1-z) + z(1-y) \tag{20}$$

가 성립한다. 그리고 $p(\frac{v}{u})$는 (19)로 계산할 수 있다. 여기서 확률 $p(uv)$를 알아야 한다. 이 경우에 부울의 대수는 아주 중요한 도구가 된다. uv는 계산등식 (1), (2), (4) 그리고 (5)를 이용하여 아주 간단하게 나타낼 수 있다. (20)으로부터

$$\begin{aligned} uv &= xy(1-y)(1-z) + yy(1-x)(1-z) + xz(1-y)(1-y) + yz(1-x)(1-y) \\ &= xz(1-y) + y(1-x)(1-z) \end{aligned} \tag{21}$$

가 성립하고 등식 (19)와 (21) 그리고 위에 있는 표로부터 확률

$$p(\frac{v}{u}) = \frac{p(uv)}{p(v)} = \frac{pr(1-q) + q(1-p)(1-r)}{p(1-q) + q(1-p)}$$

가 된다.

4) 오늘날의 부울 대수

부울대수는 일반적인 수학책뿐만 아니라 수학적 논리학 책에도 많이 등장하는데 특히 대수학, 확률론, 정보론 그리고 집합론 등에서 자주 나타나고 있다. 20세기에 들어오자 부울대수의 형식론이 크게 발전했는데 이 이론이 현대수학에 어떻게 이용되는지를 살펴보겠다. 연산되어지는 과정을 생략하고 개념형성의 일반화를 분명하게 하기 위해서 x와 y를 부울의 기호로 표현했던 것을 기호 $\cup, \cap$로 대체하는 것이 좀더 효과적일 것이다. 이 기호를 가지고 추상적인 부울대수를 다음과 같이 정의할 수 있다.

정의. 연산 $\cup, \cap$로 표현된 집합 B가 모든 원소 $a, b, c \ldots$에 대해서 아래의 조건을 만족하면 부울의 대수라고 한다.

1. $a \cap b = b \cap a,\ a \cup b = b \cup a$
2. $(a \cap b) \cap c = a \cap (b \cap c),\ (a \cup b) \cup c = a \cup (b \cup c)$
3. $a \cap (a \cup b) = a,\ a \cup (a \cap b) = a$
4. $a \cap (b \cup c) = (a \cap b) \cup (a \cap c), a \cup (b \cap c) = (a \cup b) \cap (a \cup c)$
5. 집합 B 안에는 모든 원소 $a \in B$에 대해서 다음의 성질을 만족하는 항등원 $[0], [1]$이 존재한다.
$$a \cup [0] = a,\ a \cap [1] = a.$$
6. 모든 원소 $x \in B$에 적어도 한 원소 $y \in B$가 존재해서 다음의 조건을 만족한다.
$$x \cap y = [0],\ x \cup y = [1]$$

$x \cup y$를 $x + y$ 그리고 $x \cap y$를 xy로 대체하면 위의 6개의 조건이 성립한다. 이러한 방법으로 명제 논리학의 이론적 기초를 세울수 있다. 이제 부울의 대수의 논리를 이용해서 사용할 수 있는 예들을 살펴보기로 하겠다.

보기 1. 다음 (표 1)은 0과 1로만 이루어진 집합 위에 연산 $\cap, \cap$가 정의된 경우를 나타낸다.

$\cup$	0	1
0	0	1
1	1	1

$\cap$	0	1
0	0	0
1	0	1

(표 1)

보기 2. 집합 $\{1, 2, 3\}$의 멱집합 B를 표현해 보기로 하자. 여기서 $\emptyset$을 $\{0\}$이라고 하면 $B = \{\{0\}, \{1\}, \{2\}, \{3\}, \{1, 2\}, \{1, 3\}, \{2, 3\}, \{1, 2, 3\}\}$이다. B 위에 정

의된 연산 ∪, ∩은 다음과 같다. $a \cup b$는 a와 b의 합집합이고, $a \cap b$는 a와 b의 교집합이 된다. 여기서 $\{0\}$은 연산 ∪의 항등원이 되고, $\{1, 2, 3\}$은 산 ∩의 항등원이 된다. 여기서 나타난 부울의 대수는 (그림 1a)와 (그림 1b)에서 확인할 수 있다. 이 그림에서 직선들은 두 개의 원소 a, b의 합집합 교집합들을 의미한다.

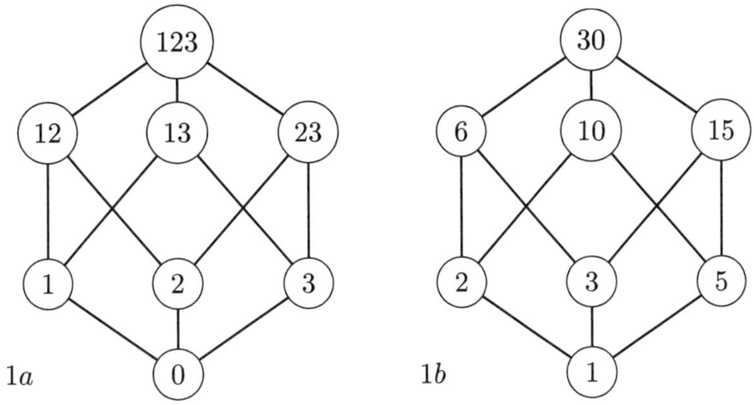

(그림 1)

여기서 집합 $\{1\}, \{2\}, \{3\}$을 소수 2, 3, 5 그리고 집합 $\{1, 2\}, \{1, 3\}$ 등을 그에 해당하는 곱 $2 \cdot 3 = 6, 2 \cdot 5 = 10$ 등으로 나타내면 (그림 1b)의 표현이 부울의 대수를 만족한다는 것을 알 수 있다.

13. 바이어슈트라스(K. Weierstrass, 1815-1899)

교사는 모름지기 학생들 앞에서 과학을 펼쳐 보여야 한다. 그래야 위대한 과학자들의 머리 속에서 나오는 훌륭한 사고가 어떻게 발전해 나아가는지 어린 사람들의 싱싱한 두뇌에 각인시켜 줄 수 있기 때문이다.
-바이어슈트라스-

1) 수학의 지배자

오늘날에도 수학자로서의 귀감이 되고 있는 바이어슈트라스는 해석학의 기본을 세운 거인 수학자로서 생전에 '수학의 지배자'라는 칭호를 얻을 정도로 위대한 수학자였다. 그는 일생을 오로지 수학연구에 바쳤으며 국내외에서 수많은 상을 받았다. 베를린 아카데미로부터는 헬름홀츠(H. Helmholtz, 1821-1894)[1] 메달을, 영국의 왕립협회로부터는 카플리(Copley) 메달을 받았을 뿐만 아니라 70회 생일에는 기념주화가 발행되었고 80회 생일에는 국립미술관에 그의 초상화가 걸렸을 정도였다. 그는 당시까지 제대로 정립이 안된 해석학을 새롭게 쓰기 시작한 수학자로 유명한데 그의 제자는 "선생님은 엄격한 가정을 기초로 하여 수학이라는 건물을 처음부터 지어나갔습니다."라고 말할 정도로 무엇보다도 빈틈없는 논리에 바탕을두고 수학이론을 새로 쓴 사람이었다. 아직도 수학자들은 '증명에서의 바이어슈트라식 엄밀성'을 언급하고 있다.

그러나 그의 일생이 항상 평안한 것만은 아니었다. 그는 자신에게 주어진 많은 명예를 불편하게 여겼던 사람이었다. 칸토의 집합론이 세상에 나오자 그 집합론을 중심으로 수학의 원리에 관한 대토론이 시작되었는데 그때 바이어슈트라스는 항상 칸토의 편에 서서 그를 지지하였다. 이 와중에 평생의 동료였고 수학의 동반자였던 크로넥커와 심한 갈등을 겪게 되었다.[2] 또한 러시아의 여성수

[1] '힘의 보존 법칙'을 발견한 당시 독일의 유명한 물리학자, 수학자. 처음에 이 법칙을 인정한 사람은 드물었으나 수학자 야코비만은 적극적으로 지지하였다.

[2] 크로넥커는 바이어슈트라스를 '형식론자'라고 비난하였다.

바이어슈트라스

학자였던 코발레스키(S.Kowalewsky, 1850-1891)[3]를 가르치고 후원하였으나 당시에는 여성으로서는 거의 불가능했던 박사학위 취득시에 생겨난 잡음 그리고 그녀의 갑작스런 죽음 등은 그를 더욱 외롭게 만든 사건이었다. 뿐만 아니라 말년에는 심한 현기증에 시달려 강의를 앉아서 할 수밖에 없을 정도였다.

2) 늦깍이 교수

그는 세무 공무원의 아들로서 오스텐펠트(Ostenfeld)에서 태어났다. 고등학교까지 고향에서 다녔는데 대학은 본(Bonn)에서 마쳤다. 그렇지만 처음부터 수학자로서의 명성을 떨치지 않았고 시골의 한 고등학교에서 교사로서 조용히 혼자 수학을 연구하다가 나이가 마흔이 넘어서야 교수가 되었을 정도로 명예욕이 없는 사람이었다. 그가 아직 고등학교 교사로 있던 시절 동안에 낮에는 학생들을 가르치고 저녁에는 새로운 함수 이론을 연구하였다. 그는 자신의 이론을 주로 자신이 근무하는 고등학교 연감에 발표하였는데, 매우 중요한 논문이었던 아벨함수 이론은 크렐레의 논문집에 실렸다. 이 논문을 살펴 본 쾨닉스베르그(Koenigsberg)대학의 수학과 교수가 직접 명예박사증을 들고 시골 구석에 있는 브라운스베르그(Braunsberg)의 주임교사에게 찾아왔고, 이 논문이 계기가 되어 프로이센의 교육부 장관은 바이어슈트라스에게 고등학교에서 일년 동안의 연구년을 특별히 허락하였다. 이는 당시 근검절약하기로 유명한 프로이센의 재정정책을 볼 때 대단한 특혜였다. 어쨌든 바이어슈트라스는 그 논문 발표 후 얼마 안되어 베를린에 있는 공과대학의 교수가 되었고 곧이어 베를린의 프리드리히 빌헬름(Friedrich Wilhelm)대학교의 수학과 교수가 되었다.

바이어슈트라스에 관한 유명한 에피소드로는 다음과 같은 이야기가 있다. 동부 프로이센의 도시 브라운스베르그에 있는 한 학교에서는 어느날 아침 작은 소동이 일어났다. 주임교사인 바이어슈트라스가 수업에 나타나지 않자 교실 안의

[3]러시아 태생의 여성 수학자. 당시에는 여성으로서 박사나 교수가 되는 것이 거의 불가능했으나 스웨덴의 스톡홀름대학 교수가 되었다. 여성인권 신장에도 크게 기여하였다.

학생들이 소란을 피우기 시작한 것이었다. 놀란 교장선생님이 급히 바이어슈트라스 선생님의 숙소로 뛰어가 보니 이 젊은 교사는 이미 아침이 온 줄도 모르고 두꺼운 커튼 아래서 촛불을 켜놓은 채로 야코비 함수를 연구하고 있었다. 그는 밤새 연구하느라고 아침이 온 지도 모른 채 학교 갈 시간이 지나버린 것 이었다. 심지어 연구에 심취한 나머지, 자신이 연구하고 있던 최신 해석학 이론을 어린 학생들에게 무심코 숙제로 내주어 학생들이 많은 고생을 하였다고 한다. 그는 평생을 독신으로 살았는데 역시 독신으로 살았던 누나들과 베를린의 한 허름한 아파트에서 같이 지냈다고 하였다. 누나들 말에 의하면 동생은 식사를 기다리는 식탁 앞에서도 쉬지 않고 손바닥에 무언가를 손가락으로 쓰고 있었다고 한다.

3) 해석학의 재창조

현대 함수론 교재에는 바이어슈트라스로부터 유래한 많은 정리와 증명들이 있는데 21세기에 들어와서도 그와 제자들이 세운 '해석학의 연산화' 이론은 그 빛을 더해가고 있다. 19세기 최대의 난제 중의 하나였던 '무한소' 이론은 바이어슈트라스와 그의 제자들에 의해서 완벽히 해결되었다. 그들이 해석학을 연산화시켜 극값에 관한 이론을 유리수들간의 등식이나 부등식으로 이끌어 내었다. 바이어슈트라스의 제자였던 킬링(W.K.J Killing, 1847-1923)은 그 유명한 $\delta-\epsilon$ 강의에 대해서 다음과 같이 말하고 있다.

"선생님께서 요구하였던 증명이나 이론들의 적용에 있어서의 엄격함은 고등수학을 공부하려는 우리들 모두에게는 너무 어려워서 그 수준에 맞출 학생은 거의 없을 것이라고 생각했습니다. 선생님의 수학적 깊이를 따라가려면 제아무리 뛰어난 수학적 재능을 가진 학생들이라도 엄청난 공부를 하지 않고서는 배겨내질 못할 것이라고 느꼈습니다. 그래서 저희들은 선생님의 강의를 한번도 빠짐없이 열심히 들어야만 했습니다."[4]

바이어슈트라스의 업적 중 유명한 것은 근사 정리(Approximation Theorem)

[4] 참고문헌 [12], 271쪽

'컴팩트한 구간 위에 정의된 모든 실연속함수는 다항식들로 균등 근사시킬 수 있다'이다. 더 나아가 모든 미분 가능한 함수는 연속이지만 그 역은 성립하지 않는다는 것을 확신을 가지고 실제로 1872년에 그를 만족하는 반제를 발견하였는데 이는 당시에 커다란 센세이션을 일으킨 사건이었다. (그러나 볼차노 역시 같은 문제를 해결하였다는 것을 알지 못했다.) 또한 리만은 1860년 경 삼각급수 $\sum_{n=1}^{\infty} \frac{sin(n^2x)}{n^2}$를 정의하면서 이 함수가 연속이나 미분 가능하지 않을 것이라고 추측하였는데 이것은 오랫 동안 미해결 상태로 남아있었다. 그러다가 1971년에 그 동안 여러 가지의 부분적인 해결이 있기는 하였으나 마침내 뉴욕의 콜럼비아대학 수학과 학생이 완벽한 해를 제공하였다. 그 해는 이 함수는 $\pi \cdot \frac{2m+1}{2n+1}, m, n \in \mathbb{Z}$일 때 미분 가능하다는 것이었다.

그러나 바이어슈트라스는 리만과는 다른 방법으로 복소수 변수를 가진 해석학적 함수의 개념을 정의하려고 시도하였다. 그는 코시-리만의 미분 방정식 대신에 함수를 포텐셜 급수로 전개시키려고 하였다.

'내가 함수론의 원리에 대해서 생각하면 할수록 그리고 연구하면 할수록 이 이론이 대수적 진리의 바탕 위에 세워져야 한다는 믿음이 점점 더 커져가고 있다. 그리고 그것이 바른 방법이 아니라면, 즉 만일 좀더 간단하고 기초적인 대수학적 원리를 세우기 위하여 어떤 '초월적'인 것을(간단히 표현하자면) 요구한다면 리만이 지금껏 수많은 중요한 대수적 성질을 발견했던 그 방법이 훨씨 더 매력적이라고 말할 수 있을 것이다. (연구자들에게는, 그들이 연구를 계속하는 한 어떤 방법도 다 허락되어야 한다는 것은 자명한 일이다.' (바이어슈트라스 (1895), 235쪽)[5]

이렇게 되자 두 개의 방향, 즉 리만과 바이어슈트라스식으로 개념이 설정되었는데 1900년 구르사(E. J-B. Goursat, 1858-1936) 는 리만의 방식으로 정의된 함수의 클래스와 바이어슈트라스에 의해서 정의된 홀로모프 함수들의 클래스는 서로 동등하다는 것을 증명하였다.

함수론에 관한 바이어슈트라스의 또 다른 업적은 그의 이름이 붙은 곱정리(product theorem)와 이를 이용한 정수함수들의 묘사방법 그리고 그가 도입

[5]참고문헌 [12], 272쪽

한 기본적인 타원함수 그리고 역시 그의 이름을 따른 무한곱을 이용한 $\mathcal{P}-$ 함수 등이 있다. 저명한 수학자 클라인(F. Klein)은 이미 바이어슈트라스식의 이론적 '엄격함'은 수학에 대한 깊은 통찰에서 비롯된 것이라고 하면서 이 엄격함이 학문의 여러 분야에 적용되어야 한다고 주장하였는데 특히 물리학에 그 중요성이 크다고 하였다. 그러면서 클라인은 베를린 아카데미의 회원으로 추천되면서 그 답례로 이에 관해 다음과 같은 말을 하였다.

'내 말은 수학과 자연과학의 연구관계를, 마치 물리학자가 수학을 어쩔 수 없는 연구의 도구로 본다거나 또는 수학자가 물리학자들의 질문을 단순히 자기가 연구하는 분야의 한 보기로서만 대하는 것과 같은 것보다 훨씬 더 심도있는 관계로 파악해야 한다는 것입니다. 그럼에도 저 역시 오늘날 이 문제에 대해서, 대단히 가슴 아픈 일이지만, 더 이상 숙고할 수 없다고 생각합니다. 그러나 제가 이미 했던 질문, 즉 오늘날 많은 수학자들이 단순한 애착 때문에 연구하는 추상적인 이론들로부터 무언가 현실적으로 즉시 응용할 수 있는 것이 가능한가 하는 문제에 대해서는 이렇게 대답하고자 합니다. 그 누군가가 행성들이 따라 움직이는 궤도가 원추곡선일 것이라고 추측하기 훨씬 전에 이미 고대 그리스 수학자들은 놀랄 정도의 순수한 방법으로 원추곡선을 생각해 내었다는 것입니다. 또한 나는 야코비의 쎄타함수(θ-function)에서 보다시피 모든 수가 몇 개의 제곱수로 표현되는가를 알려주거나 또는 한 타원의 호의 길이를 잴 수 있어서 추가 움직이는 진정한 규칙을 알려주는 성질을 가진 함수들이 나타날 것이라는 희망을 가지고 있습니다.'(바이어슈트라스 1895, 235쪽)[6]

바이어슈트라스의 또 다른 업적은 교육 분야에도 있는데 그는 1864년에 당시 독일 교육부의 거센 반대에도 불구하고 베를린대학교에 순수수학교실을 설립한 것이다. 그리고 이 곳에서 많은 재능있는 제자들을 양성하였다. 그는 자신이 학교 교사 출신이라는 것을 결코 부정하지 않았으며 오히려 그런 경력이 그를 훌륭한 강사로 만들어 그의 학문적 또는 교육학적 역량에 매료된 많은 학생들이 그를 따랐다. 그 중에 유명한 사람들 중엔 슈바르츠(H.A. Schwarz, 1843-1921)[7],

[6] 참고문헌 [12], 275쪽

[7] 오늘날의 폴란드 지방 태생의 수학자. 화학으로 공부를 시작하였으나 바이어슈트라스로 인하여 수학으로 전공을 바꾸었다.

코발레브스키, 칸토, 미탁-레플러(M.G. Mittag-Leffler, 1846-1927)[8] 그리고 힐베르트 등이 있다. 이 교실은 수학과의 한 모델이 되어 전세계에 퍼져나갔다.

4) 슈바르츠의 편지

다음에 바이어슈트라스의 후계자가 된 슈바르츠의 편지를 보기로 하겠다. 슈바르츠는 해석학과 미분학 분야에 독보적인 존재였는데 역시 바이어슈트라스의 제자였던 칸토에게 쓴 것이다. 이를 통해서 바이어슈트라스와 그의 후계자 슈바르츠의 연구스타일을 엿볼 수 있다. 당시에는 슈바르츠가 스위스에서 아직 강사였던 시기였다. 이 편지는 미분값이 0이 되는 함수는 상수라는 것을 증명하는 내용인데 요즘은 중간값 정리를 이용하여 증명하고 있다. 집합론의 창시자로 유명한 칸토에게 보낸 이 편지에는 슈바르츠가 이 증명을 단 몇 시간 만에 하였다고 말하고 있다. 그럼에도 이에 대해 아무도 의심하지 않고 있는 이유는 슈바르츠가 이 분야를 철저하게 섭렵한 당대 최고의 전문가였기 때문이다. 증명의 첫 부분은 바이어슈트라스의 강의록에서 따온 것이지만 나머지 부분은 슈바르츠 자신의 것이다.

슈바르츠가 칸토에게 보낸 편지

취리히(Zuerich), 호팅겐(Hottingen), 1870년 2월 25일

사랑하는 친구 게오르그에게,

어제 내가 자네에게 자세히 서보내었기 때문에 오늘 이 편지의 내용이 별로 어렵진 않을 것 같네. 그리고 내가 단 몇 시간 만에 어렵게만 보이는 다음 정리의 증명을 했다는 사실을 자네가 알면 자네도 분명히 호기심을 가질 것이네.

정리. $a \leq x \leq b$를 만족하는 모든 x에 대해서 $limh = 0$일 때

$$lim \frac{F(x+h) - F(x)}{h} = 0$$

가 성립하면 $F(x)$는 상수다.

[8] 스웨덴 태생의 수학자. 바이어슈트라스의 해석학 교실 핵심 인물 중 하나. 나중에 헬싱키와 스톡홀름대학의 교수가 된다.

각 과정의 결론들은 내가 1861년 공학연구소에서 있었던 바이어슈트라스 선생님의 강의에서 발췌한 것들이네. x를 a와 b 사이에 있는 임의의 숫자, $f(x)$를 연속이고 유한한 x에 관한 함수라고 하자. 또한 $f'(x)$가 존재하고 역시 연속이면서 유한하다고 하자.

제 1 정리. x를 포함하는 그 열린 구간 안에 존재하는 특정한 값 x_0에 대해서 함수 $f(x_0)$의 미분값이 0이 아니면, x_0의 근방에서 $f(x)$의 값이 $f(x_0)$보다 크고 또한 $f(x)$의 값이 $f(x_0)$보다 작게 되는 x들을 항상 찾을 수 있다.

증명. $f'(x_0)$가 0이 아니라 x를 x_0의 근방에 있는 수라고 하자, 즉 $x = x_0 + h$. 그러면 $f(x_0+h) - f(x_0)$는 $f'(x_0)h + hh_1$로서 두 부분으로 구성되는데 여기서 h_1은 h와 x를 변수로 하는 새로운 함수이다. 이 함수에 대해서는 오직 모든 x의 값과 동시에 h에 대해서 무한히 작아질 수 있다는 것만 알 수 있다.

$$f(x_0 + h) - f(x_0) = h(f'(x_0) + h_1).$$

$f'(x_0)$는 0이 아니고 h_1은 h가 작아질수록 $f'(x_0)$보다 더 작아질 수 있다. 따라서 $[h] < \delta$가 성립한다. 그러면 $[h] < \delta$가 성립하는 모든 h에 대해서도 $f(x_0+h)$는 $f'(x_0)$와 똑같은 부호를 갖게 된다. 즉, $f(x_0+h) - f(x_0)$의 부호는 h의 부호에 따라서 같이 변하게 된다.

제 2 정리. 두개의 고정된 값 x_1과 x_2에 대해서 $f(x_1) = f(x_2)$가 성립하면 x_1과 x_2사이에는 $f'(x) = 0$가 되는 적어도 한 점 x가 존재한다.

증명. x_1과 x_2 사이에는 $f(x_3)$가 $f(x_1)$가 다르게 되는 x_3가 존재한다. (그렇지 않다면 $f(x)$는 상수함수일 것이다). 이제 $f(x_3)$가 $f(x_1)$보다 작거나 크면 $f(x)(x_1 \le x \le x_2)$의 하계나 상계가 존재할 것이다. 이 극값은 점 x_0를 포함하는 임의의 작은 범위에서도 극값이 될것이다. 연속성 때문에 이 극값은 실제로 점 x_0에서 생겨날 것이고 따라서 $f'(x_0) = 0$가 된다. 그렇지 않다면 위의 제 1 정리에 의해서 x_0의 근방에는 f의 값이 더 크고 더 작게 되는 점들이 존재할 터인데 이것은 $f(x_0)$의 값이 극소 또는 극대가 된다는 상황에 반하는 것이다.

제 3 정리. 구간 $a \le x \le b$에서 $f'(x)$가 항상 양수이고 0이 아니라면 $f(b) > f(a)$가 되며 이 구간에서 $f(b)$는 최대값 $f(a)$는 최소값이 된다.

증명. 우선 $f(b)$는 $f(a)$와 다른 값이다. 그렇지 않다면 제 2 정리에 의해 $f(x)$가 항상 양수이고 어디에서도 0이 아니라는 조건에 모순이 된다. 마찬가지로 $f(x) = f(a)$ 또는 $f(x) = f(b)$를 만족하는 x가 이 구간 안에 있을 수 없다. $f(x)$의 값에는 상계와 하계가 존재한다. 이 상계와 하계는 제 2 정리에서 보았듯이 도달할 수 있다. $a, \ldots, b$ 사이에 있는 내점들에 대해서 $f(x)$는 극대값도 극소값도 가질 수 없다(아니면 $f'(x_0)$가 0이 되기 때문이다.) 따라서 $f(a)$나 $f(b)$ 둘 중의 하나가 극대면 다른 하나는 극소가 된다. 즉, 둘의 크기만 비교하는 것으로 충분하다. 결국 둘 중의 어떤 것이 최대인지만 밝히면 된다. 이제 a의 근방에 있는 x'를 취해 $f(x')$가 $f(a)$보다 크다고 가정을 해보자. $f'(a)$가 양수이므로 이 가정은 제 1 정리에 의해서 가능하다. 따라서 $f(a)$가 극소, $f(b)$가 극대가 된다.

여기까지가 바이어슈트라스 선생님의 강의 노트에서 취한 것이네. 이제 $F(x)$를 유한하고 연속인 함수이고 모든 x에 대해서 $\lim h = 0$면

$$lim \frac{F(x+h) - F(x)}{h} = 0$$

가 성립한다는 것만 알고 있다고 하자. 그러면 상수 0를 값으로 하는 미분 $F'(x)$가 존재한다.

K를 작은 양의 수라고 하고 다음에 있는 함수들을 고찰해보자.

$$F(x) - F(a) - k(x-a) \text{ 그리고 } F(x) - F(a) + k(x-a)$$

이 함수들의 미분값은 각각 $-k$ 그리고 k이다. $x = a$면 두 함수는 0이 된다. 제 3 정리와 $f'(x)$가 음수라는 것에 의해서

$$F(b) - F(a) - k(b-a)$$

는 음수이나 그에 반해서

$$F(b) - F(a) + k(b-a)$$

는 양수이다. 따라서 $F(b) - F(a)$의 값은 $k(b-a)$와 $-k(b-a)$ 사이에 놓여있다. k를 임의로 작게 취할 수 있기 때문에 $F(b) - F(a)$의 값은 k의 값과 상관없이 0이 된다. 그리고 b 대신에 x의 값에 a와 b 사이에 있는 모든 값을 대입할 수도 있는데 그래도 역시 $F(x) = F(a)$가 성립하므로 이는 곧 상수라는 것을 알 수 있다. ■

위의 증명은 아주 엄밀한 것이라고 생각하네. 그리고 이 정리가 미적분계산의 기본이론이 될 것이네. 그럼 이 편지를 마치기로 하고 이 내용을 자네뿐만 아니라 헨첼(Hentschel)씨도 궁금해 할 테니 그 분께도 전해 주게나. 친구 슈바르츠가.[9]

[9] 참고문헌 [8], 172-173쪽

14. 리만(B. Riemann, 1826-1866)

오늘날 돌이켜보면 리만의 진정한 관심은 수학적 물리학에 있지 않았나 한다. 그의 뛰어난 물리학적 아이디어들을 들여다 보면, 만일 그가 20년만 더 살았다면 아마 뉴턴이나 아인슈타인 같은 학자가 되지 않았을까 생각한다. -벨-

1) 천재 중의 천재

천재 중의 천재였던 리만의 생애를 보면 그는 수학을 위해 잠시 이 세상에 왔다가 떠나간 것 같은 인상을 받는다. 그는 겨우 39세의 일기로 생을 마감하였는데 그 마지막 몇 년도 병에 시달렸던 시기였다. 리만은 태어날 때부터 수학 신동의 대접을 받아 학교에서 월반을 하고 많은 사람들의 경탄을 자아내면서 화려한 학창시절을 수놓는 전형적인 천재의 모습을 보이지 않았다. 클라인이 19세에 철학박사 학위를 받은 것에 비하면 그는 이 나이에 다른 평범한 학생들처럼 대입자격시험 아비투어(Abitur)[1]를 합격하였고 그 해에 신학 공부를 할 준비를 하고 있었다.

리만이 빛나는 연구성과를 냈던 대학교의 정교수 시절은 1859년부터 1866년까지 겨우 7년 정도였는데 이는 클라인이 52년간의 정교수 시절을 보낸 것과 아주 대조적이다. 리만은 시골에서 목회를 하는 아버지와 함께 많은 형제들 가운데 자라났다. 그를 가르친 최초의 교사는 바로 아버지였는데 리만의 수학적 재능을 처음으로 간파한 사람도 아버지였다. 그러나 아버지는 아들을 목회자로 만들고 싶어하였다. 후에 리만이 뤼네부르그(Lueneburg)에 있는 고등학교에 진학했을 때 교장선생님이 리만의 비범함을 알아채고 리만으로 하여금 스스로 당대의 저명한 수학이론들을 공부할 수 있도록 수학과목은 면제해주었다. 이 시절에 리만은 유럽의 일급 수학자였던 프랑스의 르장드르(A.D. Legendre, 1752-1833)[2]가 쓴 장장 859쪽에 이르는 아주 어려운 책인 '수론(Theorie des Nombres)'을 독파

[1]우리나라의 수능시험 비슷한 독일식 대입제도.

[2]18, 19세기에 걸친 당대 최고의 프랑스 수학자. 가우스와 경쟁관계에 있었으며 아벨 등과 동시대 사람이다.

리만

하였다. 19세가 되자 신학공부를 위하여 괴팅겐 대학에 입학한 다음 그 곳에서 수학강의도 곁들어 들었다. 한편 아들의 수학적 천재성을 알고 있던 아버지는 아들을 성직자로 만들려던 자신의 희망을 접고 아주 불투명한 미래이긴 하지만 수학자의 길을 가도록 허락하였다. 당시 괴팅겐대학 수학과에는 수학의 왕자 가우스가 강의를 하고 있던 시절이었다. 리만은 이 가우스의 강의만이 자신에게 맞는다는 것을 알았지만 불행히도 가우스 강의는 특정한 테마에만 집중된 내용이었고, 시간도 일주일에 두 시간 정도 밖에 강의를 하지 않았으므로 앞으로 많은 수학적 지식을 습득하려고 했던 젊은 리만에게는 항상 뭔가 부족하였다. 이에 그는 베를린 대학으로 자리를 옮겨 그 곳에 포진하고 있던 아이젠슈타인(F.G.M. Eisenstein, 1823-1852)[3], 슈타이너(J. Steiner, 1796-1863)[4], 디리클렛 등 당대 기라성 같은 수학자들로부터 새로운 수학이론을 배우게 되었다.

그 후 함수이론에 관한 기본적인 이론을 학위논문으로 한 리만은 괴팅겐으로 돌아오게 되었는데 가우스는 복소수 해석학에 관한 이 논문에 큰 감명을 받았다고 한다. 그 후 리만은 1851년에 박사학위를 받고 곧이어 교수자격 논문인 하빌리타치온(Habilitation)에 매진하게 되었다. 이 즈음에 리만의 명성이 어느 정도 자자하였는지는 저 유명한 '수학의 지배자'였던 바이어슈트라스조차도 자기가 연구한 분야를 리만도 같이 한다는 것을 알게 되자 자기의 연구결과를 리만의 것과 비교하기 위해서 그 발표를 잠깐 미루었다고 할 정도였다. 그리고 리만이 연구하던 많은 이론들을 당시 베를린대학에 있던 모든 수학자들이 주시하고 있었다고 하였다.

2) 기하학적 함수론

그가 저술한 '삼각함수 급수를 통한 함수의 표현 가능성에 대하여'라는 논문

---

[3]대단한 촉망을 받았으나 29세에 요절한 베를린 태생의 수학자. 아이젠슈타인의 기약판정법으로 유명하다.

[4]종합적인 기하학을 주장한 스위스 수학자.

은 1853년에 발간되는데 이 논문보다 더 유명해진 것은 그가 이 논문을 교수자격 논문으로 제출하면서 행한 강의였다. 당시에도 교수가 되려고 하는 사람은 대표 논문 3개를 열람용으로 제출해야 하는데 대부분의 수학자들이 첫 번째 논문을 들여다 보는 것이 관례였으나 가우스 만큼은 기하학의 원리에 관한 이론을 다룬 세 번째 논문을 택하였다고 하는데 이는 그 역시 기하학의 같은 분야에 깊이 연구하고 있었기 때문이었다. 가우스의 친구인 베버(W.E. Weber, 1804-1891)[5]에 의하면, 가우스는 거의 감정이 흔들지 않은 빙하와 같은 사람으로 유명하였으나 이 논문을 보고 오는 길의 마차 안에서 대단히 흥분하였다고 한다.

이 강의에는 리만이 각별히 신경을 썼는데 그 이유는 자신이 늘 연구해왔던 분야와는 동떨어졌기 때문이었고 또한 자신의 설명이 같은 단과대학 내에서 수학자가 아닌 사람들한테도 이해가 가게끔 설명했어야 했기 때문이다. 몇 년 후 리만은 다시 본연의 관심사였던 함수론과 물리학의 연구로 돌아왔다. 당시에는 연구 분야들이 세분이 안되어 있었으므로 수학자가 이론 물리학이나 실험 물리학에 연구를 하는 것이 흔한 일이었다. 그러나 리만의 경제적 형편은 1859년 그가 디리흘렛의 후계자로 정교수가 되기 전까지는 상당히 어려웠다. 그 전에 이미 아버지와 동생이 죽자, 두 여동생의 생계까지도 떠맡어서 더욱 궁핍하게 되었다. 그러나 그가 겨우 경제적으로 허리를 펴는 것도 잠시 1862년에 첫 번째 폐병의 징후가 나타났다. 이 병을 고치기 위하여 남쪽지방에 자주 머물렀으나 결국 나이 마흔도 넘기지 못하고 세상을 뜨고 만다. 놀라운 것은 그는 다가오는 죽음을 의식하면서도 정신이 있는 동안에는 계속해서 사고하는 것을 멈추지 않았다고 한다. 마지막으로 그가 생각했던 것은, 최소평면의 법칙, 귀의 기하학적 구조에 관한 것이었다고 한다. 이미 리만의 업적에 관해서는 많은 책들에서 언급이 되었기 때문에 여기서는 그가 함수론에 대해서 연구했던 방식에 초점을 맞춰 보기로 하자. 1925년에 함수론에 관한 독특한 저서가 발간되었는데 이 책은 리만의 이론을 좀더 명확하게 만드는 데 아주 적합하였다. 이 책은 후르비츠(A.

[5]물리학자. 가우스와 함께 전자기식 텔레그라프를 발명하였슴.

Hurwitz, 1859-1919)[6] -쿠란트(R. Courant, 1888-1972)[7]가 쓴 것인데 전부 두 장으로 나누어져 있다. 첫번째 장은 후르비츠가 쓴 것으로 바이어슈트라스의 이론에 충실한 고전전인 함수론이었는데 멱급수로부터 시작하여 타원함수까지를 다루었다. 쿠란트는 두 번째 장을 썼는데 이 장의 제목을 '기하학적 함수론'이라고 이름을 붙였다. 그리고 복소수평면에서 미분 가능한 함수들로 해석학적 함수를 도입하였다.

$$z = x + iy \rightarrow f(z) = u(x, y) + iv(x, y).$$

이 함수는 다음의 코시-리만 미분방정식을 만족한다.

$$u_x = v_y, u_y = -v_x$$

그리고 같은 꼴(conformal) 함수 노릇을 하는데 이렇게 물리학과 기술적인 응용성에 중요한 성질을 가진 이 함수는 책 전반에 걸쳐서 중심적인 역할을 한다. 리만은 함수이론을 피력하였는데

'모서리에 있는 적어도 두 개 이상의 점으로 단순 연결된 공간은 해석학점 함수를 통하여 단위원의 내집합으로 일대일 그리고 균등하게 맺어질 수 있다.'[8]

이 이론은 좀더 복합적으로 연결된 공간에도 일반화시킬 수 있는데 리만은 이 함수이론으로 수학에서 새로운 연구 분야를 개척하였다. 이 같은 꼴 함수론은 금세기까지도 함수론자들의 연구대상이다. 또 다른 리만 개념은 이 책의 2장에서도 중요한 부분이기도 하지만 리만표면이다. 함수론에서는 복수의 값을 가지는 함수가 중요한 역할을 하는데, 예를 들면 함수 $w = \sqrt{z}$는 0과 무한대 사이에 있는 z의 값에 w에 관한 이미지 값을 두 개 주고 있다. 예컨대 $\sqrt{1} = \pm 1$이다. 리만은 여기서 이 함수가 2엽표면에선 유일하게 정의된다고 증명하고 있다. 실제로 두 개의 $z-$평면을 따라 음수의 실수 축을 붙이면 이 함수를 만들어 낼 수

[6] 바이어슈트라스의 제자. 힐베르트와 공동으로 디오판토스 방정식을 연구하였다. 스위스 취리히 공대 교수.

[7] 폴란드 태생의 수학자. 클라인의 후계자로 뮌스터(Muenster) 대학 주임교수가 됨. 독일에서 나치스가 정권을 잡자 미국으로 건너가 뉴욕대 교수로 봉직함.

[8] 참고문헌 [8], 178쪽

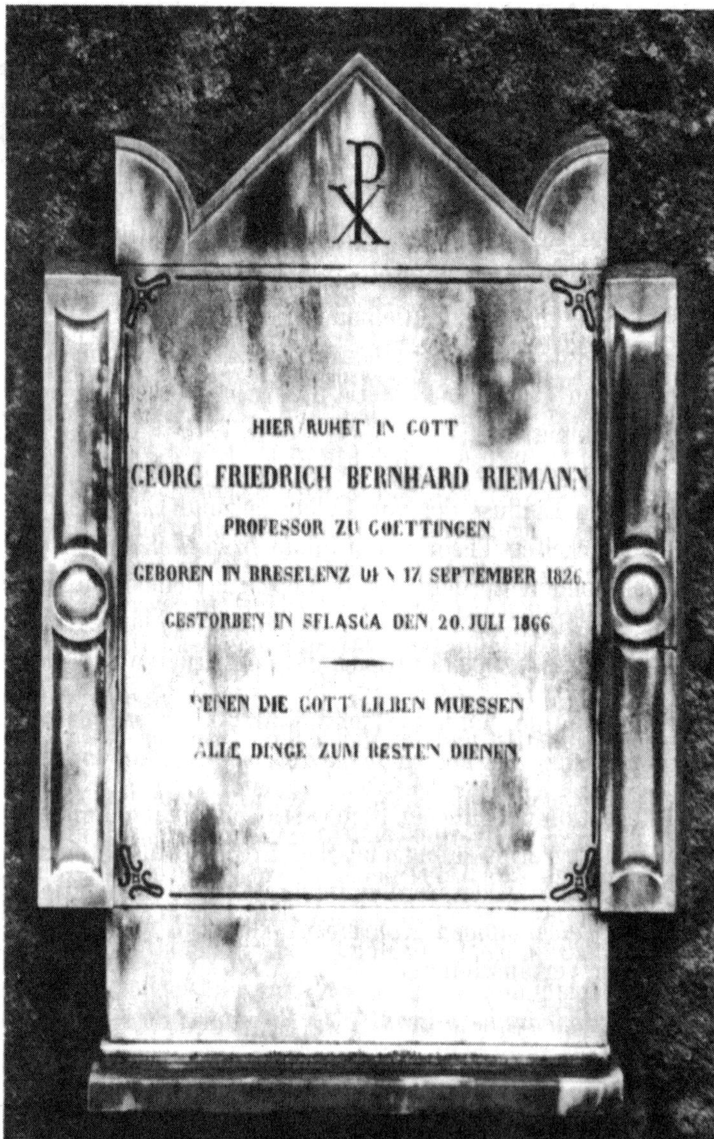

리만의 비석[9]

[9] 참고문헌 [12], 268쪽

있다. 그러면 1 엽표면에서 2 엽표면으로 넘어가는 붙임선을 교차하고 그 역도 만족해야 조건이 성립한다. 그러면 이러한 리만 표면에서는 이 함수가 잘 정의될 수 있다는 것을 쉽게 알 수 있다. 좀더 복잡해진 함수는 유한하거나 무한한 복소수 평면을 적당한 방법으로 붙여 원하는 함수를 정의할 수 있다. 이러한 리만 표면은 대를 이루어 수학자들의 연구 과제가 되었는데 처음 몇 개의 중요한 정리들은 후르비츠-쿠란트 저서의 두 번째 장에서 읽을 수 있다.

3) 강의 -기하학의 기본이 되는 가정에 대해서-

1954년에 리만의 교수자격 논문발표날을 기념하는 행사가 몇몇 대학에 있었다. 논문자격 심사과정이 리만처럼 강의를 하는 식으로 이루어진 예는 거의 없었다. 몇 십년 후 아인슈타인이 리만의 이론을 바탕으로 상대성 이론을 이끌어 냈는데, 리만 자신이 이미 이 이론을 깊이 생각하고 있었고 그리 일찍 요절하지 않았다면 그 결과를 아인슈타인보다 좀더 빨리 얻었을 것이다. 리만의 교수자격을 위한 시범강의는 아주 압축되어 행해졌다. 그에게 주어진 강의 시간이 길지 않았으므로 그는 자세히 설명하는 대신 가장 간결하게 표현하였다. 그는 여러 개의 상이한 크기의 기준을 여러 번 조합한 통일된 크기로 만들 수 있다고 보여주었고 이로써 그는 공간에 관한 기하학의 결론을 얻었다고 밝혔다.

'여기서 보면 기하학의 정리들이 일반적인 크기의 개념으로부터 유도될 수 없고 오히려 공간을 또 다른 3배로 확장된 크기와 구별하는 특징이 오직 경험적으로만 유도될 수 있다는 것으로 귀결된다는 것입니다. 이로써 자연에서는 완벽하게 결정할 수 없는 공간 크기의 비를 결정짓게 만드는 가장 단순한 사실들을 밝혀야 할 과제가 생긴 것입니다. 그렇게 되면 공간들의 척도의 비를 결정하기에 충분한 사실들로 만들어진 여러 개의 시스템을 제공할 수 있기 때문입니다. 그러나 이 목적을 위해서 가장 중요한 것은 유클리드 이론이 기본이 되어야 하는 것입니다. 이 사실들은 다른 모든 사실들처럼 꼭 필요한 것은 아니고 오히려 경험적인 지식으로부터 나오는 것인데 바로 가정들입니다. 따라서 이 방법이 관찰의 범위 안에서는 맞을 확률이 대단히 크지만 관찰의 경계를 벗어나는 무한한 팽창이나 무한소 등에서도 여전히 신뢰할 수 있는가를 따져봐야 할 것입

니다.’[10]

당시에는 이미 일차, 이차 다양체인 커브와 표면의 미분 기하학이 잘 알려져 있었다. 가우스는 표면에 관한 이론을 주로 연구하였었다. 리만은 수학적 방법을 가지고 3차나 4차 다양체까지도 정의하여 이 다양체에 새로운 거리함수를 정의하면 ‘비밀정원의 공작’이신 가우스가 도입한 표면휘임 이론도 일반화시킬 수 있다는 것을 보여주었다. 그러면서 리만은 척도의 개념과 n-차원 다양체의 휘임 개념을 정립하였다. 아래에 그의 논문을 인용해서 보기로 하자.

1. 척도를 결정하는 것은 한가지 이상으로 나타날 수 있는 장소의 크기와는 무관해야 합니다. 따라서 여기서 제공하는 가정은 당연히 선의 길이가 위치와는 관계없다는 것입니다. 다시 말하면 선의 길이는 어디에서나 잴 수 있다는 것입니다. 장소의 결정이 크기의 결정으로 귀결된다면, 즉 n배로 늘어난 다양체 안에서 한 점의 위치가 n개의 변수 $x_1, x_2, x_3, \ldots$로부터 x_n까지로 표현된다면 그 직선의 결정은 크기들 x가 일변수 함수들로 정의된 함수로써 주어지는 문제가 될 것입니다. 문제는 직선의 길이를 결정하는 수학적 표현을 찾는 것인데 이 방법이 크기 x들을 통일되게 표현 가능한 것으로 고찰되어질 수 있어야 하는 것입니다. 나는 이 문제를 제한된 조건하에서 해결할 것이며 우선은 크기 dx들-이와 관련된 크기 x의 변화-의 비율이 항상 변하는 직선에 한정시킬 것입니다. 그 다음 이 직선들이 원소들로 나누어진 것으로 생각하고, 그 안에서 크기 dx들의 비율이 상수로 간주되는 것입니다. 그러면 그 문제는 모든 점들에 대해서 각 점으로부터 출발해서 나아가는 직선들의 (크기 x와 dx를 포함하는) 원소 ds를 일반적인 방법으로 표현하는 문제로 귀결시킬 것입니다. 두 번째로는, 모든 직선원소들의 점들이 무한히 작은 장소의 이동만 있으면, 물론 이 경우는 크기 dx가 커지는 만큼 선의 원소들도 같은 비율로 커진다는 것을 포함하는데, 직선 원소들의 길이가 2차 크기를 제외하고는, 변하지 않는다는 것을 가정하는 것입니다. 이런 가정하에서는, 만일 모든 크기 dx가 변하면, 그리고 이 경우는 임의의 상수들이 크기가 x인 연속함수들이라는 것을 포함합니다만, 직선원소들은 크기가 dx인 임의의 일차 균등함수가 될 수가 있는 것입니다. 가장 단순한 보기로서 우선 직선원소들이 처음부터 전부 균등한 간격으로 서있는 $n-1$배로 확장된 다양체를 들겠습니다. 즉, 그 장소에서 직선원소들을 잘 구분하는 연속함수를 찾겠습니다. 이 함수는 첫번째 원소에서부터 모든 방향으로 증가 또는 감소할 수 있

[10] 참고문헌 [8], 179-180쪽

습니다. 그래서 우선 모든 방향에서 증가하고 한 점에서 최소값을 가지는 함수로 가정하겠습니다. 그러면 만일 일차, 이차 미분계수가 유한하면 일차미분은 없어지고 이차는 결코 음수가 될 수 없습니다. 따라서 그 값이 항상 양수가 된다고 가정하겠습니다. 만일 ds가 상수라면 이 이차 미분표현도 상수가 되며, 크기인 dx, 따라서 ds도 전체적으로 같은 비율로 변하면 이차 미분계수는 제곱의 비율로 커질 것입니다. 즉, 그 표현은 $= const.ds^2$ 따라서 ds=크기가 dx인 항상 양인 2차 균등함수의 제곱근, 여기서 연속 함수 계수의 크기는 x가 됩니다. 좌표평면으로 이 공간을 표현한다면 $ds = \sqrt{\sum(dx)^2}$이 됩니다. 따라서 이 공간은 가장 단순한 경우에 포함됩니다. 그 다음 간단한 보기로는 직선의 원소들이 4차 미분표현으로부터 나온 4제곱근으로 나타나는 다양체를 포함하는 것입니다. 이에 관한 일반적인 연구는 크게 어렵지 않지만 시간을 많이 빼앗는 작업이 될 것입니다. 뿐만 아니라 기하학적으로도 대단한 결론이 안나오기 때문에 이 연구는 별 도움이 안될 것입니다. 이런 이유로 저는 직선들의 원소가 2차미분 표현으로부터 나온 제곱근으로 표현되는 다양체로 연구를 한정시킬 것입니다. 그러면 이런 표현들을 n개의 독립변수 함수를 또다른 n변수 함수로 파악하는 방식으로 전환할 수 있습니다. 물론 이런 방식으로 모든 표현을 전환시킬 수는 없습니다. 왜냐하면 그 표현이 $n\frac{n+1}{2}$개의 계수를 포함하기 때문인데 이것들은 독립변수들로 이루어진 임의의 함수들입니다. 새로운 변수를 도입하면 다만 n개의 관계(relation)만으로도 충분한데 n개의 계수를 주어진 크기와 똑같이 만들 수 있습니다. 그러면 나머지 $n\frac{n-1}{2}$개 변수는 표현하려는 다양체의 성질을 통해서 완벽하게 결정될 것입니다. 그리고 이 양적인 비율 결정에는 그 장소에서 전부 $n\frac{n-1}{2}$개의 함수를 필요로 할 것입니다. 공간이나 평면에서처럼 직선의 원소들이 $\sqrt{\sum(dx)^2}$의 모양으로 나타나는 다양체는 여기서 연구하는 다양체 중의 아주 특별한 경우가 됩니다. 그래서 이 다양체에는 특별한 이름들을 붙이는데 저는 이것들을 직선 원소들의 제곱이 독립미분의 제곱의 합으로 나타나는 다양체라고 명명하였습니다. 이미 앞에 전개하였던 다양체와의 명확한 차이점을 보기 위해서, 어떤 특별한 원칙에 의해서 변하는 크기를 선택함으로써 표현방법에 따라 생긴 것을 제거할 필요가 있는 것입니다.

2. 마지막으로 임의의 한 점으로부터 나아가 가장 짧은 직선들로 이루어진 시스템에 대해서 생각해 보겠습니다. 아직 결정 안된 점의 상태는 자기가 놓여있는 가장 짧은 직선의 첫 출발 방향과 그리고 시작점으로부터 얼마나 떨어져 있느냐는 것 다시 말하면 이 최단 직선의 시작에서 결정된 크기 dx와 이 직선의 길이 s의 비율들인 dx^0로 표현된다는 것입니다. dx^0 대신 그것들로부터 표현된 $d\alpha$들을 써서 직선원소의 제곱의 초기값이 제곱들의 합으로 표현하는 것입니다. 그래서 독립변수들이 크기 s와 $d\alpha$ 크기들의 비율이

되고, 결국은 $d\alpha$ 대신 제곱들의 합$= s^2$이 되는 $x_1, x_2, \ldots, x_n$들의 비율을 놓게 됩니다. 이러한 크기들을 도입하면 x의 무한히 작은 값에 대해서 직선원소의 제곱$= \sum dx^2$이 됩니다. 그리고 그 다음차 항들의 크기가 $(x_1dx_2 - x_2dx_1), (x_1dx_3 - x_3dx_1), \ldots$,인 $n\frac{n-1}{2}$개의 2차 균등표현과 같다는 것입니다. 즉, 4차 원에 있는 무한히 작은 크기를 유한한 크기로 만들기 위해서, 무한히 작은 삼각형들의 제곱으로 나누는 것입니다. 여기서 모서리 점들은 변수의 값인 $(0,0,0,\ldots), (x_1, x_2, x_3, \ldots), (dx_1, dx_2, dx_3, \ldots)$가 됩니다. 이 크기는 크기 x와 dx가 같은 선형 변형에 들어있는 한, 또는 0으로부터 x까지의 최단 직선 그리고 0으로부터 dx까지의 최단직선 안에 들어있는 한 같은 값을 유지하는데, 장소와 방향에 따라서는 달라집니다. 따라서 표현된 다양체가 평면이면, 즉 직선원소들의 제곱이 $\sum(dx)^2$으로 줄여지면 그 값은 $=0$이 됩니다. 따라서 평면의 방향안에 있는 점들로부터 시작되는 평평한 것과 다양체의 편차의 양으로써 고찰되어질 수 있습니다. 여기에 $\frac{-3}{4}$을 곱하면 비밀 정원의 주인이신 가우스 선생님께서 이름 붙이신 평면의 곡률과 그 크기가 같습니다. 앞에서 가정한 형태의 다양체 안에서 n배로 늘어난 양의 비율을 결정하기 위하여 $n\frac{n-1}{2}$개의 함수가 그 장소에서 결정되었습니다. 다시 말하면 각점에서의 곡률값이 $n\frac{n-1}{2}$ 표면 방향에서 주어지면 이 값들 사이에 동일한 관계가 생기지 않는 한, 일반적으로 봐서 나타나기 어려운 경우이긴 하지만, 다양체의 양의 비율이 결정됩니다. 직선의 원소들이 이차 미분의 제곱근으로 표현되는 이 다양체들의 양의 비율은 변하는 크기에 따른 선택의 방법과는 완전히 독립적으로 나타납니다. 직선의 원소들이 4차의 미분표현으로 나타난 4제곱근과 같이 보다 복잡하게 표현되어지는 다양체에는 그 목적에 맞게 하는 그런 비슷한 방법이 있습니다. 일반적으로 말해서 직선의 원소들은 미분표현의 제곱으로 이루어진 제곱근의 모습으로 더이상 나타나지 않는다는 것입니다. 따라서 직선원소들의 제곱을 위한 표현을 할 때는 평면성의 편차가 이차원으로부터 무한히 작아야 합니다. 그것이 아까의 다면체에서는 4차원으로부터 무한히 작아지는 것에 반해서 말입니다. 이 마지막 다면체의 특성을 최소 부분에서의 평면성이라고 합니다. 지금 이 목적에 맞는 다면체의 중요한 성질들은 그것 때문에 연구한 것입니다만, 바로 두 배로 확장된 것의 비율을 기하학적으로 표면을 통해서 나타낸 것과 그 안에 포함된 표면들과 연관이 있는 여러 번 팽창된 것들과의 비율인데 이것에 대해선 조금 더 설명이 필요합니다.[11]

[11] 참고문헌 [8], 180-184쪽

4) 제타함수와 리만의 추측

1859년 리만은 자신을 회원으로 선출해준 베를린 아카데미에 감사의 답례로 '주어진 크기보다 작은 소수들의 개수에 관하여'라는 논문을 제출하였다. 이 논문으로 인하여 수론이 해석학을 도구로 하는 분야의 중심과제로 떠올랐다.

소수들의 분포에 관한 오일러와 가우스의 연구를 계속하기 위해서 리만은 소위 '리만의 제타 함수'라고 하는 복소수 함수

$$\zeta(s) = \sum_{n=1}^{\infty} \frac{1}{n^s}, s = \sigma + it, \sigma > 1$$

를 도입하였다. 그러나 그가 이 함수를 가지고 머리 속에서 어떤 식으로 연구를 계속하였는지 알 수는 없다. 다만 라우비츠(D. Laugwitz, 1932-2000)[12]는 리만이 이 문제에 관해서 사고했을 법한 과정을 다음에 소개해 보기로 하겠다. 1859년에 리만은

"이 연구에서 오일러가 이미 생각했던 이론인

$$\prod \frac{1}{1 - \frac{1}{p^s}} = \sum \frac{1}{n^s},$$

를 출발점으로 시작하였는데 여기서 p는 모든 소수, n은 모든 정수를 의미한다. 복소수 변수 s로 표현되는 두 가지 함수가 수렴하게 되면 나는 이 값을 $\zeta(s)$로 표시하겠다." [13]

고 하였다. 곱과 급수는 오직 Re $s > 1$인 경우에만 수렴한다. 이 경우에 홀로모프 함수로 정의되는 제타함수는 정수 복소수(intger complex numbers) 평면 안에서 유리형 함수(mermorphic function)로 확장된다. $s = 1$인 경우에는 $\zeta(s)$는 나머지가 1인 단순한 극이 된다.

Re $s < 0$인 경우에 제타함수는 오직 당연한 근인 $s = -2, -4, -6, \ldots,$만 가지게 되는데 Re $s > 1$이면 근을 가지고 있지 않다. 따라서 자명하지 않은 근들은

[12]미분기하학, 함수해석학 등에서 명성이 있는 독일 수학자.
[13]참고문헌 [12], 228쪽

-무한히 많은데 - $0 \leq \text{Re } s \leq 1$ 사이에 놓여 놓여 있을 수밖에 없다. (하다마드 (J.S. Hadamard,1865-1963)[14]는 직선의 끝, 즉 Re $s = 0$와 Re $s = 1$ 사이에는 근이 없다는 것을 증명했다.) 리만은 제타함수와 감마함수

$$\Gamma(s)\zeta(s) = \int_0^\infty \frac{t^{s-1}}{e^t - 1}dt, \text{Re } s > 1$$

의 조합과 정수 $s-$평면 안에서 유리형 함수로 이 함수를 확장한

$$\pi^{-\frac{s}{2}}\Gamma(\frac{s}{2})\zeta(s) = \pi^{-\frac{1-s}{2}}\Gamma(\frac{1-s}{2})\zeta(1-s)$$

를 도출하였다. 왼쪽 항은 $s \to 1 - s$를 대입하여도 변하지 않는데 이는 '결정적 직선'인 Re $s = \frac{1}{2}$를 사이에 두고 기하학적으로 대칭이라는 의미가 된다. 이로써 리만은 무한히 많은 모든 자명하지 않은 근들은 이 직선 위에 놓여있을 수밖에 없다는 추측을 하였는데 이에 대해서

> "여기서 완벽한 증명이 되기를 바라지만 몇번의 별 의미없는 시도를 해본 후에 나는 이 연구를 잠깐 미루는 수밖에 없었습니다. 왜냐하면 이러한 시도들이 제 연구의 궁극적인 목적에 별 도움이 안되는 것으로 보였기 때문입니다."

고 말하였다. 힐베르트는 1900년도에 행해진 국제수학회 연설에서 수학의 23개 문제 중 리만의 추측을 10번째 문제로 거론하였다. 리만 자신도 그 직선 위에 있는 어떤 근도 제시하지 않았다. 그러나 후대의 수학자들은 1903년에 15개의 근을 발견하였고 1980년대에 와서는 억개 이상의 근이 발견되었다. 2001년 이후에는 컴퓨터의 덕분으로 백억개 이상의 근이 발견되었으나 그 때까지 이 추측은 아직 증명되지 않았다. 리만의 추측은 수론의 깊은 이론들과 연관이 있는데 힐베르트는 자신이 100년 후 다시 살아난다면 제일 먼저 "리만의 추측은 증명되었는가?"고 물어볼 것이라고 하였다.

[14]유태계 프랑스 수학자

15. 칸토(G. Cantor, 1845-1918)

수학에서는 주어진 문제를 푸는 것보다 문제를 제기하는 예술이 훨씬 더 중요하다. -칸토-

1) 토론 중인 '파라다이스'

오늘날에도 과학을 신봉하는 많은 사람들은 현재 일어나고 있는 불가사의한 비과학적 현상에 대해서 크게 신경을 쓰지 않는 경향이 있는 것 같다. 그들에게 있어서 그러한 일들은 아직 과학적으로 설명을 못할 뿐이지 시간이 지나면 과학이 발달하면서 언젠가는 다 밝혀질 것이라고 굳게 믿고 있기 때문이다. 그리고 그러한 믿음에는 상당한 타당성이 있다. 그럼에도 과학자들은 자신들의 과학적 상식에 맞지 않는 결정적인 어떤 것이 나타나면 대단히 당황하고 그에 대해 격렬히 반응하는 경우를 종종 본다. 대표적인 예가 고대 그리스 시절 피타고라스 제자가 무리수를 발견했을 때 같은 경우다. 당시 그들은 그 무리수를 발견한 동료를 수장했다는 설까지 있을 정도다. 아무리 이성적인 과학자들이라도 그들 믿음의 바탕을 흔드는 일에는 가장 비이성적 일 수 있다는 사례다. 칸토가 집합론을 발표했을 때에도 이와 비슷한 일이 일어났었다. 당시 유럽 수학계는 거의 두 쪽이 날 정도로 대단한 논쟁에 휘말려 들어간 것이다. 마치 전쟁이라도 일어난 것처럼 편을 갈라 논쟁을 벌렸는데 독일 수학자들이 프랑스로 달려가 그 곳의 수학자들에게 서로 자기네 편을 들어 달라고 부탁할 정도였다. 크로넥커 같은 경우는 칸토가 베를린대학으로 옮기려는 것을 '학생들의 순수한 사고를 망가뜨리려는 불순한 사람'이라는 원색적인 비난을 하면서까지 극구 반대할 정도였다. 전세계의 수학자들에게 존경을 받았던 뛰어난 인품의 소유자였던 힐베르트조차도 칸토의 편에 서서 격론을 벌이다가 병을 얻을 정도로 이 사건은 수학사에서 일대 큰 사건이었다. 그리고 이 논쟁은 아직도 완전히 해결되지는 않았다.[1] 그런데 칸토 자신은 이러한 결과를 예상하였던 것같다. 그는 1877년 6월 20일에

[1] 이 책의 후반부인 힐베르트와 브라우어 편을 참조.

칸토

동료인 데데킨트(R. Dedekind, 1831-1916)[2]에게 다음과 같은 편지를 썼기 때문이다.

'내가 투고한 논문 '집합론에 관하여'를 읽어 본 크렐레의 논문지 편집자들이 그 논문의 내용을 이해하지 않으려고 했던 것이 충분히 상상이 갑니다.'[3]

위에서 말한 논문에서 그는 무한집합들의 원소들을 역함수가 존재하는 일대일 대응함수를 통하여 무한집합들을 비교하였다. 이 과정에서 칸토는 이러한 일대일 대응함수가 여러 가지 방법으로 존재하는 것을 알게 되었다. 그러면서 한 무한집합과 그 집합의 진부분집합 사이에도 일대일 대응함수가 존재하다는 것을 증명하였다. $\mathbb{N}$을 자연수의 집합이고 $\mathbb{E}$를 짝수의 집합이라고 하면 이 두 집합 사이에 존재하는 일대일 대응함수는 다음과 같다.

1	2	3	4	5	6	···
|	|	|	|	|	|	
2	4	6	8	10	12	···

(그림 1)

뿐만 아니라 나중에는 이러한 일대일 대응함수가 자연수들의 집합 $\mathbb{N}$과 유리수들의 집합 $\mathbb{Q}$ 사이에 존재한다는 것도 잘 알게 되었다. 그러면서 그는 자연스럽게 모든 집합들, 특히 실수들의 집합마저도 셀 수 있는 집합이 아닐까 생각하게 되었다. 그리고 이런 생각을 1873년 11월 29일에 데데킨트에게 쓴 편지에 다음과 같이 피력하였다.

'이론적으로 아주 흥미롭지만 제가 아직 대답할 수 없는 이 문제를 선생님께 보여드리고 싶습니다. 아마 선생님께서 충분히 해결하실 수 있다고 믿으며 저에게 답신을 해 주시기 바랍니다. 문제는 다음과 같습니다.

우선 모든 양의 정수들을 모아 놓은 것을 (n)으로 표시하고 모든 양의 실수를 모아 놓은 것을 (x)로 표시합니다. 그러면 (n)과 (x) 사이에 일대일로 대응되는 상관관계를

[2]가우스에게서 박사학위를 받았다. 대수학, 정수론에서 혁명적인 이론을 만들었고 칸토의 집합론을 적극 지지하였다.

[3]참고문헌 [8], 185쪽

정의할 수 있는가 하는 것입니다. 일반적으로 그런 것은 불가능하다고 생각하는데 그 이유는 (n)은 흩어진 원소들의 모임이고 (x)는 무한하기 때문이라고 말합니다. 그러나 이런 이유로는 아무것도 할수가 없고, 저 역시 (n)과 (x) 사이에 일대일로 대응함수는 존재 할 수 없다는 생각에 동의를 합니다만, 아직 그것을 증명하는 방법을 모르겠습니다. 아주 간단하게 될 수도 있는데 말입니다.'[4]

칸토는 원소들 사이에서 일대일 대응함수가 존재하는 두 개의 집합을 '대등' 또는 '같은 크기(same size)'라고 정의하였다. 1875년에 칸토는 앞에서 말한 집합들 $\mathbb{N}, \mathbb{E}, \mathbb{Q}$의 원소들보다 더 큰 크기의 원소수를 갖는 직선 위의 점들로 이루어진 집합의 존재를 발견하였다. 그러나 크렐레의 논문지 편집자들은 칸토의 이러한 이론을 받아들이지 않았다. 그렇지만 칸토는 1877년에 비록 차원이 다른 집합들 일지라도 그 크기는 같을 수 있다는 사실을 증명하였다. 예를 들면 직선 위의 점들의 집합과 사각형에 존재하는 점들의 집합의 크기가 같다는 것을 보였다. 이 논문을 통해서 현대 수학의 새로운 기본개념인 집합론이 세상에 알려졌다. 이 집합론은 여러 방향으로 흩어져 있던 수학의 원칙들을 모으는 역할을 했을 뿐만 아니라, 수학의 기본을 심사숙고하게 만드는 계기가 되었다.

힐베르트는 이러한 칸토의 집합론을 '천국(paradise)'이라고 말하면서 "누구도 우리를 이 천국에서 추방해선 안 된다"고 하였다. 비록 힐베르트가 천국이라고 표현하였으나 이것은 이러한 천국에 머물러 있다는 것이 쉽지 않다는 것을 상징적으로 말한 것이다. 실제로 당시 수학계에서 아주 큰 영향력이 있었던 크로넥커가 칸토의 이론을 인정하지 않았다. 그러면서 1877년에 증명한 칸토의 이론을 쉽게 발표하지 못하도록 영향력을 행사하였다. 크로넥커와 그를 추종하는 직관주의자들은 칸토가 표현했던 '실제적인 무한함'을 집중적으로 공격하였다. 직관주의자들에 의하면 무한집합을 하나의 전체로써 '실제적'인 것으로 받아들일 수 없다는 것이었다. 칸토는 일생동안 많은 절망을 경험한 사람이었다. 그럼에도 새로운 수학의 기초가 되는 자신의 이론에 의미를 부여하는 것조차 막아버리는 것은 그에게 또 하나의 비극이었다.

[4]참고문헌 [12], 384 쪽

포앙카레는 무한집합을 '비록 충분히 많은 대상이 있을지라도 새로운 대상을 끊임없이 만들어 내는 가능성'이라고 표현하였다. 그러나 포앙카레의 주장은 수학에서는 오직 셀 수 있는 집합에서만 가능하다는 한계에 부딪히게 된다. 칸토의 이론에 대한 이러한 반론들은 20세기의 전환점이 되는 시기에 집합론의 모순이 발견되면서 더욱 더 중요하게 인식되었다. 그것은 집합론의 초석이 되는 집합의 정의에서 나온 것이었는데, 칸토는 집합의 원소들을 '모든 직관이나 사고의 대상'으로 정의하였다. 그런데 이러한 개념 설정은 모든 집합의 개념을 설정하는 과정에서 모순에 부딪치게 된다. 이러한 모순을 발견한 사람이 러셀이다. 그리고 러셀의 역설이 집합론의 명백한 오류를 보여주는 것이라고 생각했다. 그러나 칸토 이후의 수학자들은 이 역설을 이유로 집합론을 폐기 처분한 것이 아니라, 이런 역설들을 설명할 수 있는 새로운 수학의 밑바탕을 마련하기 위해서 노력했다. 즉, 러셀의 역설이 수학이론의 빈약한 면을 제거할 수 있는 새로운 이론을 제공했다는 것이다. 칸토는 러셀의 모순을 제거하기 위해서 집합의 개념을 너무 광범위한 것보다는 비교적 좁은 의미로 파악하면 된다고 하였고, 나중에 힐베르트의 후계자들이었던 형식주의자들은 집합론의 공리화가 충분히 가능하다는 것을 보여 주었다. 이로써 집합론에서 나타날 수 있는 극단적인 모순들을 완전히 제거할 수는 없었지만 고전해석학처럼 칸토의 집합론도 어느 정도 이론적으로 무장할 수 있게 되었다.

이로써 칸토는 처음에는 인정받지 못하였던 이론들을 20세기가 되어서야 인정받게 된 것이다. 집합론에서 나타난 이러한 모순들은 수학의 원론에 대한 연구를 촉발시키는 큰 계기가 되었다. 비록 수학의 원론적 입장에서는 차이를 보였던 직관론자들 그리고 형식주의자들조차도 수학과 같은 엄밀한 과학의 바탕에는 형이상학적인 원소들은 없어야 된다는 데에 뜻을 같이 하였다. 그들은 완전하고도 정확하게 인정된 수학의 구조를 만들기 위해서는 수학의 대상들이 신학적 이론에서 나타나는 것과 같아서는 안된다고 주장하였다. 현대적 공리학은 임의의 현실적인 테마를 다루는 것이 아니고 항상 무모순성과 독립성을 보장하려는 수학자들의 형식적인 시스템을 다룬다. 이러한 제한은 부정적 의미에서의 허무주의에서 나오는 것이 아니고 절대적인 완벽함을 원하는 바탕에서 나오는 것이다. 이러한 현상은 플라톤과 스콜라 철학에 그 기원을 두고 있는데 이에 대해서 칸토는 생각이 달랐다. 그에게 있어서 수학은 형이상학적 물리학을 돕는 도구였었고 그의 집합론은 형이상학의 한 분야라고 주장하였다. 다음에 1896년 2월 1일에 칸토가 로마에 있는 신부 에써(T. Esser)에게 보낸 편지의 몇 구절을 보기로 하자.

'수학과 자연과학의 원리는 형이상학적 물리학에 속합니다. 따라서 형이상학적 물리학은 수학이나 자연과학 같은 기본적인 학문을 자신의 자식들이나 하인들 또는 보조자처럼 돌봐야 합니다. 그리고 그들을 눈앞에서 놓치지 않고 항상 관찰해야 합니다. 마치 높이 사는 여왕벌이 수천마리의 부지런한 꿀벌들을 정원으로 내보내 사방에 펴져 있는 꽃에게 보내어 꿀을 빨게 합니다. 그리고 그것들을 모아 자기의 감시 하에 좋은 꿀로 만드는 과정을 조정하고, 꿀벌들은 육체적이고 정신적인 것으로 가득찬 드넓은 땅으로부터 여왕벌에게 그녀만의 왕국을 완성할 수 있게끔 기초가 되는 돌들을 계속해서 가져다 주어야만 하는 것과 마찬가지입니다.

제 논문지 '초한(transfiniten) 강좌' 또는 논문 '초한(transfiniten) 집합론의 기초에 관하여'의 1장에 나타나 있듯이 일반집합론은 형이상학적 물리학에 포함된다고 말할 수 있습니다. 선생님께서 이것을 일반화의 관점에서 읽어보시면 기수(cardinal number)의 범주 그리고 집합론의 가장 기본적인 개념이 되는 서수(ordinal number) 시스템들의 이론에는, 그 어떤 수학적 물리학적 환상들이 조그마한 자리조차도 잡을 수 없을 만큼 이론적으로 순수합니다.

여기 이 이론에는 모든 형이상학 물리학자들이 해왔던 것처럼 형이상학 물리학 개념들을 명확하게 하기 위해 사용해왔던 방법들조차도 아무런 영향을 끼치지 않았고 장차 수학전문지에 발표될 나의 논문들에 나타날 수 있는 불편함조차도 이 형이상학적 물리학의 고유한 개성과 내용을 바꾸지 못했습니다.'[5]

칸토가 존경했던 동료들 중에는 고등학교 교사였던 골드샤이더(Goldschei-

[5] 참고문헌 [8], 188쪽

der)가 있었는데 그는 한때 할레(Halle)에 있는 수학과 교수 칸토에게 집합론에 관계된 질문을 했었었다. 그러자 칸토가 그에게 아주 자세히 설명해 주었는데 그 편지가 하나의 조그마한 수학책으로 만들어질 수 있을 정도였다. 다음에 있는 1886년 6월 18일자 편지는 원문 그대로 칸토의 업적을 소개하는 글로 쓰이고 있다.

2) 골드샤이더에게 보낸 칸토의 편지

1886년 6월 18일 할레에서

베를린에 계신 존경하는 골드샤이더 선생님께

I. 원소라고 부르는 구체적인 사물이나 추상적인 개념들로 이루어진 주어진 임의의 집합 M에서, 그 원소들의 특성뿐 아니라 주어진 그대로의 순서를 추상화하면 M의 크기 또는 집합 M에 속하는 기수(cardnal number)라고 하는 일반적인 개념을 결정할 수 있다.

II. M과 M_1을 두 개의 집합이라고 하고 그 둘 사이에 있는 모든 원소들을 어떤 일정한 규칙에 의해서 일대일로 대응시킬 수 있으면 M과 M_1을 대등하다고 하며 $M \sim M_1$ 표시한다. 만일 $M \sim M_1$이고 $M_1 \sim M_2$이면 $M \sim M_2$가 성립한다.

보기.

1. 무지개들의 색깔집합과 한 옥타브의 7개의 음계들을 모아놓은 집합들은 서로 대등하다.

2. 모든 양의 실수 정수(real positive integer)들의 집합 (γ)는 복소수 정수(complex integer)들의 집합 $(\nu + \mu i)$와 대등이다. 이것은 또한 실수적 대수적수, 복소수적 대수적수를 모아놓은 집합과도 대등이다.

3. 양손의 모든 손가락들의 집합은 아래의 집합과 대등이다.

$$\begin{array}{ccccccc} & & & a & & & \\ & & b, & & c & & \\ & d, & & e, & & f & \\ g, & & h, & & i, & & k. \end{array}$$

4. 직선 ab에 있는 모든 점들의 집합과 다른 직선 AB에 있는 모든 점들의 집합은 대등이다. 곡선 점들의 집합 그리고 평면상에 있는 모든 점들의 집합도 서로 대등관계다.

III. I와 II로부터 대등한 집합들은 항상 같은 크기를 가지고 있고 역으로 같은 기수를 가지는 집합들은 서로 대등임을 알 수 있다.

IV. 두 개의 집합 M과 N이 한 집합 S에 속해있고 M과 N에 대등인 집합 M_1과 N_1이 집합 S_1에 속해있으면 S와 S_1도 대등이다. 이제 M과 M_1의 크기를 a, N과 N'의 크기를 a', 그리고 S와 S_1의 크기를 b라고 하면 a와 a' 그리고 b의 관계를 다음과 같이 표시할 수 있다.

$$a + a' = b.$$

이로써 두 개의 기수의 합 또는 집합의 크기(size)의 합을 정의할 수 있다. 그러면 이 공식에서는

$$a + a' = a' + a$$
$$a + (a' + a'') = (a + a') + a''$$

이 성립함을 쉽게 알 수 있다. 즉, 기수들의 덧셈에서 교한법칙과 결합법칙이 성립한다.

V. 크기가 a'인 집합 N에서 모든 원소를 크기가 a인 집합들로 대치하면 새로운 집합 P를 얻는데 그 크기를 c라고 하자. 그러면 다음 식을 만족한다.

$$a \cdot a' = c.$$

여기서 a는 곱해지는 수, a'는 곱수라고 한다. 그리고

$$a \cdot a' = a' \cdot a$$

$$a \cdot (a' \cdot a'') = a \cdot (a' \cdot a'')$$

가 성립한다. 즉, 기수들의 곱셈에서도 교한법칙과 결합법칙이 성립한다.

VI. 위의 공식은 유한한 집합뿐만 아니라 무한한 집합에서도 성립하고 집합의 크기나 기수에 관해서도 성립한다. 유한한 기수일 경우에는 등식

$$a + a' = b$$

에서 b가 결코 a와 a' 중의 하나와 같을 수 없다는 것을 알 수 있다. 그러나 무한한 기수일 경우에는 일반적으로 그렇게 말 할 수 없다. 예를 들어서, a가 실무한을 나타내는 기수라고 하면 항상 다음 등식이 성립한다.

$$1 + a = a$$

$$a + a = a \cdot 2 = a$$

$$a \cdot a = a$$

I와 II에 있는 정의에 비추어보면 위의 등식에서 아무런 모순도 나타나지 않는다. 그렇다면 집합 M이 여기서 말하는 크기라는 일반적인 개념으로 비추어 볼 때 좀더 커진

집합 $M+N$과 같다고 말할 수 있지 않을까? 이러한 질문에 사람들이 어려움에 처하는 이유는 사람들이 보통 유한한 경우로 사고를 한정시키기 때문이다. 이것은 마치 40년간 성장과 변화를 거쳐 온 사람을 항상 예전 사람으로 취급하는 것과 마찬가지다.

VII. 이제 정렬집합에 대해서 설명을 할 텐데, 이것은 논문 '원론'(수학논문지 수학연감(Math. Annalen) '무한한 선형집합들에 관하여' 21권 p.548)에도 정의를 했다.

보기.

1. $(a, b, c, d, e, f, g, h, i, k)$는 정렬집합이지만, 아래의 집합

$$\begin{array}{ccccccc} & & & a & & & \\ & & b & & c & & \\ & d & & e & & f & \\ g & & h & & i & & k \end{array}$$

는 정렬집합이 아니다. 그러나 두 집합은 같은 원소와 같은 크기를 가지고 있다.

2. 자연수의 수열형태로 나타나는 유한한 기수의 수열은 정렬집합이다.

$$(1, 2, 3, \ldots, \nu, \ldots)$$

3. 다음과 같은 순서로 이루어진 모든 양의 유리수들의 집합

$$(\frac{1}{1}, \frac{1}{2}, \frac{2}{1}, \frac{1}{3}, \frac{3}{1}, \frac{1}{4}, \frac{2}{3}, \frac{3}{2}, \frac{4}{1}, \frac{1}{5}, \frac{5}{1}, \frac{1}{6}, \frac{2}{5}, \frac{3}{4}, \frac{4}{3}, \frac{5}{2}, \frac{6}{1}, \ldots).$$

여기서 원소들의 순서는 두 개의 기약분수형태의 유리수들 $\frac{m}{n}$과 $\frac{m'}{n'}$의 크기로 결정되는데 그 크기는 $m+n$이 $m'+n'$보다 작거나 큰 것에 의해서 결정된다. 만약에 $m+n = m'+n'$이면 m과 m'의 크기에 의해서 결정된다. 이 순서법칙에 따르면 모든 빈 집합이 아닌 부분집합은 최소원을 갖는다. 그러나 일반적인 순서크기 $(a < b)$에서는 이것이 성립하지 않는데 예를 들면, $\frac{1}{n}$ 모양의 유리수들의 집합은 최소원을 갖지 않는다.

4. $(1, 3, 5, 7, 9, \ldots, 2, 4, 6, 8, 10, \ldots,)$

여기서는 우선 유한한 홀수들의 기수를 순서대로 놓은 다음, 유한한 짝수들의 기수를 순서대로 놓았다.

5. $(3, 5, 7, 9, 11, \ldots, 2, 4, 6, 8, 10, \ldots, 1)$

역시 모든 유한한 자연수들의 집합으로 정렬집합이 되는데 1이 최대원소가 된다.

6. 두 개의 무한히 나아가는 유한한 인덱스 집합들로 표시된 원소,

$$a_{\mu\nu}$$

의 시스템에는 다음과 같은 순서를 정의한다. 두 개의 $a_{\mu\nu}$와 $a_{\mu'\nu'}$ 크기의 비교는 먼저 μ와 μ' 다시의 크기를 비교하고, 만일 μ와 μ'의 크기가 같으면 ν와 ν''의 크기를 비교한다, 그러면 정렬집합이 다음과 같이 생성된다.

$$\begin{gathered}(a_{11}, a_{12}, \ldots, a_{1\nu}, \ldots, a_{21}, a_{22}, \ldots, a_{2\nu}, \ldots, \\ \ldots, a_{31}, a_{32}, \ldots, a_{3\nu}, \ldots, \\ \ldots, a_{\mu 1}, a_{\mu 2}, \ldots, a_{\mu\nu}, \ldots, \\ \ldots, a_{(\mu+1)1}, a_{(\mu+1)2}, \ldots, a_{(\mu+1)\nu}, \ldots, \\ \ldots)\end{gathered}$$

VIII. 정렬집합 M에서 그 원소들을 주어진 순서가 아니고 그 원소들의 특성으로 추상화하면 좀더 일반적인 개념을 얻게 되는데, 이것을 나는 논문 '원론'에서 '정렬집합 M의 개수라고 불렀다. 이러한 집합을 정렬집합 M에 해당하는 '서수' 또는 정렬집합 M의 '형태(type)'라고 부른다.

IX. 두 개의 정렬집합 M, M_1에서 그들의 원소들을 다음과 같은 방법으로 일대일로 연결시킬 수 있으면 그 둘은 '비슷하다' 또는 '같아진다'라고 한다. M에 있는 두 개의 원소들의 크기 차가 함수 f에 의해 M의 함수값으로 대응될 때 그 크기의 차가 일정히 보존된다. 만일 이러한 대응이 존재한다면 그것은 유일하다. 그러나 II에서 나타난 집합들의 대등성은 여러 가지 방법으로 나타낼 수 있다.

두 개의 '비슷한(conform)' 정렬집합은 역시 대등하다. 즉, 같은 크기이다.

보기.

1. 정렬집합 $(a, b, c, d, e, f, g, h, i, k), (a', b', c', d', e', f', g', h', i', k')$은 비슷하다. 대응방법은 a를 a'로 b를 b'로 $, \ldots,$ k를 k'로 연결한다.

2. VII 의 2와 3은 정렬집합들은 비슷하다.

3. 두 개의 정렬집합

$$(1, 3, 5, 7, \ldots, 2, 4, 6, 8, \ldots)$$

$$(a_2, a_4, a_6, a_8, \ldots, a_1, a_3, a_5, a_7 \ldots)$$

는 비슷하다. 대응방법은 1을 a_2, 3을 $a_4 \ldots$ 2를 a_1, 4를 a_3 6을 $a_5, \ldots,$에 대응시킨다. 그러나 그 외의 다른 대응방법 예를 들면 ν를 a_ν에 연결하면 순서의 관계를 만족시키지 못한다.

4. 두 개의 정렬집합

$$(1, 2, 3, \ldots, \nu, \ldots)\text{과 } (2, 3, 4, \nu+1, \ldots)$$

를 보면 후자가 전자의 한 부분이지만 비슷하다. 그러나 이 두 집합은 아래의 정렬집합과는 비슷하지 못하다.

$$(2, 3, 4, \ldots, 1)$$

비록 이 세 번째 집합이 첫 번째 집합과 같은 원소로 이루어져 있지만 비슷하지 않다. 왜냐하면 마지막 정렬집합은 가장 큰 원소로 1을 가지고 있고 나머지 두 집합은 가장 큰 원소가 존재하지 않기 때문이다.

X. VIII, IX로부터 비슷한 정렬집합은 같은 서수 또는 같은 형태인 것을 알 수 있고 역으로 같은 서수를 갖는 정렬집합들은 비슷하다는 것을 알 수 있다. 따라서 정렬집합

$$(1, 2, 3, \ldots, \nu, \ldots)\text{과 } (2, 3, 4, \nu+1, \ldots)$$

에서 두 번째가 첫 번째의 부분집합이지만 같은 서수를 갖는다. 그에 반해서 정렬집합

$$(1, 2, 3, \ldots, \nu, \ldots)\text{과 } (2, 3, 4, \nu+1, \ldots, 1)$$

은 서로 같은 원소들로 이루어 졌을지라도 서로 다른 서수와 형태이 된다.

XI. 정렬집합

$$(1, 2, 3, \ldots, \nu, \ldots)$$

의 서수 또는 형태를 ω로 표시한다.

XII. 형태가 α와 α'인 두 개의 정렬집합 M와 N이 새로운 정렬집합 γ에 통합되어 각 원소들이 그들의 순서대로 γ 안에 맺어지고, 또 M에 있는 모든 대응된 값들이 N에 있는 모든 대응된 값들보다 작으면 크기의 성질 역시 보존된다. 여기서 α를 M의 서수, α'를 N의 서수라고 하면 γ의 서수 β를 M, N의 서수 α, α'의 합이라고 한다.

$$\alpha + \alpha' = \beta$$

일반적으로 $\alpha + \alpha'$와 $\alpha' + \alpha$는 같지 않다. 그러나 α와 α' 둘다 유한하면 $\alpha + \alpha' = \alpha' + \alpha$가 성립한다. 그렇지만 $\alpha + (\alpha' + \alpha'') = (\alpha + \alpha') + \alpha''$ 는 항상 성립한다. 즉, 서수들끼리의 덧셈에 관한 교환법칙은 일반적으로 성립하지 않지만 결합법칙은 항상 성립한다.

보기.

1. $1 + \omega = \omega$이지만, $\omega + 1$과 ω는 서로 다르다.
2. VII 2와 VII 3에 있는 정렬집합들은 같은 서수 ω를 가지고 있다.
3. VII 4에 있는 정렬집합 M은 서수 $\omega+\omega$, VII 5에 있는 정렬집합은 서수 $\omega+\omega+1$을

가지고 있다.

XIII. 형태가 α'인 정렬집합에서 그 안에 원소들을 형태가 α인 정렬집합으로 대치한다. 그러면 새로운 정렬집합 P가 나타나는데 이 P의 형태 γ는 $\alpha \cdot \alpha'$로 나타난다. 다시 말하면 α를 피곱수, α'를 곱수라고 하면,

$$\alpha \cdot \alpha' = \gamma.$$

가 된다. 앞서 말한 논문 '원론'에서는 곱수를 먼저 쓰고 일반적인 경우와 달리 피곱수를 나중에 썼다. 여기서도 일반적으로 $\alpha \cdot \alpha'$와 $\alpha' \cdot \alpha$가 다르다. 그러나 α, α'가 유한한 서수면, $\alpha \cdot \alpha' = \alpha' \cdot \alpha$가 된다. 그렇지만 위에서와 마찬가지로

$$\alpha \cdot (\alpha' \cdot \alpha'') = (\alpha \cdot \alpha') \cdot \alpha''$$

가 항상 성립한다.

예를 들어 $\alpha = \omega, \alpha' = 2$라고 하고 R을 다음과 같다고 하자. (a, b)에서 a의 자리에 형태가 ω 인 $(a_1, a_2, \ldots, a_\nu, \ldots)$가 들어서고 b의 자리에 형태가 ω인 $(b_1, b_2, \ldots, b_\nu, \ldots)$가 있다고 하자. 그러면 타입이 $\omega \cdot 2$인 정렬집합 P

$$(a_1, a_2, \ldots, a_\nu, \ldots, b_1, b_2, \ldots, b_\nu, \ldots)$$

가 생성된다. 그러나 $\alpha' = 2, \alpha' = \omega$로 놓으면 R은 $(n_1, n_2, \ldots, n_\nu, \ldots)$가 될 텐데 n_ν의 자리에 형태가 2인 정렬집합 (p_ν, q_ν)를 대입하면 형태가 $2 \cdot \omega$인 P

$$(p_1, q_1, p_2, q_2, \ldots, p_\nu, q_\nu \ldots)$$

가 생성된다. 그러나 마지막 집합이 형태가 ω이므로

$$2 \cdot \omega = \omega$$

이 성립한다. XII 3에 나오는 숫자 $\omega + \omega$와 $\omega + \omega + 1$은 $\omega \cdot 2$와 $\omega \cdot 2 + 1$로 쓸 수 있다. VII 6에 나오는 정렬집합의 보기에는

$$\omega \cdot \omega = \omega^2$$

를 서수로 결정할 수 있다.

XIV. 모든 유한한 숫자들을 모아놓은 집합의 크기는 최소 초한수이다. 그리고 ω는 최소 초한서수가 된다. 나는 이것의 크기를 첫 번째 초한 크기, 또는 단순히 첫 번째 크기라고 부르며

$$\overset{*}{\omega}$$

로 표시한다. 그리고 형태가 α인 정렬집합의 크기를 $\overset{*}{\alpha}$ 로 표시한다. 그러면, 다음이 성립한다.

$$(\overset{*}{\omega + 1}) = (\overset{*}{\omega + 2}) = \cdots = \overset{*}{\omega}$$

또는

$$(\overset{*}{\omega \cdot 2}) = (\overset{*}{\omega \cdot 2 + 1}) = \cdots = (\overset{*}{\omega \cdot 2 + 2}) = \overset{*}{\omega}$$

$$\overset{*}{\omega^2} = \overset{*}{\omega}.$$

서수들을 나열하면

$$\omega, \omega + 1, \ldots, \omega \cdot 2, \omega \cdot 2 + 1, \ldots$$

에 해당하는 크기들도 여전히 같은 모양으로 된다는 것을 알 수 있다.

XV. 크기가 $\overset{*}{\omega}$인 정렬 집합의 형태를 가진 모든 서수들을 다 모아 놓은 것을 두 번째 수클래스(number class)라고 한다.

$$\omega, \omega + 1, \ldots, \omega^{\nu}\mu_0 + \omega^{\nu-1}\mu_1 + \omega\mu_{\nu-1} + \mu_{\nu}, \ldots, \omega^{\omega}, \ldots, \omega^{\omega^{\omega}}, \ldots$$

두 번째 수클래스는 자연스럽게 정렬집합의 모양을 갖추는데 이것의 형태를 나는 Ω라 부르겠다. Ω는 세 번째 수클래스의 가장 작은 수다. 두 번째 수클래스의 크기 $\overset{*}{\Omega}$는 $\overset{*}{\omega}$와는 다르고 내가 이미 증명한 바와 같이 $\overset{*}{\omega}$보다 바로 더 큰 크기가 된다.

XVI. 유한한 서수가 유한한 기수의 규칙을 따르는 반면에 (지금까지의 수론에서 이 차이점이 분명하지 않았던 이유) 초한 서수와 초한 기수의 차이는 분명하고 의미도 다르다.[6]

3) 셀 수 없는 집합의 보기

1886년 6월 18일에 칸토가 골드샤이더에게 보낸 편지를 보면 그 안에 집합의 기본개념에서부터 정렬의 개념까지 다 들어 있다. 그런데 서로 다른 크기의 집합들의 존재가 아주 특별한 방법으로 증명이 안된 채로 설명되어 있다. 그래서 칸토가 시도했던 개념형성의 의미를 분명히 하기 위하여는 한 직선 위에 있는 점들의 집합이 셀 수 있는 것이 아닌, 즉 자연수 집합의 크기와 같지 않다는 부분을 증명하는 것이 좋다고 본다. 서로 다른 크기의 집합들이 존재하고 이 크기들은 지금까지 손댈 수 없었던 무한대의 크기 안에서 서로 비교를 하는 것이 적합하다. 일반적으로 위에서 언급한 정리는 칸토가 이용했던 대각선법(Cantor's

[6] 참고문헌 [8], 189-196쪽

diagonal method)으로 증명하지만 여기서는 그보다는 덜 알려진 칸토 정리의 첫 번째 증명법을 이용해보기로 하자.

정리. 임의의 규칙성에 의해서 서로 다른 실수들의 크기로 이루어진 다음과 같은 수열이 있다고 하자.

$$\omega_1, \omega_2, \omega_3, \ldots$$

그러면 모든 주어진 열린 구간 (α, β)에는 이 수열들에는 없는 숫자 η (따라서 무한히 많은 이러한 숫자들)를 찾을 수가 있다.

증명. 수열에 있는 원소 중 구간 (α, β)에 처음으로 나타나는 두 숫자를 α_1, β_1이라 하자. 이런 방법으로 구간 (α_ν, β_ν)에 있는 수열들의 숫자들 중에서 처음 2개의 숫자를 $\alpha_{\nu+1}, \beta_{\nu+1}$이라고 표시하자. 그러면 다음의 2가지 경우가 나타난다.

첫 번째 경우. 오직 유한한 구간 $(\alpha_\nu, \beta_\nu), \nu = 1, 2, \ldots, N,$에만 나타나는 경우. 그러면 마지막 구간에는 수열에 있는 2개의 숫자가 들어갈 수 없고 최대 한 개의 숫자만 있을 수 있다. 이 경우에는 이 구간에 수열에는 없는 어떤 숫자 η가 있어야 한다(따라서 구간 (α, β)에도 있다).

두 번째 경우. 무한히 많은 구간 (α_ν, β_ν). 그러면 수열 α_ν, β_ν는 단조증가 또는 단조감소하고 유계이다. 따라서 극한값

$$A = \lim_{\nu\to\infty} \alpha_\nu, B = \lim_{\nu\to\infty} \beta_\nu$$

가 존재한다. $A = B$이면, 이 숫자는 모든 구간 (α_ν, β_ν)에 들어있다. 따라서 이 숫자는 수열의 어떤 숫자와도 분명히 다르다. $A \neq B$ 이면, 똑같은 논리가 닫힌 구간 $[A, B]$에 있는 모든 숫자들에 대해서 성립할 것이다. 결론적으로 두 가지 모두에서 수열에는 들어있지 않은 한 숫자 η가 있다는 것을 알 수 있다. ■

16. 클라인(F. Klein, 1849-1925)

교육학에 대해서 일반적인 견해를 피력해도 된다면 나는 먼저 다음을 고려해 볼 것이다. 교육학 문제는 교사들의 개인적인 능력과 n명의 제자를 변수로 도입하여 전부 $n+1$개의 변수를 가지는 함수 $F(x_0, x_1, x_2, \ldots, x_n)$로 고찰하여 주어진 조건하에서 최대값을 찾는 것이라는 것이다. 어느 날 이 문제가 그때까지 현실화된 심리학의 발전에 걸맞게 수학적으로 다루게 된다면 아마 그 순간부터 교육학은 과학이 될 것이고 그렇지 않으면 교육학은 예술로 대접받을 것이다. -클라인-

1) 연구자

아주 뛰어난 풍자가였던 릭히텐베르그(Lichtenberg)는 수학자란 계산을 해보지 않고는 아무런 사고할 능력이 없는 사람들이라고 비꼰 적이 있었다. 물론 공식을 가지고 작업하는 것이 사고하는 쪽보다는 좀더 기계적인 것일 수도 있다. 그리고 릭히텐베르그 시절에는 이런 형식적인 경향이 매우 강했던 것이 사실이지만, 그가 이러한 형식주의가 수학을 연구해 나가는데 얼마나 중요한 견인차 역할을 하는지 그리고 그것을 통해서 수학을 인식론적으로 파악한다는 사실을 알아 내지는 못했다. 더구나 그런 형식주의만이 전부는 아니라는 것이다. 오히려 수학에서는 수학적 환상, 창조적인 이론적 조합, 이론들 사이에 있는 연결고리들의 파악 등이 더욱 중요하기도 하다. 문제는 이런 재능이 아무에게나 있는 건 아니라는 것이다.

클라인은 수학에서는 드문 현상이 아닌 어린 천재였었다. 16세에 본(Bonn)대학에 입학하였고 19세에 박사학위 취득, 그리고 23세에 에어랑겐(Erlangen)대학에서 정교수가 되었다. 그리고 이 대학에서 현대 기하학의 지침이 되는 소위 '에어랑겐 프로그램(Erlangenprogramm)'이 만들어졌다. 1875년 뮌헨 공대로 자리를 옮겨 말년에 크게 연구하게 되는 응용수학 분야를 접하게된다. 1880년에 라이프지히(Leibzig), 1886년에는 괴팅겐대학의 정교수가 된다. 그러면서 괴팅겐대학이 수십년간 세계 수학의 중심지가 되는데 큰 역할을 하게 된다. 클라인의 동료였던 쿠란트는

클라인

"클라인은 이 시대를 통찰하는 사람이었습니다. 우리를 넓은 과학의 길로 이끌었으며 또한 그 발전의 길도 제시하였습니다. 완벽하고도 새로운 생각으로 가득찬 그의 강의를 듣기 위하여 전세계에서 많은 수학도들이 그에게로 몰려왔습니다."[1]

고 말하였다.클라인은 놀라운 통찰력과 예상치 못한 이론들간의 연관성들을 꿰뚫어보는 사람으로 경탄을 금치 못하게 하였다. 그의 관심사는 해석학과 관계된 기하학만이 아니었다. 그러면서 처음으로 그가 제시한 첫 번째 위대한 결과는 볼랴이-로바체브스키의 비유클리드 기하학의 모델이었다. 이 기하학에 관한 논문은 유클리드 기하학의 평행선 공리가 성립하지 않는 것이었는데 클라인 당대에는 대부분의 수학자에게 생소한 이론이었다. 심지어 몇몇 수학자들은 이 기이한 기하학에 모순이 없다는 사실에 의아해하기도 하였다.

그러나 이런 의구심들은 그 기하학을 현실화시키고 절대 기하학의 공리들을 다 만족하면서 평행선 공리의 부적절성을 보여주는 모델이 제시되자 말끔히 해소되었다. 이탈리아의 벨트라미(E. Beltrami, 1835-1900)[2]는 이미 음의 상수 곡률을 가진 평면을 쌍곡기하평면의 모델로 간주할 수 있다는 것을 보였다. 클라인은 마침내 사영기하와 켈리(A. Cayley, 1821-1895)[3]의 척도론을 가지고 공간의 모델을 제시하는 성공한 것이다. 이에 관한 자세한 내용은 다음 4절에 있는 클라인의 논문에 나오는 '소위 비유클리드 기하에 대하여'에 나와 있다.

클라인의 또다른 중요한 업적은 그가 젊은 시절에 세운 '에어랑겐' 프로그램인데 이것은 고등학교와 대학교에서의 기하에 관한 교육에 지대한 영향을 끼친 것이다. 이 프로그램의 기본적 아이디어는 다음과 같다. 공간 사이에 있는 일대일 함수를 여러 개의 선형 변환군을 통해서 기하학 안에서 아주 의미 있는 질서를 만들어 낼 수 있다. 그렇게 되면 기하의 여러가지 원칙들이 그에 해당되는 불변론으로서 생성되는데 모든 연속함수의 군은 연속함수들에 있어서의 불변성에 관하여 연구해야 하는 해석학 개념을 만들게 된다. 사영함수는 무엇보다도 곡선

[1]참고문헌 [10], 466쪽
[2]비유클리드 기하와 유클리드 기하와의 이론적 연관성을 해결한 이탈리아 수학자.
[3]매트릭스 계산의 창시자인 영국 수학자.

과 평면의 순서 그리고 한 직선 위에 있는 4개 점의 이중관계를 변하지 않게 만든다. 따라서 4점의 이중관계에 관한 로가리즘은 쌍곡기하에 관한 클라인의 모델에서 한 '척도'의 정의로 사용될 수 있다. 아핀기하학(Affine Geometry)은 무한히 멀리 있는 평면을 불변으로 놓는 선형 변환군을 통해서 확정되어진다. 합동기하학(congruence geometry)는 고체 물리학에서 중요한 운동군으로 결정된다. 클라인은 인생의 말년에 가서 주로 함수론에 관한 연구를 하게 되는데 그의 연구 스타일에 걸맞게 주로 가시적인 것에 중점을 두고 공부하였다. 그의 함수론은 기하학적이었는데 등각함수(conformal mapping) 문제에 역점을 두었다. 이와 같은 형태의 연구는 군론에 관한 이론에도 적용되었는데, 예컨데 다면체군의 부분군에 관한 것 등이다.

2) 교육학자

이렇듯 일급 수학자였던 클라인은 자신의 전공 분야인 순수수학뿐만 아니라 교육학에도 커다란 족적을 남긴 사람 가운데 하나였다. 그는 항상 학교수학의 중요성을 강조하였을 뿐만 아니라 국제적인 수학자 협회의 일에도 아주 적극적이어서 그와 함께 200명 이상의 수학자들이 참여하여 '수학연감'을 만든 적도 있었다. 19세기 당시에는 대학에서 수많은 교사들이 교육을 받고 있었지만 교수들은 제자들이 앞으로 어떤 일을 해야 할지에 대해서는 전혀 관심이 없었다. 수학의 기본 문제는 그 자체로 무게가 있는 중요한 일인데 젊은 고등학교 수학교사들이 교육과정에서 어떤 문제에 부딪히게 되면 대부분은 고전적인 지침서 내지는 교과서를 들춰 보게된다. 다시 말하면 수학은 늘 발전하고 있고 사회는 변하고 있는데 학교의 교사들은 여전히 구식 교육방법에 매달려 있으면 그 나라의 수학 발전에 큰 희망을 걸기 어렵기 때문이다.

이런 문제를 간파한 클라인은 교사들에게 '높은 차원에서 본 수학기초'를 강조하고 실제로 이에 관해 훌륭한 강의를 하게 되었다. 그는 미래의 교사들이 수학의 기본에 대한 신념을 가지는 것이 교수법에 대한 교육보다 더 중요한 일이라는 것을 알았다. 그러면서 클라인은 학교 당국에 자기의 학문관과 교육관을 보고서 형식[4]으로 제출하였는데 여기에 비유클리드 기하학에 관한 혁명적인 사고를 담았을 뿐만 아니라 수학교육에 관하여도 의견을 피력하였다. 그는 순수 수학, 응용수학, 물리학, 공학 등 모든 분야가 하나의 통일된 학문안에서 고찰되어야 한다고 주장하였다. 그러면서 수학과에는 그림으로 표현된 기하학 도형들을 걸어놓아서 논리적인 생각과 시각적으로 동시에 느껴야 한다고 하였다. 한편 고등학교 수학교육에 무한대 계산을 부분적으로 도입해야 하며 당시에 대학에서 활발하게 논의되던 이 문제를 고등학교 수준에서도 조금은 알아야 한다고 주장하였다. 클라인은 교사교육에 관한 단체라면 어디든지 참여하였고 국제 수학교육 위원회의 독일 책임자였다. 그는 회장으로 재임 시절 5권에 이르는 수학교육에 관한 논문집을 발표하였다. 그의 논문은 자신의 전공분야와 상관 없는 사람들에게도 인정을 받아 1917년에 슈프랑거(E. Spranger)「재능과 학문」이라는 저서에서

'이상적인 과제는 지식의 가지를 대학에서부터 중학교 또는 더 아래 학교까지 교육학적으로 통일하여 가르치는 일일 것이다. 그런데 클라인의 뛰어난 능력 덕분에 오직 수학만이 원하는 모양과 형태 그리고 필요한 요구조건을 만족하는 과목이 되었다.'[5]

고 하였다. 이러한 클라인의 교육학적 업적 때문에 그의 일생을 이야기할 때 다른 수학적 능력보다 항상 먼저 교육학 이야기를 하는 이유다. 그는 기하학과 함수론 분야에서 누구보다 훌륭한 업적을 쌓았으나 그가 살았던 당시에는 그런 수학자가 많이 있었기에 그가 교육학에 기여했던 것이 또 다른 장점으로 부각되었기 때문이다. 여기서 또 하나 알아두어야 할 것은 그가 수학교육을 강의만 하는 위대한 '매니저'만이 아니었다는 사실이다. 그가 직접 교육학의 현실에 뛰어들었다는 사실이다. 클라인 덕분일지는 몰라도 오늘날에는 수학 교수법에 대한 강좌가 많이 있다. 그리고 클라인이 접목한 방법에 반대하는 학자들도 드물다. 수

[4]소위 '메라너 건의(Meraner Vorschlag)'이라고 함.
[5]참고문헌 [8], 200쪽

학자로서도 그는 엄격한 학문적 존엄성을 가지고 있었고 많은 수학자들에게도 상당한 도움을 주었다는 사실도 잊어서는 안된다. 클라인의 교육철학은 요즘도 많은 교육학자들 간에 토론이 있을 정도로 그 맥을 이어오고 있다.

3) 과학과 기술

클라인의 창조적인 두뇌는 항상 서로 상이하게 보이는 영역들에서 어떤 연관성을 찾는 것이었다. 따라서 물리학으로부터 생겨난 수학적 질문에 항상 관심을 두었다. 이런 역할은 뮌헨공대에 있을 때 가장 활발했는데, 순수수학과 기술의 연관성을 연구했던 가장 극적인 순간은 프로이센의 문화교육부의 위촉으로 1893년 시카고에서 열린 세계 박람회에 참가하면서였다. 미국에서 클라인은 공학연구가 대학별로 나누어져 연구되고 있고 동시에 산업이 연구를 활발하게 유도하는 것을 보고 감명을 받은 것이다.

당시 독일에서는 대학에서 연구하는 순수과학자들과 한창 떠오르는 공과대학의 교수들과의 괴리가 점점 커져가고 있던 중이었다. 이런 현상은 금세기에 들어와서도, 예를 들면 순수수학자들이 응용수학자들을 '별 볼일 없는 수학자'로 치부하는 등 말도 안되는 억지로 금세기까지 남아 있는 경향이 있다. 클라인은 대학과 산업 사이에 남아있는 이런 괴리를 없애려고 노력하였다. 미국을 모델로 삼아 산업과 학교의 연구기관을 연계하려고 노력하였다. 그러나 그런 노력은 별 성과를 거두지 못하였는데 보수적인 성향의 대학들이 그의 제안을 거절하였기 때문이었다. 더구나 공과대학 교수들마저 회의적이었다. 공대는 먼저 대학과 평등한 관계를 가지는 것이 급선무라고 생각하여 클라인의 제의한 기업과의 연계는 아직 시기상조라고 생각하였다. 이런 상황에서 클라인은 괴팅겐에 있는 동안 홀로 서 있는 듯하였다. 그러나 베를린에 있는 헬름홀츠나 지멘스(Siemens) 등은 클라인과 비슷한 역할을 효과적으로 하고 있었다. 그리고 마침내 괴팅겐에도 클라인과 함께 공학적인 연구를 시도해보려는 그룹이 생겨났고 결국 클라인의 아이디어가 카이저-빌헬름 협회(Kaiser-Wilhelm Gesellschaft)[6]에 받아들여졌다. 클라인의 이러한 성공의 뒤에는 그의 인격적인 면도 크게 도움이 되었는데 프란틀(L. Prandtl, 1875-1953)[7]은 다음과 같이 말하였다.

"클라인은 자신의 순수한 의지와 계획을 바탕으로 사람들에게 커다란 영향력을 끼쳤는데 그 이유는 그가 오로지 자신의 일에 집중하여 설명하였기 때문이다. 개인적인 동기나 이기적인 것에는 전혀 무관하였고 따라서 커다란 일도 성취할 수 있었다."[8]

그럼에도 클라인은 모든 계획을 세울 때 항상 독일제국의 이익을 염두에 두고 있었고, 다른 사회의 존재성에 대한 인식은 부족하였다고 평가받고 있다. 때로 그는 '너무 지나치게 모든 것을 수학적으로 생각하는 사람' 또는 '평범한 사람의 행복을 모르는 사람'이라는 비난도 받았었다.[9]

4) 비유클리드 기하에 관한 클라인의 모델

아래에 1871년에 '괴팅겐 과학협회 소식지'에 실린 비유클리드 기하에 관한 클라인의 논문 중 처음 두 개의 단락을 소개하려고 한다.

소위 비유클리드 기하학에 관하여

다음에 열거된 이론은 가우스, 로바체부스키, 볼랴이 등이 연구하고 또한 비슷한 이론으로 리만과 헬름홀츠 등이 생각한 소위 비유클리드 기하학에 관계된 것이다. 독자들은 여기에서 이 이론에 따라다니는 철학적인 유추를 삼가하길 바란다. 철학적인 것보다는 평행선 이론과 관계되는 한 이 논문의 수학적 결론을 새로운 가시적인 방법으로 설명하고 좀더 분명한 이해를 돕기 위한 목적이 더 크기 때문이다. 이 방법은 평행선 이론의 문제와는 별도인 사영기하학 이론을 가지고 여기까지 왔다. 켈리의 방법대로 일반적인 사영 척도방법을 세울 수가 있는데 소위 기본 표면으로써 임의의 이차표면과 연관이 있다. 이 사영 척도결정법은 사용된 이차표면에 따라서 이미 앞에서 말한 논문들에 나

[6] 영국의 Royal Society와 비슷한 독일의 황립협회.
[7] 기계공학, 물리학자. 하노버(Hannover)대학 교수.
[8] 참고문헌 [8], 204쪽
[9] 참고문헌 [10], 477쪽

타난 평행선 이론에 관한 도형을 제공한다. 그리고 이것은 도형뿐만 아니라 내적인 대상까지도 알려준다.

I. 여러 가지의 평행선 이론

알려진 바와 같이 유클리드의 11번째 공리는 삼각형의 내각의 합이 두 직각의 합과 같다는 것과 서로 동등이다. 그러자 르장드르는 삼각형의 내각의 합이 두 개의 직각의 합보다 크지 않을 수 있다는 것을 증명하는데 성공하였다. 게다가 그는 어느 한 삼각형의 내각의 합이 두 개의 직각의 합이라면 모든 삼각형이 다 그렇다는 것을 보였다. 그러나 그는 내각의 합이 더 작을지도 모른다는 것은 보여주지 못했다.

비슷한 사고가 가우스로 하여금 이런 연구를 하게 되는 계기가 된 것처럼 보인다. 가우스는 이미 삼각형 내각의 합이 두 개의 직각이라는 것을 증명하는 것이 사실상 불가능하다고 가정하고 내각의 합이 더 작게 되는 것을 전제하는 좀더 논리적인 기하학을 세울 수 있다는 것을 알고 있었다. 그리고 이 기하학을 비유클리드 기하학이라고 명명하였다. 그는 이에 관해서 많은 연구를 하였으나 약간의 암시 이외에는 아무런 논문도 발표하지 않았다. 이 비유클리드 기하학에는 공간 척도 방법에서 특징적이지만, 어떤 상수가 나타난다. 이 상수에 무한대의 값을 정의하면 원래의 유클리드 기하학이 되는 것이고 그 상수에 유한한 값을 정의하면, 예를 들어 다음의 정리가 성립하는 원래의 기하와는 조금 다른 것이 나타난다. 정리들: 삼각형의 내각의 합은 두 개의 직각보다 작다. 또한 삼각형의 넓이가 커질수록 각도 커진다. 모서리가 무한히 멀리 있는 삼각형의 내각의 합은 제로가 된다.

한 직선 위에 있지 않은 점을 지나는 평행선은 두 개를 그릴 수가 있는데 이 평행선들은 주어진 직선을 같은 면이나 또는 다른 면에 있는 무한히 먼 점에서 자르게 된다. 이 점을 지나 두 개의 평행선 사이를 달리는 직선들은 주어진 직선과 만나지 않는다. 이 비유클리드 기하학은 카산(Kasan)대학의 교수인 로바체브스키, 헝가리 수학자 볼랴이 등이 연구하였고 그 내용도 아주 상세히 발표하였다. 그러나 이들의 이론은 제대로 알려지지 않았다가 가우스와 슈막허가 1862년에 주고 받은 비유클리드 기하학에 대한 편지들이 세상에 알려지자 이들의 논문에 대한 내용이 세상에 들어나기 시작하였다. 그러면서 평행선 이론은 그 동안의 불분명함을 씻고 완전히 해결되었다는 인식이 퍼져나갔다.

그러나 이러한 인식도 1854년 리만이 교수자격 강의 중에 행한 '기하학을 바탕으로 한 가정들'이란 강연이 그가 죽은 후인 1867년에 발간되고 곧바로 헬름홀츠가 1868년에 자신의 '기하학을 바탕으로 하는 사실들'이란 제목의 논문을 논문지에 게재하자 또 다른 관점으로 변하기 시작하였다. 리만의 논문에는 경험적으로 주어진 공간의 무경계성이 반드시 무한대성을 동반할 필요는 없다는 것에 초점을 맞추었다. 오히려 공간의 일부분만 파악할 수밖에 없는 인간은 공간이 유한하고 항상 자신으로 되돌아온다고 생각하는 것이 훨씬 더 그럴듯하고 시각적으로 옳다. 우리 공간의 기하학은 마치 3차원 안에 있는 4차원 구의 다양체 위에 정의된 것과 같다. 헬름홀츠에게서도 나타나는 이러한 사고는 결국 삼각형의 내각의 합이 (구면 위의 평범한 삼각형처럼) 두 직각의 합보다 크고, 더구나 삼각형의 넓이가 큰 만큼 더 크다는 사실을 필연적으로 가져온다. 그러면 직선들은 무한히 먼 점을 가지지 못하며 그 직선 밖에 점을 지나는 평행선은 결코 존재하지 못한다. 이러한 가정하에 만들어진 기하학은 앞서 말한 가우스, 로바체브스키, 볼랴이가 생각한 또 다른 기하학처럼 유클리드 기하학 옆에 생긴 새로운 이론이 된 것이다. 가우스 등이 고안한 비유클리드 기하학에서는 두 개의 무한대의 점을 인정하지만 리만의 것은 어떤 무한대의 점도 인정하지 않는다. 결국 유클리드 기하학은 두 새로운 기하학의 중간에 있는 과도기적 성질을 가지는 이론이 된다. 유클리드 기하학에서는 합동인 두 개의 무한대 점을 인정한다. 새로운 기하학에 나오는 단어들에 의하면 이 세 개의 기하학은 두 개의 무한대 점들을 실수로 인정하느냐 아니면 허수 또는 합동으로 인정하느냐에 따라 각각 쌍곡기하학, 타원기하학 그리고 포물기하학으로 분류된다.

II. 켈리의 일반적 척도방법으로 본 세 기하학의 형상화

세 개의 기하학을 정립하기 위하여 견인차 역할을 했던 것은 대단한 추상적인 수학적 사고였는데, 이것을 상징화하기 위한 필요성이 대두하였다. 그리고 그 필요성은 이 세 개의 기하학으로 파악이 가능하고 그 내적인 논리적 타당성을 각각의 경우에 증명으로 내놓을 수 있는 그림으로 척도 방법의 예를 찾는 것으로 귀결되었다. 포물기하학에서는 이러한 상징성은 필요없는데 이 기하학은 유클리드 기하학과 맞아 떨어져서 그러한 예는 흔하기 때문이다.

그러나 쌍곡기하학과 타원기하학에서는 이 기하학들에 들어맞는 대상을 유클리드식 척도 방법으로 잴 수 있다는 것을 보여주는 그림을 제시하였다. 이 그림들은 그러나 해당 기하학의 표면 기하학적 부분만 해석할 수 있다. 쌍곡기하학의 형상화에 성공한 벨트라미는 그와 같은 것을 공간에 적용하는 것은 불가능하다는 것을 증명하였다. 타원기하학에서의 표면 기하학적 부분을 위한 그림은 누구나 알 수 있듯이 구면 위의 기하학인데, 양의 상수 곡률을 가진 표면 위에 정의된 기하학일 뿐이다. 그에 반해 쌍곡기하학은 음의 상수 곡률을 가진 표면 위에서도 해석이 가능하다. 그러나 유감스럽게도 이

해석도 결코 전체 평면의 시각적인 모습을 제공하지는 못한다. 음의 상수 곡률을 가진 표면들은 되돌아오는 곡선 등으로 한정되어 있기 때문이다.

나는 여기에 우선 세 개의 기하학을 위해서 평면은 물론이고 공간에도 그 속성을 완벽하게 보여주는 그림을 제시할 것이다. 그 다음에는 이 그림들이 각 기하학의 해석에만 존재하는 것이 아니고 이 기하학들의 존재를 실제로 나타낼 뿐만 아니라 명확한 이해를 가져오게끔 하는 것을 보여주겠다. 이 그림들은 평면 혹은 공간을 척도결정의 대상으로 간주하였고, 사영기하학적 의미로 본다면 기존의 것이나 또는 기존의 척도결정을 좀더 일반화시킨 것과는 다른 단 한 개의 척도 결정법을 이용하였다. 그리고 이 일반화된 척도 방법은 주로 켈리의 작품을 일반화한 것이다. 그의 것과 다른 점은 여기 주어진 것보다 들어가는 관점이 아주 다르다는 것뿐이다. 켈리가 척도론을 세운 이유는 어떻게 유클리드 기하학에서의 척도를 사영기하학의 한 특별한 부분으로 파악할 수 있는가를 보여주기 위해서였다. 그러면서 그는 주로 평면에 관해서만 고찰하였다. 그는 사영적 관점 위에 세워진 평면 안에서 주어진 임의의 단면('절대적'인 원뿔의 단면으로써)과 관계가 있는 척도의 결정을 어떻게 세울 수 있는가를 보여주었다. 원추 곡면을 복소수 쌍으로 변화시키면 기존의 기하학에서 사용되어지는 것과 같은 척도결정이 된다. 한 쌍에 있는 두 개의 복소수 점들을 평면에 정의된 두 개의 특정한 점으로, 다시 말해서 두 개의 원 위에 있는 점들로 동일시한다면 그것이 바로 기존의 척도결정이다.

여기서 잠깐 켈리의 척도결정론을 내가 켈리와의 논쟁에서 사용했던 공간에 적용해 보기로 하자. 임의의 이차 표면을 '기본' 표면으로 주어졌다고 하자. 두 개의 공간 위의 점들은 그들을 잇는 직선이 평면과의 절단에서 생기는 두 점을 기본표면 위에 결정한다. 두 개의 점들은 나중에 생긴 두 개의 점들과 이중관계를 형성하는데 이 이중관계의 로가리즘에 임의의 상수 c를 곱한 것이 두 점의 거리로 정의된다. 마찬가지로 두 개의 평면이 있으면 이들의 교차선에 의해서 두 개의 접선 평면이 기본 평면에 생긴다. 그리고 이들은 역시 이중관계를 결정한다.

'이중관계 로가리즘에 임의의 상수 c를 곱한 것을 두 개의 평면의 사이각으로 정의한다.'

이 정의에 따르면 기본 표면에 있는 점들은 다른 모든 점들로부터 무한히 멀리있다. 따라서 기본 표면은 무한히 멀리 떨어진 점들의 장소에 있다. 마찬가지로 기본 표면의 접선 평면이 바로 임의의 평면과 함께 무한히 큰 각을 만드는 평면들이다. - 연결 직선이 표면의 접선이 되는 점들 간의 거리는 0이다. 절단하는 선이 표면과 만나게 되는 평면들의 사이각도 0이다. 구는 균등한 커브를 따라서 기본 표면을 접하는 2차 표면으로 이해하면 된다. 그의 중심은 그 평면의 극이다. 기존의 척도 결정으로는 값이 변하지 않는 6배의 무한히 많은 움직임의 자리에는 그만큼의 선형변환의 순환이 일어난다. 기본 표면은 2차 표면과 마찬가지로 6배의 무한히 많은 선형변화에 의해서 자신으로 돌아간다. 이것들은 표면의 생성자인 두 개의 시스템을 바꾸느냐 아니냐에 따라서 6배의 무한한 무리들로 이루어진 두 가지로 나누어지는데 여기서는 마지막 형태의 변형을 다루게 된다. 첫 번째 형태의 변형은 측정의 차이를 변하지 않게 하는데 그 이유는 다른 것과 마찬가지로 로가리즘이 측정값의 차이가 되는 이중관계를 변화시키지 않기 때문이다. 그러나 그들은 공간의 움직임에 부합하지는 않고 공간적인 도형을 임의의 대칭적 합동인 도형으로 변화시키는 변형에 부합한다.

2차 기본 표면을 복소수 원추곡선 안에서 없애버리면 이러한 일반적인 측도결정으로부터 쌍곡기하학과 같은 종류인 측정기하학이 경계선을 넘어 나타난다. 이러한 원추곡선이 특별히 무한히 먼 복소수 원이라면 바로 기본 기하학이 된다. 그러나 일반적인 사영 측정결정은 기본 표면의 적당한 선택에 의해서 타원기하학의 개념 아니면 쌍곡기하학의 개념을 나타내는 측정기하학을 도출해 낸다. 그리고 이것들은 타원 그리고 쌍곡기하학의 그림이 되는데 이는 앞에서 이야기한 바와 같다.

기본 표면을 복소수로 채택하면 타원기하학에서와 같이 측정기하학에 도달한다. 그러면 이 기하학에는 분명히 실수의 무한히 먼점을 가지는 직선은 존재하지 않아서 그 직선은 닫힌 커브처럼 유한하게 된다. 보다 중요한 것은 타원기하학을 받아들인 것처럼 삼각함수 형식으로 유도된다는 것이다. 구의 반지름이 $\frac{c}{\sqrt{-1}}$ 나타나는 보통의 구적 삼각함수 공식들이다.

기본 표면을 실수이고 직선이 아닌 것으로 잡고 그 표면의 내적인 점들을 고려하면 쌍곡기하학과 유사한 방법으로 한 기하학을 만들어 내는데, 기본 표면의 내집합으로 한정짓는 것은 자연스러운 일이다. 그렇게 된다면 표면의 내집합이 있고, 해당되는 측정결정시 공간의 이동을 보여주는 선형 공간 변형에 의해서만 공간 안의 장소를 바꿀 수 있기 때문이다. 그렇게 되면 2차의 무한히 떨어진 표면의 내집합으로부터 나아갈 수 없을 것이다. 기본 표면의 저편에 우리들이 그 존재성조차도 전혀 알지 못하는 공간의 조각이 있을 것이고, 그런 공간을 가정하지 않으면 한 평면 위의 모든 두 직선이 서로 만나지 않는 것을 통해서 겨우 느낄 수 있을 것이다. 표면의 내집합으로부터 나타나지 않는 구조로 한정하면 그 구조에 해당되는 척도결정의 사용에 있어서 공간구조를 위한 쌍곡기하학이 세웠던 규칙들이 적용된다는 것이다. 예를 들면 모든 직선은 두 개의 무한히 떨어진 실수점들을 가지고 있는데 그 이유는 표면의 내집합을 지나가는 모든 직선은 표면을 두 개의 실수점으로 자르기 때문이다. 한 직선에 평행하면서 한 점을 통과하는 평행선은 두 개가 있는데 이 직선들은 그 점과 주어진 직선들이 기본 표면이 만나서 생기는 절단점을 연결해 준다. 무한히 먼 꼭지점을 가진 삼각형, 즉 꼭지점을 기본 표면 위에 둔 삼각형의 내각의 합은 영이다. 왜냐하면 기본 표면 위에서 만나는 모든 두 선의 사이각은 영이기 때문이다. 두 점의 거리를 결정하기 위하여 해당되는 이중 관계의 로가리즘에 곱해지는 유한한 상수 c가 위에서 말한 쌍곡기하학에서 나타나는 독특한 상수이다.[10]

[10] 참고문헌 [8], 204-210쪽

17. 포앙카레(H. Poincare, 1854-1912)

기하의 공리는 종합적인 판단이거나 또는 실험적 사실은 더더구나 아니다. 공리는 일치된 사실에 근거한 움직일 수 없는 사실이다.
-포앙카레-

1) 수학 물리학자

포앙카레는 이미 생전에 19세기와 20세기를 걸쳐 가장 뛰어난 수학자로 이름을 날리고 있었다. 역사적으로 볼 때 어떤 한 분야에서 뛰어난 사람은 항상 있기 마련이지만 자연과학에서도 가장 어려운 분야라고 할 수 있는 수학, 이론물리, 천문학 등에서 발군의 능력을 보여주는 사람은 참으로 드물다. 포앙카레는 바로 드문 경우에 속하는 학자다. 그는 수학,물리,천문학등 어디든지 거칠 것 없이 자신의 연구 역량을 마구 뽐내던 사람이었다. 말하자면 자연과학의 모든 분야에 천재였던 사람이었다. 그는 30권의 저서와 500여 편에 이르는 논문을 남겼는데 듀돈느(J. Dieudonne, 1906-1992)[1]는 가우스와 포앙카레를 비교하면서 다음과 같은 말을 하였다.

"19세기의 수학은 칼 프리드리히 가우스라는 거인의 그림자 밑에 있었다고 말할 수 있다. 그러나 이 시절은 가우스와 필적할 만한 천재 포앙카레에 의해서 막을 내리게 된다. 이 두 사람은 극단적인 우주적 사고방식, 천문학 그리고 수학적 물리학에서 너무나 흡사한 재능을 지녔다."[2]

더욱 흥미로운 것은 포앙카레의 생전에 사촌 형제들 중에도 아주 뛰어난 사람들이 있었는데 레이몬드 포앙카레는 여러 번 프랑스의 국무총리였었고 그이 형제 루시엥 포앙카레는 대학교의 집행부 최고위 운영자였다. 일차대전이 터지자 그는 프랑스 공화국의 9대 대통령으로서 독일과 격렬하게 전쟁을 치루었던 사람이었다.

[1]추상대수학과 함수해석학에서 발군의 기량을 발휘했던 프랑스 수학자.
[2]참고문헌 [12], 473쪽

포앙카레

가우스가 죽기 일년 전에 여러 방면으로 재능을 가진 한 아이가 태어났는데 그 아이가 이 장의 주인공인 앙리 포앙카레였다. 프랑스의 낭시(Nancy)에서 출생하였는데 아버지는 의사였으며 동시에 낭시대학의 교수였다.

그는 고등학교 시절 수학 선생님으로부터 '수학괴물(monster of mathematics)'라는 말을 들을 정도였고, 전 프랑스 수학경시대회에서 일등상을 받아 일찌감치부터 그 명성을 날렸다. 그러나 한편 1870년에 보불전쟁이 일어나서 프랑스가 엘자쓰-로렌지방을 독일에 넘겨주는 것을 경험한 어린 포앙카레는 아마도 이 시절에 인간애에 눈을 뜨기 시작했던 것 같다. 일차대전이 터지기 직전 그는 '도덕적인 교육 연대' 모임에 가입하고 죽기 직전인 1912년에 다음과 같은 글을 발표하였다.

'...민족끼리의 증오는 범죄행위다. 우리가 조금씩만 서로 다가가면 서로를 보다 잘 이해할 것이고 공동의 이상향을 실천하기 위해서 같이 일할 수도 있다.'[3]

1873년에 포앙카레는 사범대학이었던 에콜 노말(Ecole Normale) 대학에 응시했으나 구두시험에서 불성실하게 대답했다는 이유로 낙방하고 곧이어 파리에 있던 에콜공대 (Ecole Polytechnique)에 빛나는 성적으로 합격하였다. 그리고 그 대학에서 허밋(C. Hermit)의 강의를 듣고 수학에 심취하게 되었다. 1875년에 실험물리학을 제외하고는 아주 우수한 성적으로 에콜공대를 졸업한 포앙카레는 우수한 졸업생들만 들어가는 광산학교에 1879년에 입학하여 잠시 광산 기술자로 재직하였다. 그러다가 같은 해에 '편미분 방정식으로 정의되어지는 함수들의 성질에 대하여'라는 논문으로 다루보(Daroux)에서 박사학위를 받았다. 그리고 칸느(Caen)에서 잠깐 교편을 잡은 후 1886년에는 소르본느 대학에서 수학물리학과 확률론 전공의 정교수가 되었고 1896년에는 천문학과 기계공학으로 단과대학을 옮겼다. 그의 주전공은 이론물리학과 천문학이었다. 그럼에도 그는 일생을 순수수학의 연구하는데 열심이었고 그러면서 유럽에서는 수학의 원론 문제에 대해서는 권위자가 되었다.

[3]참고문헌 [12], 473쪽

포앙카레는 다방면에 천재였던 만큼 많은 논문을 발간한 사람으로도 유명하다. 그가 58세가 되었을 때 발표한 논문의 수가 500편 정도가 되었다. 다만 그의 논문들은 자주 결함을 포함하고 있었는데, 특히 그의 젊은 시절의 논문들을 보면 자주 증명과정을 빼먹거나, 불확실하고 때로는 틀리기까지 하였다. 액타 마테마티카(Acta Mathematica)의 발행인이었던 미탁-레플러는 칸토에게 쓴 편지에서 포앙카레의 논문에 대한 문제점을 말하면서 '…그러나 그가 천재적이긴 합니다. 그건 확실하거든요'고 덧붙였다. 이런 비슷한 이야기는 포앙카레와 아주 밀접하게 공동 연구를 하였고 한때 건강을 해칠 정도로 포앙카레와 연구 경쟁을 하였던 클라인도 말하곤 하였다. 이러한 현상은 아마도 뛰어나게 앞서 나가는 그의 아이디어들이 미쳐 정리해 보고 검증할 사이도 없이 머리 속에서 나온 결과였을 것이다. 이에 대해 포앙카레의 제자이자 전기 작가이기도 한 코른(A. Korn)은 표현방법에 불충분함은 지나치게 많은 아이디어 홍수 때문에 미쳐 다 끝내지 못해서 그렇다고 설명하였다. 천재 음악가 모차르트와 비슷한 경우라고 말할 수 있는데 음악가들은 증명을 할 필요가 없으니 이런 비난을 받을 이유가 없었다. 코른은 만일 포앙카레가 자기의 업적들을 제대로 마무리 했다면 현존하는 전체 분량은 지금의 3분의 1로 줄어들게 될 것이라고 하였다. 프랑스 국민들은 포앙카레가 다니던 고등학교의 이름을 그의 이름을 따서 바꿀 정도로 그를 대단히 존경하였다. 그가 과학자로서 가장 명예로운 자리였던 프랑스 아카데미 원장으로 선출되는 것은 아주 자연스러운 일이었다.

2) 균일화(Uniformization)

포앙카레는 함수론에 있어서는 거의 혁명적인 논문으로 수학자들 사이에서는 급속히 유명해졌다. 그는 자기동형함수(automorphism)의 도입을 통하여 복소수 해석학의 균일화 이론에 중요한 업적을 세웠다. 이에 관해 먼저 실수 부분에 관한 예를 살펴보면

$$b^2x^2 + a^2y^2 = a^2b^2 \qquad (1)$$

을 만족하는 등식은 a와 b를 축으로 하는 타원 방정식이다. 이 등식을 y에 관해서 풀면 무리수근이 나오는데 y는 x에 관하여 일정한 함수는 아니다. 그러나

$$x = acost, y = bsint \tag{2}$$

를 대입하는 유일한 파라미터를 가지는 '균일화' 개념을 세울 수 있다.

$$cost^2 + sint^2 = 1 \tag{3}$$

에 의해서 (2)로부터 등식 (1)이 성립한다. (1)에 있는 x와 y를 복소수 w와 z로 대치하면 복소수에서도 그대로 적용되는 대수 방정식을 얻을 수 있다. '피타고라스 삼각방정식' 역시 복소수 평면에서 성립한다. (2)에 있는 함수 sin과 cos은 주기함수다.

19세기 들어서서 바이어슈트라스를 비롯한 몇몇 수학자들은 이중 주기함수인 유리형 함수(meromorphic function)를 연구하였는데 타원함수가 그 예이다. 이 유리형 함수로 더욱 일반화된 균일화 문제를 해결할 수 있다는 것을 알게 되었고 이때 포앙카레는 독일 수학자 클라인의 건의를 받아들여 주기함수의 일반화 -소위 자기동형함수-의 설정에 성공하였다. 적당한 선형변환 그룹(linear transformation)

$$u = \frac{(az + b)}{(cz + d)}$$

에 의해서 변하지 않는(invariant), 즉

$$f(z) = f(\frac{az + b}{cz + d})$$

이 성립하는 해석학적 함수가 그런 것이다. 그러면서 이 함수들이 균일화 이론을 세우는 것뿐만이 아니라는 중요한 것이 밝혀지면서 함수론의 새로운 분야 그리고 같은 모양의 함수들에 대한 인식을 새롭게 하였다. 포앙카레는 이 자기동형함수를 세타급수(Theta series)로 표현하여 이를 해석학적으로 나타내는 데 성공하였다.

3) 비유클리드 기하학

유클리드 기하학과 비유클리드 기하학 중 어떤 것을 취할 것이냐 하는 문제에 대해서 포앙카레는 원칙적으로 물리적 공간으로서 둘 중 어떤 것도 취할 수 있다는 입장을 취했다. 그는 두 공간은 어차피 위상적으로 동등하기 때문에 한 공간의 성질을 다른 공간으로 옮길 수 있다고 믿었기 때문이었다. 그는 「과학과 가정」이라는 책에서 이 문제에 대해서 원천적인 사고의 표현을 해놓았으며 자신의 함수이론에 관한 논문이 나오게 된 나름대로의 쌍곡기하의 공간모델을 기술하였는데 아래에 그의 말을 직접 들어보자

리만과 로바체브스키의 이론에 모순은 없다. 그러나 이 두명의 수학자가 자신들의 가정으로부터 얼마나 많은 결론들을 도출하든지 간에 그 이론들은 무한정 많기 때문에 두 사람은 결국 그것들을 다 알아내기도 전에 손을 뗄 것이다. 만일 이 두 수학자가 계속해서 그들의 연구를 하였더라면 어떤 모순도 없다는 것을 알았을 것이라고 누가 주장할 수 있겠는가? 리만 기하학에서 이러한 난관은 2차원으로 한정지으면 나타나지 않는다. 이미 알다시피 2 차원의 리만 기하학은 일반 기하학의 한 분야이고 따라서 더 이상 논의의 대상이 아닌 구면 기하학과 더 이상 차이가 없다. 벨트라미 역시 2차원의 로바체브스키 기하학 역시 일반 기하학의 한 분야에 지나지 않아서 더 이상의 의심은 의미가 없을 뿐이라고 말하였다. 이제 그가 어떻게 이런 생각을 하게 되었는지 알아보겠다. 먼저 표면 위에 한 도형을 주시해보자. 그리고 이 도형이 휘어지지만 더 이상 팽창하지 않는 비단 천 위에 그려져 있고, 이 천은 밀거나 휘어도 그 위에 있는 도형들의 선은 별할지라도 길이는 결코 변하지 않게끔 팽팽하다고 하자. 일반적으로 휘지만 팽창하지 않는 도형들은 자리를 떠나지 않아도 본래의 장소에서 밀리지 않는다. 그러나 이러한 움직임이 가능한 특별한 표면들이 있다. 바로 상수 곡률을 가지는 표면들이 그렇다.

위에서 말한 그런 차이점을 인정하고 이러한 표면 위에 있는 두께나 높이가 없는 사물의 존재를 인정한다면 길이가 변하지 않는 도형의 움직임이 가능한 것으로 간주할 수 있다. 상수가 아닌 곡률(즉, 곡률이 장소마다 일정하지 않은)을 가지는 표면 위에 존재하는 사물에게 이런 비슷한 움직임은 불가능한 것으로 간주된다. 상수 곡률을 가지는 표면을 2가지 종류로 구분하는데 그 하나는 양의 곡률을 가지고 있고 또한 도형의 모양을 구 위에서 표면에서 그려진 길이의 변화 없이 전개할 수 있는 것이다. 이런 표면 기하학은 리만 기하학과 동일한 구면 기하학으로 귀결된다. 또 다른 하나는 음의 곡률인

경우인데, 벨트라미는 이 표면 기하학이 로바체브스키 기하학과 다르지 않다는 것을 보였다. 따라서 2차원의 리만, 로바체브스키 기하학은 다시금 유클리드 기하학과의 관련성을 맺게 된다.

비유클리드 기하학의 고찰

2차원 기하학에 관한 것은 위에서 본 고찰에서 해결되었다. 그리고 3차원 기하학을 벨트라미 식으로 발전시키는 것은 그리 어렵지 않을 것이다. 그리 많지는 않겠지만 4차원 공간에 거부감이 없는 사람은 별 어려움이 없을 것이다. 나는 여기서 다른 방법으로 접근해 보겠다.

이를 위해 소위 기본 평면이라고 하는 새로운 평면을 고찰해 보겠다. 그리고 새로운 모습의 사전을 만들어 보겠는데 단어들이 두 줄로 서 있고 같은 의미를 가진 단어들이 두 개의 언어로 표현되는 것을 줄로 연결해 놓는 것이다.

공간 ——— 기본 평면 위에 있는 공간의 부분

평면 ——— 기본 평면을 직각으로 자르는 구

직선 ——— 기본 평면을 직각으로 자르는 원

구 ——— 구

원 ——— 원

각 ——— 각

두 점간의 거리 — 이 두 점이 그것들을 통과하면서 기본 평면을 자르는 원에 의해서 생기는 절단점으로 정의되는 점과 함께 이중 관계를 형성하는 로가리즘.

등등 ——— 등등

이제 로바체브스키의 이론을 이 사전을 가지고 마치 독일어 문장을 독-불 사전으로 번역하는 것처럼 해석해 보자. 그러면 유클리드 기하학의 이론들을 얻게될 것이다. 예컨데 로바체브스키의 문장 '삼각형 두 내각의 합은 180도보다 작다'를 번역하면 '만일 휘어진 삼각형이 한 변으로 원호를 가지고 있고 그 원호들의 연장선이 기본 평면을 직각으로 자른다면 이 직각삼각형의 내각의 합은 180도보다 작다.'

이런식으로 로바체브스키의 가정에 의하여 따르는 이론을 만들면 이것들은 결코 어떤 모순에도 부딪히지 않는다. 실제로 로바체브스키의 이론들이 서로 모순을 만들어 낸다면 사전에 의해서 해석된 것들 역시 모순을 만들게 되는데 이 해석들은 기본적인 기하학에 관한 이론들이고 이 기본적인 기하학이 모순에서 자유롭다고 믿는 사람은 아무도 없다. 그렇다면 이런 확신과 정당성은 어디서 오는 것일까? 여기에는 내가 다룰 수 없는 질문들이 놓여있는데 나는 그것의 해결이 가능하다고 믿는다. 이상으로 앞에서 내가 제시한 계획들은 다 밝혀졌다. 그러나 이것이 다는 아니다. 구체적인 관찰이 가능한 로바체브스키의 기하학은 공허한 지적 장난이 아닌 실제적인 응용성을 가지고 있다. 이 응용성에 관해서 여기서 말 할 시간은 없다. 더구나 클라인과 내가 선형 미분방정식의 적분을 이끌도록 만든 이 기하학의 장점에 대해서 조차도 마찬가지다.[4]

4) 포앙카레 모델

앞에서 언급한 '과학과 가정'이라는 책에서 포앙카레는 쌍곡평면 기하학에 관한 공간 모델을 제시하였다. 이 포앙카레의 모델은 평면에 한정되었을 때는 쌍곡기하학에 관한 원론적인 사고를 하기에는 가장 적합한데 그 이유는 여기서 각들이 유클리드 방식으로 계산되었기 때문이다. (x, y)-반쪽 평면의 $(y > 0)$ 점들을 '프소이도 점(pseudopunkt)'이고 이 반쪽 평면의 x-축 위에 직각으로 서있는 반원을 '프소이도 직선(pseudogerade)'이라고 하자. 그러면 다음의 그림 중 왼쪽에 있는 g_1, g_2, g_3 그리고 g_4는 프소이도 직선들이고 유클리드 직선 g는 아니다. 합동(kongruence)을 적당히 정의하면 이 '프소이도 평면'에서 볼랴이 로바체브스키의 비유클리드 기하학의 정리들은 성립한다.

일을 시작하기 전에 먼저 나머지 기하학 정리들이 만들어지는지 분명히 해야 할 필요가 있다. 예를 들자면 두 개의 프소이도 점 C와 D가 정확히 단 하나의 프소이도 직선을 만든다는 것은 (그림 1)의 왼쪽그림에서 쉽게 알 수 있다. (그림 1)의 오른쪽 그림에서는 프소이도 점 P를 지나는 프소이도 직선 g에 평행한 선들이 무한히 많다는 것을 알 수 있다. PU와 PV는 '변두리 평행선'이라고 하는데 U와 V는 결코 프소이도 점들이 아니라는 것을 알아야 한다. 이로써 볼랴이와 로바체브스키가 추상적으로 유추한 프소이도 기하학 안에서 존재하는 변두리와 윗평행선의 가시적 존재를 확인하였다.

---

[4]참고문헌 [8], 215-218쪽

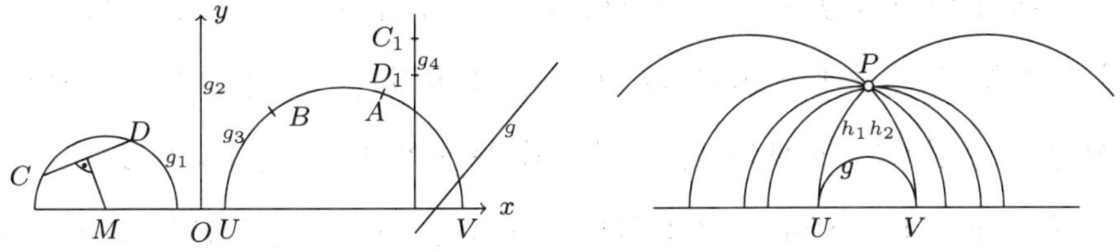

(그림 1)

이러한 프소이도 세상안에 기하를 세우기 위해서 직선을 위한 하나의 '프소이도 길이'를 계속해서 정의하도록 하자. (그림 1)의 왼쪽 그림에서 g_3 위에 직선 AB를 만들기 위해 $L(A,B)$ =log nat$(ABUV)$를 정의하자. 여기서 U와 V는 본래의 직선들의 '경계점'들이다. $(ABUV)$는 4개의 점 A,B,U,V의 이중 관계가 되어 이렇게 정의된 길이는 서로 더할 수도 있고, A와 B가 한 경계점으로 접근하면 무한히 커질 수도 있다. 두 개의 길이의 절대값이 같으면 그 두 개의 프소이도 직선을 합동이라고 하는데 각들이 유클리드적 의미에서 합동이면 그것들도 합동이라고 한다. 이렇게 되면 평행선 공리를 제외하고는 프소이도 기하학에서 유클리드의 평면 기하학 공리들이 만족한다는 것을 알 수 있다. 이로써 포앙카레가 자기의 논문에서 밝혔듯이 평행선 공리는 나머지 공리들로부터 독립적이라는 것이 따른다. 즉 평행선 공리는 정말 증명할 수가 없는 것이다.

5) 원초적 질문

포앙카레는 말년에 수학과 물리학 분야의 많은 논문을 통해서 이 분야에 존재하는 가장 기본적인 의문들에 대한 토론에서 핵심적인 역할을 한다. 따라서 그의 위상은 전 유럽에 걸쳐서 대단하였다. 많은 자연과학자들과 철학자들은 포앙카레의 이론을 자신의 논문에 인용하였다. 한편 수학자들은 당시 한창 뜨거운 감자같던 무한대의 문제에 관한 논쟁에서 그를 자신들의 편에 끌어들이려 애썼다. 물리학자들과 철학자들 사이에 있었던 논쟁에서는 특별히 기하학의 현실적

가치에 관한 의문이 가장 중요한 테마였었는데 포앙카레의 의견은 '보수적인'것으로 토론에서 인정되었다. 이미 '과학과 가정'에서 밝혔듯이 그의 의견은 모든 기하학은 수학적 관점에서 봤을 때 평등한 것이었다. 그리고 물리학에서 기하학을 어떻게 결정하느냐 하는 것은 협상의 문제였다. 아인슈타인도 이 점에 관해서는 포앙카레의 의견에 동조하였다. 그러나 라익헨박흐(H.F. Reichenbach, 1891-1953)[5]는 자신의 「과학 철학의 비상」이란 책에서 이에 반대하였다. 그는 현대 '과학 철학'에서는 연구자들 사이에 이견이 있으면 안된다고 주장하였다. 그러면서 학자들은 오해나 반론을 없애기 위해서 자신의 의견을 명확히 발표하는 것이 중요하다고 하였다. 그는 '협상주의'에 반대한다는 의견을 분명히 말하려고 하였다. 언젠가는 이 우주공간에 빛으로 거대한 삼각형을 쬐어 만들어 그 내각의 합을 계산할 날이 올 것이라고 상상하여야 한다. 그렇게 되면 나타날 수 있는 경우는 그 합이 180도와 다르다는 것과 또는 같다는 경우만 나타날 것이다. 첫 번째 경우에 물리학자들은 이 우주를 묘사하는데 비유클리드 기하학을 인용할 것이고 여기서 빛을 '직선'으로 인정할 것이다. 그러나 한편 여전히 유클리드 기하학에 의존하며 빛의 직선이 '직선'이 아니라고 말할 수도 있을 것이다.

나머지 경우에는 유클리드 기하학을 무조건 이론의 원천으로 선택할 필요는 없다. 이 경우에는 빛줄기를 직선으로 간주하는 것이 훨씬 더 '자연스러운' 것이라는게 중요하기 때문이다. 결론적으로 이 빛줄기들만이 공간에 직선으로 현실화시킬 수 있는 유일한 가능성이 된다. 이 우주공간 안에 정확한 척도를 가진다는 것은 생각할 수 없다. 어떤 기하학이 더 자연스런운 것인가는 결국 실험을 통해서만 결정되어져야 한다. 이런 이유로 라익히박흐는 포앙카레의 협상주의에 이의을 제기한 것이다. 그는 어쨌든 아인슈타인이 증명하기를 원했지만 (이미 포앙카레는 죽은 후였다) 정말 그가 성공했는지는 아무도 모른다. 포앙카레의 또 다른 수학에 관한 원초적 질문은 무한대의 실존에 관한 것이었다. 집합론의 창시자였던 칸토는 이런 무한대가 실존하는 것이었고 너무 지나치게 '견고한'

[5]독일 태생의 철학, 논리학자. 독일, 터키 그리고 미국에서 교수 생활을 하였다.

개념형성만 피할 수 있다면 수학적 이론의 대상이라고 주장하였다. 포앙카레는 이 문제에 깊은 관심을 가졌는데 젊은 시절에 미탁-레플러를 위해 칸토의 논문을 '수학연감'에 프랑스어로 번역을 했었다. 칸토는 여러 번 허밋(C. Hermite, 1822-1901)[6]이나 포앙카레와 같은 뛰어난 프랑스 수학자들에게 자기의 이론에 대한 정당성을 인정받으려 노력하였고 동시에 베를린에 있던 칸토의 반대자들 역시 빠리에 건너가 칸토의 반대편에 서도록 프랑스 수학자들을 설득 하였다. 반대자들의 노력은 성공한 듯 보였는데 포앙카레는 1909년에 실존적인 무한대의 존재는 없다고 분명히 밝히는 논문을 발표하였다. 그러나 포앙카레는 브라우어와 힐베르트 사이에 있었던 직관론 논쟁은 경험하지 못하였다.

[6]프랑스의 대표적인 해석학자. 에콜공대와 소르본느대학의 교수였다. 클라인은 허밋을 보고 '수십년간 세계 수학의 구심점이었던 사람'이라고 평하였다.

18. 힐베르트(D. Hilbert, 1862-1943)

생각컨데 꼼뜨(A. Comte, 1798-1857)[1]가 절대로 안풀리는 문제를 못 찾은 진짜 이유는 그런 문제란 없기 때문일 것이다. 이런 무지 대신에 우리는 알아야 하고 알게 될 것이라는 대답을 주어야 한다.

-힐베르트-

1) 수학적 환상

20세기 최대 수학자였던 힐베르트의 개성을 엿볼 수 있는 유명한 일화로 다음과 같은 것이 있다. 그는 제자 중 한 사람이 수학을 포기하고 독문학으로 전공을 바꾸었다는 말을 듣자 이렇게 말하였다고 한다.

"그 친구가 시인들 곁으로 갔단 말이지? 저런, 수학에서는 환상을 충분히 보지 못한 모양이군!"[2]

이 말에서 환상은 새로운 세계를 여는 엄밀한 논리적 법칙으로 이루어진 수학자들의 창조적인 사고를 의미한다. 힐베르트는 자신의 말대로 표현하면 '다방면으로 수학적 환상을 가지고 있던 사람'이었다. 그가 학창시절 불변수 이론의 한 문제를 아주 독특한 방법으로 해결하자 대수학자 고르단(P.A. Gordan, 1837-1912)[3]은 "이것은 수학이 아니야. 신학이라구, 신학!"하고 외쳤다고 한다.

힐베르트가 1899년에 저술한「기하학 원론(Grundlage der Geometrie)」은 큰 반향을 일으켰는데 이는 공리로부터 출발한 완벽하게 새로운 형식적 개념을 도출해 내었기 때문이었다. 해석학에서 그의 논문은 무한한 차원의 공간(힐베르트 공간)에 관한 개념을 이끌어 냈는데 이는 이론 물리학에서 아주 중요한 역할을 하게 되었다. 보다 중요한 업적은 그가 말년에 연구한 것으로 수학의 가장 기본적인 바탕에 인식론적으로 무모순의 원리를 세우려 한 것이었다. 그는 자신의 수학적 환상을 제대로 표현하였던 것이다.

[1]프랑스 태생의 저명한 수학, 물리학자. 사회학을 세운 학자로 유명하다.
[2]참고문헌 [8], 223쪽
[3]독일 태생의 대수학자. 아벨 함수와 갈로아 이론의 대가.

힐베르트

2) 일생

20세기 최대의 수학자였던 힐베르트는 일생 동안 전세계에 있는 많은 사람들로부터 사랑과 존경을 받아왔으나 그의 말년은 상당히 고독하였다. 위대한 학문적 업적에도 불구하고 그와 이론적으로 반대편에 서있는 다른 수학자들의 공격도 있었으며 나치 정권의 유태인 말살 정책으로 인하여 많은 사랑하는 동료 교수들을 잃어 버린 쓰라린 경험도 하였다. 그러면서도 2차대전 당시의 무시무시한 나치 정권에 끝까지 굴하지 않은 용감한 학자 중 하나였다. 히틀러 정권이 전 독일대학에 있던 모든 유태인 석학들을 몰아낸 다음 나치 선전성의 고위 관리가 힐베르트를 방문하여 나눈 대화가 있는데, 그 관리는 힐베르트에게 "이제 독일에서 유태의 잔재가 없어졌으니 독일 수학계가 더욱 발전하겠지요?"고 물었다고 한다. 그러자 힐베르트는 그 관리가 기대했던 대답과는 정반대로 "독일에 수학은 더이상 없습니다."라며 단언하였다고 한다. 그 얼마 후 1943년에 있었던 힐베르트의 장례식에는 부인을 포함한 겨우 12명 정도만 참석할 수 있었고 그 중에 행복했던 시절의 친구들 중에는 물리학자 좀머펠트(A.J.W. Sommereld, 1868-1951)[4] 오직 한 사람밖에 올 수 없었다. 위대한 석학의 장례식으로는 아주 초라한 모습이었다.

힐베르트는 쾨닉스베르그에서 출생하였는데 법조계 집안 출신이었다. 그는 젊은 시절의 대부분을 고향에서 보내다가 마지막 시절을 줄곧 괴팅겐에서 연구를 하면서 지냈다. 쾨닉스베르그에서 보낸 학창시절의 지도교수는 원주율 π가 초월수라는 것을 증명하여 2천년 이상 안풀렸던 원의 구적법(원과 같은 넓이를 가지는 정사각형의 작도문제)이 불가능하다는 것을 해결하여 한창 그 명성을 날리던 린데만(C.L.F. Lindemann, 1852-1939)이었다. 힐베르트는 교수자격 논문을 그 곳에서 취득하고 린데만이 뮌헨으로 가자 곧이어 그 자리를 이어받아 정교수가 되었다.

[4]독일의 물리학자, 수학자. 상대성 유한구조(Finite Structure) 문제를 좀모펠트 상수로 해결하였는데 이 이론이 파동학의 양자역학에서 중요한 전환점이 된다. 힐베르트의 고향친구.

1895년에 괴팅겐 대학은 클라인의 추천을 받아 힐베르트를 교수로 초빙하게 되었고 이는 아주 탁월한 선택으로 밝혀지게 되었다. 왜냐하면 그가 괴팅겐으로 오고 나서 그 대학이 세계수학의 중심지 역할을 하는데 부족함이 없었기 때문이었다. 그가 괴팅겐 대학의 교수로 온다는 이야기를 들은 수학과 교수들이 힐베르트의 나이가 너무 젊다는 것에 대해 염려를 하자 클라인은 "그 사람은 저에게도 버거운 사람입니다"라고 말하였다고 한다. 그가 괴팅겐에 있는 동안에 베를린은 바이어슈트라스 이래로 당시의 세계 수학계의 중심지로 명성을 떨치고 있었는데, 교육부 장관은 힐베르트를 푹스(I.L. Fuchs, 1833-1902)[5]의 후계자로 임명하고 베를린으로 초청하였다. 그러나 그는 이 권고를 사양하였을 뿐만 아니라 힐베르트의 부인도 역시 작고 아름다운 도시 괴팅겐에 계속 머물고 싶어하였다. 그러면서 힐베르트는 독일은 베를린과 괴팅겐 두 곳을 수학 중심지로 명성을 이어 나가야 할 필요가 있다고 교육부를 설득하였다. 그리고 괴팅겐을 좀더 수학적으로 강화하기 위하여 또 하나의 정교수가 필요하다고 하면서 자기의 친구였던 민코브스키(H. Minkowski, 1864-1909)[6]를 교육부 장관에게 추천하였다. 이런 민코브스키가 괴팅겐에 오자 괴팅겐 대학은 자연과학 분야에서 빠른 학문적 신장을 하면서 20세기 초반에는 베를린을 능가하는 세계 수학계의 으뜸이 되었다.

힐베르트의 연구 과정은 일생을 통하여 잘 구분할 수 있다. 일차 시기는 1893년부터1898년까지인데 이 기간에 그는 주로 불변수론을 연구하였고 이는 대수적 체론(algebraic number field)의 발전에 크게 기여하게 된다. 이 연구는 민코브스키와 공동으로 했는데 그 결과로 유명한「수에 관한 보고서(Zahlbericht)」가 나타났다.

1902년부터 1912년까지는 수학적 물리학을 연구하였는데 이를 위해 적분방

[5]오늘날 폴란드 지방 태생의 뛰어난 해석학자. 주로 독일의 대학에서 교수로 활동.

[6]러시아 태생 유태인 천재수학자. 19세에 프랑스 수학경시대회에서 모든 자연수는 5개의 자연수의 제곱수들의 합으로 표현된다는 것을 해결하여 대상(Grand Prix)을 받은 사람이었다. 그 경시대회는 원래 프랑스어로 쓰여진 논문만 받는 것이 전통이었지만, 너무나 뛰어난 그의 논문은 비록 독일어로 쓰여졌음에도 불구하고 대상을 받은 것으로 유명하다. 그 후 프랑스의 위대한 수학자 조르당 (C.M. Jordan, 1838-1922)이 어린 민코브스키에게 "기하를 열심히 공부하는데 더욱 힘을 쓰세요"라는 격려의 말을 하였고 그는 이 말을 가슴 깊이 새겼다고 한다. 또한 민코브스키의 친형은 당시 당뇨병의 원인을 밝혀낸 의학자로도 유명하다.

정식에 관한 연구를 많이하였다. 그리고 마지막 시기인 1930년까지 수학의 일반적인 논리학에 관한 연구를 하였다. 특히 1898년에서 1899년 사이에 그가 발간한「기하학 원론」은 19세기 기하학의 눈부신 발전을 완성시키면서 동시에 미래의 기하학에 새로운 출구를 제시한 책으로 유명하다. 이로써 볼차노가 이미 제기했던 유클리드의「원론」이래로 불투명했던 기하학 개념들을 제거할 수 있었다.

힐베르트는 당시 홀로 집합론을 연구하며 외롭게 연구하고 있던 칸토에게도 깊은 이해심을 보내면서 그를 격려한 사람 중의 하나였다. 힐베르트는 집합론에 나타나는 모순들에 대해서 많은 수학자들이 집합론을 비난하자 집합론의 유용성을 들고서 그 공격에 맞섰다. 그러면서 '칸토가 창시한 집합론이라는 '천국'에서 아무도 쫓아내서는 안된다'라고까지 말하였다. 이러면서 수학자들은 '어떻게 해야 모순이 안 나타나게끔 수학의 구조를 바꿀 수 있는가'라는 새로운 질문을 스스로에게 던지게 되는데, 이에 힐베르트는 수학적 논리학을 이용한 증명론에 관한 자신의 아이디어를 전개하게 되었다. 그러면서 제자 악커만(W. Ackermann, 1896-1962)[7]과 함께 바로 이 이론을 포함하는 '이론적 논리학'이라는 논리학의 기초를 세우게 되었다.

힐베르트는 이렇게 다방면으로 연구한 업적을 인정받아 국제적인 명성을 쌓아가게 되었다. 1929년에 힐베르트는 고향인 동프러시아에서 '자연을 인식하는 것과 논리학'이라는 제목으로 세미나를 개최한 적이 있었는데 이 테마는 과학계의 바이블로 인식되었을 정도였다. 이 테마는 당시까지 미해결된 기본적인 문제들에 대한 그의 긍정적인 사고를 유감없이 들어내고 있었다. 그는 '우리에게 영원한 무지는 없다, 오히려 우리는 알아야 하고 또 알게 될 것이다'고 주장하였다. 그에 앞서 세기의 전화시기였던 1900년에 약관 38세의 나이로 힐베르트는 빠리에서 열렸던 국제 수학회에서 '수학문제에 관하여'라는 제목의 강연을 하였는데 그는 여기에서 '미해결된 수학의 난제에 대하여'라는 주제를 가지고 의미심장한

[7]대단히 뛰어난 수학자이지만 힐베르트의 제자로 더 유명하다.

연설을 하였다. 그 이래로 소위 '힐베르트의 문제'를 해결하는 수학자들은 가장 능력있는 수학자로 평가받게 되었다. 그리고 1929년에는 이미 그 대부분의 문제들이 해결되었고 힐베르트 자신도 이 중의 매우 어려운 문제를 해결할 수 있는 모티브를 제공하여 또 한번 명성을 떨쳤다. 그러면서 그는 수학의 기본적 문제인 공리화 문제에 매진하였고 몇몇 경우에는 독립적이면서 모순이 없는 증명에 성공하기도 하였다. 그는 아직 해결 되지 않은 문제들에 대해서 희망을 가져도 되지 않을까 하고 조심스럽게 추측을 하게 되었다. 그러나 이런 그의 희망은 뜻대로 되지 않았다.

3) 기하학 원론

힐베르트와 악커만은 수학의 형식주의에 관하여 또 다른 철학적인 관점을 제시하는 유명한「기하학 원론(Grundlage der Geometrie)」을 저술하였는데 이 책은 수학 혹은 이론 논리학의 최고봉을 묘사하고 있었다. 초판은 1928년에 나왔는데 1959년에 (힐베르트는 이미 죽은 후) 나온 4판의 서문에 '수학적 논리'와 '모순 그리고 역사적 배경' 등이 실려있었다. 그 서문을 보기로 하자.

'이론적 논리학', '수학적' 그리고 '상징적 논리학'이라고 하는 것들은 수학의 형식적 방법을 논리학 분야로 넓히는 것이다. 그것들은 수학에서 오랜기간 동안 써왔던 수학적 관계를 나타내는 표현들과 같은 형식적인 표현을 논리학에도 적용하고 있다. 오늘날 수학은 마치 가장 이상적인 것으로 알려져있으나 아직도 수학자들은 수학적 원리를 세울 때 기존의 언어에 충실하고 있다. 그러나 고대 이래로 수학이 크게 발전할 수 있었던 큰 이유는 수학에서 적절하고 효과적인 형식언어를 발견했다는 데에 있다. 수학에서 형식주의가 얻은, 즉 대상들에 대한 엄밀하고도 과학적인 탐구같은 것들을 이론 논리학에서도 시도하여야 한다. 판정이나 개념 등 이런 것들 사이에 존재하는 논리적인 실상은 해석할 때 일상적 대화에서 흔히 발생하는 불분명함으로부터 완전히 해방되는 형식적인 묘사법을 제공한다. 논리적 귀결로 나타나는 것 같은 논리적 추론으로 가는 과정은 마지막 원소들로 쪼개져서 마치 대수학에서 흔히 보는 계산 규칙과 비슷하게 어떤 적당한 규칙을 따라 나타나는 형식의 또다른 형식적인 모습으로 표현된다. 논리적 사고는 논리적 계산안에서 모방 안에서 자신의 복사판으로 나타난다. 이 계산법은 순수한 내용적 사고를 원천적으로 거부하는 문제 해결의 착수를 가능하게 만든다.

수학적 논리학의 아이디어는 원래 라이프니츠에 의해서 명확한 형태로 자리잡았다. 그리고 최초의 그 성공은 드 모르간과 부울에 의해서 나타났다. 그리고 후에 나타나느 모든 발견은 부울로 귀결된다. 그의 후계자로는 제본스(W.S. Jevons, 1835-1892) 그리고 피어스(C.S. Peirce, 1829-1914) 등이 있는데 이들이 이 새로운 과학을 깊게 연구하였다. 그 중에서도 슈뢰더(E. Schroeder, 1841-1902)는 선학들이 남겨 놓은 이론들을 아주 조직적이면서 체계적으로 자신의 강의록 '논리의 대수학'에 수록하였는데 그 내용은 결국 부울로 부터 나온 전개 수렴의 결론을 묘사하는 것이었다.

부울-슈뢰더 전개와는 독립적으로 논리적 형식주의가 엄밀한 접근과 기본적 사고에 대한 수학의 요구에 발맞추어 새로운 자극제가 되었다. 프레게는 1879년에 '개념론'을, 1893부터 1903년 사이에 '연산의 기본원리'를 발표하였다. 뻬아노와 그의 동료들은 1894년에 '수학의 형식에 대해서'라는 주제를 가지고 연구를 시작하였는데 그 안에는 모든 수학적 원리들이 논리적 계산법 안에서 묘사되어져야 하는 것이었다. 화이트헤드(A.N. Whitehead, 1861-1947)[8]와 러셀의 「프린시피아 수학(Principia Mathematica)」 발간은 이런 경향의 최고봉이었다. 근 20년간 힐베르트는 많은 논문들과 강의들에서 수학의 기본적 전제인 무모순을 인식시킬 수 있는 수학을 정립하기 위한 새로운 방법으로 논리 계산법을 이용하였다. 당시의 연구에 관하 좀더 요약된 보고서는 힐베르트와 논리 수학자인 버네이(P. Bernay, 1888 -1977)의 저서「수학의 원론(Grundlagen der Mathematik Band I,II)」을 보기 바란다. 그 이후 수학적 논리학 분야에서 여러 가지의 이름으로 나타난 많은 좋은 결과들이 나오고 있다.[9]

이제 다시「기하학 원론」으로 돌아가 보자. 힐베르트의 형식주의적 입장은 이 책과 공리개념의 강조와 함께 연결되어져 있다. 힐베르트는 이 책 안에 마치 죽은 자의 비석 위에 쓰여진 글처럼 자신의 이론을 간결하게 썼는데 유클리드의 '원론'보다 훨씬 더 압축하여 설명하였다.

정의. 사물의 세 가지 시스템에 대한 사고: 첫 번째 대상을 점이라고 하고 A, B, C 등으로 표시하자. 두 번째 대상은 직선이고 a, b, c 등으로 표시하고 세 번째 것은 평면으로 α, β, γ 등으로 나타내자. 점들은 선형기하학의 원소들이고 점과 직선은 평면 기하학 그리고 점, 직선 그리고 평면들은 공간기하학 또는 공간의 원소들이라고 한다. 점과 직선, 평면들 사이에 존재하는 어떤 관계를 정의할 때 '놓여있다', '사이에', '평행' 또는

[8] 영국의 수학, 논리학자

[9] 참고문헌 [12], 403쪽

'합동' 등으로 표현하며 좀더 정확하고 완벽한 관계들의 표현은 기하학의 공리를 통해서 결정된다.[10]

그 다음엔 공리와 증명과정이 따르게 된다. 힐베르트는 점과 직선 그리고 평면에 대해선 어떤 기본적인 개념을 정의하지 않았다. 그 이유는 순환논리를 피하기 위해서 한 이론의 기본개념을 전혀 설명할 수 없다는 인식에서 출발한 것이고, 더구나 로바체브스키나 리만 등이 이미 보여주었듯이 기하학에도 여러 종류의 형태가 존재한다는 사실을 알고 있었기 때문이었다. 따라서 힐베르트에게는 공리 시스템이 상황에 따라서는 여러 의미를 내포할 수 있는 과학적인 도구였다. 그가 말하는 공리 시스템의 무모순성은 형식적 유용성에 있어서 더욱 중요하였다. 이 외에도 공리들 간의 독립성과 완벽성도 아주 중요한 요소였다.

이로써 수학적이고 논리적인 것이 관념적이고 가시적인 것으로부터 분리되었다. 힐베르트에게 있어서 점, 직선 드리고 평면과 같은 기본적인 개념들과 이들 사이의 연관성은 전혀 의미를 주지 못한다는 것이다. 요구되어지는 것은 오직 공리로부터 나온다고 말할 수 있을 것이다. 같은 방법으로 관계 '사이'도 정해지고 시각적인 것은 배제된다. 그래서 유클리드에게 있어서 당연한 것으로 치부되었던 한 삼각형의 꼭지점으로부터 나가는 직선에 관한 개념은 증명하여야 할 것이 되었다. 이로써 힐베르트는 2천년 전에 생겨난 기본적인 연구에 새로운 결론을 내놓은 것이 되었다. 그의 공리들은 유클리드의 그것과는 전혀 다른 특성이 있었고 수학에 있어서 그의 형식론적인 이론은 당시 대다수의 수학자들이나 철학자들의 의견들과는 많이 달랐다. 20세기에 들어와 수학자들이 사고의 전환을 하게 되는 것은 바로 이 힐베르트의 원리에 관한 토론 덕분이었다.

1941년에 슈텍(M. Steck)은 힐베르트와 예나(Jena) 출신의 논리학자 프레게(F.L.G. Frege, 1848-1925)와 주고 받은 편지들을 공개했는데 그 안에 '옛날(프레게의 표현)' 것과 '새 것'에 간한 형식적인 개념들이 자세히 나타난다. 프레게는 우선「원론」에 나타나는 정의들의 문제점에 이의를 제기한다. 그러면서 공

[10] 참고문헌 [8], 226쪽

리에 나타나는 모든 개념들은 사전에 정의되어져 있어야 한다고 하였다. 공리의 존재에 관한 그의 사고는 힐베르트 이전의 것들과 유사했다.

> 공리라는 것은 증명될 수 없는 사실인 정리들이다. 왜냐하면 공리들은 마치 우리가 공간을 들여다보는 것처럼 여러 갈래의 인지적 원천으로부터 나오는 한 가지의 인식이기 때문이다. 공리들의 사실성으로부터 그것들끼리의 무모순성이 나온다. 그리고 그러한 공리에는 아무런 증명이 필요없다.[11]

프레게의 말대로라면 무모순의 증명을 위한 힐베르트의 노력은 허사가 되는 것이다. 그래서 힐베르트는 다음과 같이 반론을 폈다

> 만일 임의로 정해진 공리들이 그들에 따른 결과들과 함께 서로서로 모순을 일으키지 않는다면 그 공리들은 진실이고 그것들을 기반으로 정의된 대상들도 존재한다. 이것이 바로 내가 주장하는 진실과 존재에 관한 비평이다.[12]

이러한 사고의 반론은 이렇게도 표현할 수 있는데, 프레게는 존재를 묘사하고 분명한 공리로부터 출발하여 그 위에 연역적인 방법을 구사한다. 반면에 힐베르트는 모든 존재론적인 것을 거부한다. 그는 가능한 한 많은 경우에도 들어맞는 모순없는 형식론적인 시스템을 구축하고자 노력한다. 그래서 수학적 의미 안에서 필요한 공리 시스템의 존재를 강조한다. 존재론적 문제의 또 다른 형태는 그 응용에서 나타난다. 아인슈타인은 이후 20년쯤 후에 "기하학 이론들이 현실에 적합하는 한 그것들은 더 이상 확실해 지지 않고 그것들이 확실해 지는 한 더 이상 현실에 맞지 않는다"고 말한 적이 있다. 힐베르트는 후에 자신의 공리적인 사고를 모든 종류의 수학과 물리학에 응용해 보았다. 엄격한 공리화를 통해서 집합론에서 나타난 것 같은 모순들을 원천적으로 차단할 수 있는 새로운 수학의 기원을 만들려고 하였다. 이를 위해 1922년에 한 프로그램을 시작하였는데 이것이 후에 수학의 원론적 연구를 위한 방향을 설정하게 되었다.

---

[11] 참고문헌 [8], 228쪽

[12] 참고문헌 [8], 228쪽

4) 새로운 시작

다음에 1922년에 발간된 힐베르트의 논문에서 가장 핵심적인 부분을 옮겨놓았다.

수학의 원리에 대해서는 이미 오랫동안 많은 수학자들에 의해서 여러 가지 방법으로 연구되었는데 그 과정에서 빛나는 사고들이 줄줄이 나왔고 의미심장한 결과들도 얻을 수 있었다. 이제 내가 이 문제에 관해서 좀더 깊은 연구가 필요하다고 생각하고 그 일에 착수하게 되는 이유는, 지금까지의 모든 연구를 통해서 나타나는 많은 문제에 분명한 답을 제공하는 수학의 원리가 제대로 존재하지 않는다는 것 때문만은 아니다. 내가 요구하는 것은 수학의 현상에는 어떤 의심이나 반쪽 진실 그리고 여러 종류의 진실 같은 것이 있어서는 안된다는 것이다. 예를 들자면 대단히 어려운 수학적 프로그램 중의 하나인 쩨르멜로(E.F.F. Zermelos, 1871-1853)[13]의 선택 가정 문제를 연산문제 $2+2=4$와 같은 의미로써 완전히 믿을 수 있고 효과적인 방법으로 형식화하는 것이 가능하여야 한다는 것이다. 나는 수학의 원리가 완벽하고 투명하게 인식되어질 수 있고 우리 과학의 기본적인 문제가 어렵긴 하지만 언젠가는 해결될 수 있다고 믿어 의심치 않는다. 내가 어떤 방법과 의미로 이 문제의 해결에 도달하리라고 믿느냐고 묻는다면 짧게 쓰여진 이 임시적인 논문이 그 대답이다.

현재는 이 문제에 관해서 특별한 관심이 나타나고 있다. 바일(H. Weyl, 1885-1955)[14], 브라우어와 같이 존경받고 뛰어난 수학자들도 이 문제의 해결을 위해 연구하고 있지만 잘못된 방향으로 나가고 있는 것 같다. 바일은 지금까지 세워진 숫자의 기본 정의가 대부분 순환논리 위에 잘못 세워져 있다고 비판하면서 그 순환논리가 실수의 정의를 할 때 실수들이 이미 원하는 성질을 가지고 있느냐의 여부에 따라서 나누는 과정에서 나타난다고 하였다. 그러나 나는 다음과 같은 이유 때문이라고 생각한다. 수학자들이 실수에 관한 전통적인 정의를 데데킨드의 절단이론, 수열 또는 급수 등에 이론적 배경을 두고 있다면 수학자들이 그 개념들을 이해하는 과정에서 여러 가지의 상이한 방법론적인 출발점에 서있게 된다는 것이다. 바일이 선택한 순환논리의 문제는 앞에서 말한 방법들과는 사뭇 다른 보다 인위적 것으로 보인다. 바일은 스스로에게 맞는 출발점을 가지고 그에 의해 구조적인 원칙이 지켜졌다는데 그 정당성을 부여하고 있다. 그러나 나는 바일이 순환논리에 빠짐으로써 자신의 출발점과 그로 인한 구조적인 원칙이 그것들을 이

[13]베를린 태생의 논리학자, 수학자. 특히 칸토의 초기 집합론을 공리화한 사람으로 유명하다.
[14]힐베르트의 제자로서 그의 뒤를 이어 괴팅겐대학교 수학과 주임교수가 된다. 힐베르트와는 공리론에서 반대편에 서있었다.

해하고 응용할 수 없게 할 뿐만 아니라 해석학에서 조차도 더 이상 써먹을 수 없게끔 만들었다는 것을 알았어야 했다고 생각한다.

그 외에 수학자들이 취하고 있는 출발점들은 결코 구조적인 원칙이나 바일이 제시한 순환논리와는 상관없는 것으로서, 관심의 대상이 되는 것은 대개 두 가지의 경우로 나타난다. 첫 번째 것은 데데킨드가 제시한 절단 이론으로서 실수는 유리수들을 분할한 것이라고 하는데 이 이론은 내용적으로 대단히 예리하고 개념의 경계가 분명하다. 그러나 이 이론에 반대하는 가장 큰 이유는 유리수 분할 개념이 집합론 위에 서있다는 것이다. 실제로 집합의 개념은 자가당착의 모순을 제공하고 있다. 바일이 이러한 반대주장을 어떤 형태로든 자신의 것으로 만들려면 무엇보다도 그가 타의에 의하지 않은 자발적인 것이라는 것을 보여주어야 한다. 집합의 개념이 일반적으로 별 이론적 무리없이 사용할 수 있다고 해서 정수에 관한 집합의 개념이 정당하다고 주장할 수는 없다. 또한 집합론에 나타나는 모순들 때문에 정수 집합의 개념설정이 틀렸다고 주장하는 것도 적당하지는 않다고 본다. 오히려 그 반대로 우리들이 경험한 모든 수학적 이론들은 이 개념이 모순이 없는 맞는 것이라고 말해주고 있다.

그럼에도 이것을 효과 있게 만들려고 하면 수학이라는 과학을 세우는 데 있어서 이러한 가정들을 묵시적으로 만들게 하는 수학의 엄격함을 잣대로 들이대는 것 보다는, 아직 완전히 비난을 면치는 못하지만, 숫자의 개념설정에 원론적 방법인 소위 공리론적으로써 두 번째 출발점을 제시하고 싶다. 그리고 이 방법은 다음과 같이 특징지어진다. 실수들의 무한성은 어떤 특정한 공리라고 할 수 있는 관계에 의해서 서로 연결되어져 있는 대상들의 시스템이다. 데데킨드의 절단이론을 바탕으로 한 실수의 정의에는 두 개의 연속성 공리인 아르키메데스 공리와 유리수의 조밀성 공리가 나타난다. 데데킨드의 절단이론은 각 실수를 확정짓는 데는 공헌을 하지만 실수 자체의 개념을 정의하는 데는 도움이 안된다. 차라리 개념적으로만 본다면 실수들은 우리 시스템의 산물이라고 할 것이다.

또한 무한대 이론의 논거는 시각적인 것에도 거슬리지 않는다. 시각적인 관점에서 취한 양적인 크기의 개념은 실수 전체에 관한 수적인 개념과 비교하여도 당연한 것이 된다. 따라서 수적인 개념과 척도 그리고 크기들을 완벽하게 구별하게 된다면 오히려 시각적아인 관점이 더 어울린다. 위에서 말한 관점은 완전무결하게 모순이 없는 논리이고 오직 결정이 안된 상태로 남아 있는 것은 우리가 요구하는 방법의 시스템이 과연 가능할 수 있는가 하는 것인데 이는 곧 공리들이 혹시나 어떤 모순을 일으키지나 않는가 하는 것이다. 생각해 보면 수학의 내적, 외적인 면으로 볼 때 실수 해석학만큼 철저하게 연구되어진 분야는 거의 없을 것 같다. 숫자들의 집합 개념에 근거한 귀결을 좇아가다

보면 이론의 말단까지 와서 더 이상 논리적으로 불투명 곳이라고는 찾아볼 수 없을 정도까지 된다. 만일 바일 선생이 이 분야에서 '해석학 제국의 건설에 기초가 되는 원리의 빈약함'을 안다거나 또는 '해석학이라는 국가가 해체되는 위협' 앞에서 근심을 하고 있다면 그 분은 필시 유령을 본 것일 것이다. 오히려 해석학에서는 수학자들이 과감하고도 다양한 조합에 근거한 가장 정교한 도구를 이용하고 있음에도 불구하고 실제로는 논리적 귀결의 완벽함과 투명하고도 명쾌한 결론이 이미 지배하고 있다. 따라서 논리적 확고함과 명쾌함을 바쳐주고 있는 공리들을 받아들이는 것은 정당한 일이다. 이러한 당위성에 이의를 제기한다는 것은 모든 과학의 작동 가능성을 앗아가는 것과 마찬가지일 것이다. 그렇지 않은 곳에는 공리가 자리를 잡은 곳이다.

물론 공리들의 무모순성을 해결해야 하는 문제가 남아있긴 하다. 그리고 그 문제는 나 역시 지난 수 십년 간 한번도 눈길을 거둔 적이 없는 잘 알려진 문제이기도 하다. 지금 제시하고 있는 이 글도 역시 이 문제의 해결을 다루고 있다. 바일과 브라우어가 추구하는 것은 원칙적으로 말하면 크로넥커식 방법에 편승하고 있다는 것이다. 그 분들은 무언가 불편하게 보이는 것들은 전부 판 위에다 던져놓고 크로넥커식 금지조항을 만드는 방법으로 수학을 세우려 하고 있다. 그러나 이 방법에는 우리의 과학을 움추리게 하고 의기소침하게 만들어 자칫하면 수많은 수학의 보물들을 잃어버리게 하는 위험이 도사리고 있다. 그러면서 바일과 브라우어는 무리수, 함수, 수론함수 그리고 좀더 높은 수의 계급에서의 칸토 수 등에서 일반적인 개념설정을 배척하고 있다. 무한히 많은 정수들에는 항상 최소 원소가 있다든가, 심지어는 소수는 유한하다든가 또는 무한하다는 것과 같은 논리적 Tertium non datur(세번째는 기회가 없다) 등도 잘못된 결론이나 정리로 금지하고 있다. 그러나 내 생각에는 당시에 크로넥커가 그랬던 것처럼 - 바일과 브라우어는 아직도 그 옛날의 미완성에 방부제를 넣은 것이다. 그분들 역시 무리수를 없애는 작업에 실패할 것이다. 아니, 바일은 비록 혁명이라고 말했지만, 브라우어는 여전히 옛날에나 예리했다고 할 수 있는 모든 도구들을 가지고 혁명을 시도하다가 완전히 실패하게 될 쿠데타를 계획할 것이며 더구나 요즘 같이 수학의 세계가 프레게, 데데킨드 그리고 칸토 등으로 잘 무장되어있는 시점에서는 처음부터 패배한 전투가 될 것이다.

결론적으로 내가 하고 싶은 말은 누구든지 수학적 위기에 대해서 의견을 말하려면, 바일이 말한 것처럼, 그 위기가 새로운 것이라고 주장해서는 안된다. 바일은 인위적으로 순환논리를 도입하였는데 오늘날의 해석학에 나타나는 결과들의 불확실성에 관한 그의 설명은 실제와 부합하지 않는다. 또한 바일과 부라우어가 그렇게도 강조했던 구조적인 경향에 대해서 말하자면 바일조차도 이러한 경향을 현실화하는 방향을 제대로 제시하지 못했다는 생각이 든다. 내 생각에는 여기에 제시된 공리화의 방법은 구조적인 경향이 자연스러운 경우에 한해서 완벽하게 정당할 것이다.

지금까지 누구도 도전할 수 없었던 '수학은 무모순의 세계'라는 그 예전의 명성이 칸토가 만들어 놓은 집합론 안에서 모순이 발견되면서부터 그 지위가 흔들리고 말았다. 따라서 수학을 확실하게 다시 세우기 위해서는 수학이 존립하고 있는 그 기본적 요소들을 완벽하게 만들어야 하는데 이 방법에 내가 추천하고 싶은 것은 다름 아닌 공리 시스템이다. 그리고 그 내용은 이렇다. 과학의 한 분야를 연구하는 학자는 가능한 한 간단명료하며 합리적인 원리들을 모아서 세워놓은 가능한 적은 수의 공리들의 바탕 위에서 시작하여야 한다. 그때 증명 가능하거나 또는 증명 가능하다고 확신이 드는 이론들을 공리로 받아들이는 것에는 아무 문제가 없다. 실제로 역사가 보여주고 있는 사실들을 보자면 르장드르의 제곱잉여론에 나오는 소수에 관한 가정, 대수학에 나타나는 제타함수 $\zeta(s)$의 근에 관한 리만의 추측, 대수학에서 다루는 근의 존재성 이론 그리고 아직 증명하기에는 너무나 어려운 그러나 통계적 방법론에서는 아주 기본적인 수학적 이론이 되어버린 소위 에르고덴 가정(ergodenhypothese) 등이 있다. 공리적 방법은 정신세계에서 존재하는 모든 분야에서 엄격한 연구를 하기 위한 가장 적당한 도구가 되어가고 있다. 이 방법은 논리적으로도 아무런 문제가 없을 뿐더러 아주 효과적이기도 하다. 또한 증명과정에서도 완벽한 방법을 제공한다. 이런 의미에서 본다면 공리적 방법이라는 것은 의식적인 사고를 한다는 것에 지나지 않는다. 전에는 학자들이 나타난 현상들을 가지고 그 관계들을 조사하여 어떤 법칙들을 찾으려고 하였으나 공리론은 이러한 단순성을 제거하여 결국 우리의 믿음에 대한 희망을 약속해준다. 그러나 좀더 중요한 것은 다른 곳에 있다. 그것은 바로 내가 공리론적 방법을 믿어도 되겠다는 확신을 가지게 되면서 수학의 논리적 종결에 관한 원칙에서 그것들이 어떻게 완벽한 투명성을 만들어 내는가를 알게 된다는 것이다. 앞에서 이미 말했지만 공리들의 무모순성은 증명을 통하여 하지 않는 한 결코 처음부터 확신할 수는 없다. 그래서 이 공리화는 우리로 하여금 난해한 인식론적인 문제로 들어서게 만든다. 공리들의 무모순성에 관한 증명들은 이미 기하학, 열역학, 광학 등에서 성공하면서 그 증명을 해석학 공리의 무모순성에 관한 문제로 나아가고 있다. 이 질문들은 그러나 내적으로는 해결이 안된 문제들이다. 지금까지 수론이라든가 또는 해석학 또는 집합론 등에서 공리의 무모순성의 문제는 한번도 진지하게 다루어지지 않았다.[15]

[15] 참고문헌 [8], 229-233쪽

5) 회의론자

힐베르트에 주장에 열렬히 동조하는 사람도 많았지만 연구를 같이 하면서 회의적인 시각 때문에 갈라선 사람들도 많았다. 가장 심한 반대는 '직관론자'들로부터 나왔다. 대표적인 회의론자는 브라우어와 괴델(K. Goedel, 1906-1978)[16] 등이 있는데 특히 오스트리아의 젊은 수학자 괴델은 쾨닉스베르그의 위대한 수학자 힐베르트의 유명한 낙관론에 대해서 바로 2년 후인 1931년에 형식화된 수론의 무모순성은 공리 시스템의 방법으로는 불가능하다는 것을 증명하였다. 이는 엄청난 결과를 초래하였는데 철학자 슈텍뮬러(Stegmueller)는

"인간 정신을 스스로 보장한다는 것은 그것이 어떤 분야이든간에 불가능하다."

고 말하게 되었다. 힐베르트 전기를 썼던 라이드(Reid) 부인은 힐베르트가 앞에서 말한 괴델의 논문에 관한 이야기를 듣자 격분하였다고 말하였다. 당시 힐베르트는 병에 걸려있어서 결정적인 토론에는 참가할 수 없었기 때문이기도 하였다. 어쨌든 힐베르트는 후에도 자기의 주장을 바꾸지 않았고 죽기 직전에 2차대전이 한창이던 베를린에 잠깐 머물면서 연설을 한 적이 있었는데 그 곳에서도 자신의 낙관론을 반복하여 주장하였다. 그 연설 말미에 당시에 회자했던 비관론적 인식론이었던 '우리는 모르고 앞으로도 모를 것이다'[17]와는 정반대인 '우리는 모르지만 알려고 한다(Nescimus sed sciemus).'[18]고 주장하였다.

[16] 빈 태생의 저명한 수학적 논리학자. 프리스턴대학 교수로 오랫동안 봉직했다.
[17] 저명한 생리학자 보이스-라이몬드의 비관적 인식론.
[18] 독일이 2차대전의 와중에서 힘들어 할 때 힐베르트는 전 국민을 대상로 한 라디오 연설을 하면서 이 말로 끝을 맺었다.[19]

19. 브라우어(L.E.J. Brouwer, 1881-1966)

신이 창조한 것은 숫자뿐이다. 나머지는 모두 인간들의 작품이다. -크로넥커-
수학은 생각하는 것보다 행동하는 것이다. -브라우어-

1) 선구자

앞에 있는 크로넥커의 말은 그가 수학회 등에서 공식적으로 한 말은 아니다. 또한 이 말은 그의 어떤 논문에도 나타나지 않는다. 다만 크로넥커의 후임자였던 베버가 전해준 것뿐이다. 두 번째 말 역시 브라우어 자신의 논문에 나타나지는 않는다. 오히려 바일이 브라우어의 중요한 논문에 첨부해 놓은 것이다.

신과 숫자에 관한 크로넥커의 이 말은 수론학자로서의 크로넥커가 바이어슈트라스의 해석학과 칸토의 집합론에 반대한다는 대표적인 표현이다. 크로넥커는 '모든 수학의 산술화(arithmetic)'에 중점을 두었고 이는 숫자들과 그에 의해서 파생되는 모든 이론과 법칙을 다시 숫자들의 세계로 유도하려는 것이었다. 따라서 그는 "어떤 정의나 정리도 유한한 단계를 거쳐 분명한 결과를 얻지 못한다면 설사 그들이 자체 안에서 사실인 것처럼 보일지라도 그 존재성을 인정 받을 수없습니다."[1]고 주장하였다. 이는 당시 초한적인 방법 위에 해석학의 엄격한 기초를 세우고 있던 바이어슈트라스에게는 비수와 같은 말이었다. 바이어슈트라스와 그의 제자들은 (특히 칸토) 크로넥커의 이런 공격에 많은 상처를 받았으나 크로넥커가 더 이상 일을 벌이지 않았기 때문에 본격적인 다툼은 없었다.

그러나 크로넥커가 죽자 보수적인 해석학 분야에서 칸토와 바이어슈트라스를 공격하는 강력한 수학자가 나타났다. 바로 네덜란드 출신의 브라우어였다. 그는 위의 두 사람을 마구 비난하였다. 브라우어는 해석학과 집합론의 어떤 특정한 부분에 대해서만 자신의 불편한 심기를 들어내는 것이 아니었다. 그는 나름대로 이 새로운 이론들의 어디가 틀렸는지를 말했는데 예를 들면 초월 집합의

[1] 참고문헌 [10], 437쪽

브라우어

‘제외된 제3자’에 관한 고전적 논리를 적용하는 데 있어서 실수를 지적하였다. 이로써 ‘직관론자’의 대부격인 브라우어는 현대수학의 한 커다란 부분에 의문을 던지게 된다.브라우어는 스스로를 혁명가라고 하였으나 그를 반대하던 사람들은 단지 쿠데타였을 뿐이라고 하였다.

2) 위상수학에 대한 공헌

브라우어는 1907년에 암스테르담에서 수학의 원칙에 관한 논문으로 박사학위를 받았다. 1909년에는 암스테르담에서 교수자격 논문을 통과하고 1912년에는 조교수가 된 다음 1913년에는 정교수로 발령을 받았다. 그는 이 자리를 1951년 은퇴할 때까지 지켰는데 강의에서 자신의 이론을 ‘집합론, 함수론 그리고 공리론’ 등으로 다시 써보는 것을 목적으로 하였다. 집합론의 창시자 칸토는 한 직선 위에 있는 모든 점들의 집합에서 직사각형의 점들의 집합으로 가는 일대일 함수를 정의할 수 있다는 사실을 발견하였는데 이 사실은 칸토 자신뿐만 아니라 그의 동료 데데킨드마저도 놀라게 만든 결과였다. 왜냐하면 데데킨드는 당시에 서로 다른 차원에 있는 모형들간에는 연속적인 함수의 존재가 불가능하다고 예측하였기 때문이었다. 말하자면 칸토는 그때까지 암묵적으로 믿어왔던 차원에 대한 생각을 바꿔놓은 것이었다. 만일 데데킨드의 예측이 맞는 것으로 증명되었다면 차원의 개념을 어떻게 해서든지 제대로 만들 수 있었을 수도 있었다. 그리고 브라우어가 위상학적 개념을 통해서 이 증명을 시도하였는데 이 방법이 그 후 수세기 동안 훌륭한 연구 모델이 되었다. 이 연구의 결과를 브라우어는 1915년에 힐베르트와 함께 ‘수학연감(Mathematischen Annal)’에 공동연구 논문으로 게재하였다.

3) 직관주의

수학에서 모순들이 나타나자 수학자들 사이에서는 구조적인 경향이 두드러지게 나타나기 시작했는데 그 중에 대표주자는 역시 크로넥커였다. 그들은 정의나 정리들 같은 수학의 대상으로서는 오직 유한한 단계를 밟아서 얻을 수 있는 것들만 허락해야 한다고 주장하였다. 이 주장을 받아들이면 수학의 많은 부분을 포기해야 할 지경이었다. 다만 구조적인 증명을 통해서 구할 수 있는 예외는 인정하였다. 이에 대해 힐베르트는

"당시 우리 젊은 수학자들, 강사들 그리고 학생들은 크로넥커의 주장에 따라 무한한 방법으로 증명된 수학의 이론들을 유한한 방법으로 바꾸어 보려고 거의 스포츠를 하는 수준으로 열심히 노력하였다. 크로넥커는 무한한 논리적 방법을 허가하지 않은 것이 실수였다."[2]

고 말하였다. 구조주의와 직관주의는 아주 가까운 관계에 있었는데 직관주의는 구조적으로 해결되는 대상으로만 수학을 한정지었기 때문이었다. 또한 구조적인 도구로서는 오직 직관적으로 분명한 것들만 허락되었다. 수열이나 집합같은 것들은 끝나지도 않고 실존적으로 무한하지도 않은 것으로써 오직 시간이 지나면서 해결되는 잠재적인 것으로만 이해되었다. 따라서 제외된 제3자의 법칙은 무한한 집합에 적용되어선 안되었던 것이다. 이러한 직관주위자의 대표로서 브라우어가 나타난 것이다. 그는 1907년에 발표한 박사학위 논문에 이미 직관주의적인 기본자세를 나타냈는데 그 후 1928년부터 1928년까지 수학의 직관주의에 기초한 많은 논문을 발표하였다. 그러나 그가 주장한 구조적 방법은 너무 복잡하였고 극단적으로 치우친다는 맹렬한 반대에 부딪혔다. 그럼에도 고전수학에 있어서 그의 공적은 무시할 수 없다. 특별히 위상수학에서 그가 증명한 정리 '$\mathbb{R}^n$과 $\mathbb{R}^m$이 위상적으로 동등하기 위한 필요충분 조건은 $m = n$이다'는 수학사에서 가장 엄밀한 증명으로 빛나고 있다.

브라우어는 위상수학에서 이룬 업적보다는 나중에 힐베르트의 계획을 수학적 '형식주의'라고 비난하면서 더 유명해졌다. 브라우어는 수학의 근본은 수를 세는 프로세스에 있다고 보았다. 그에 의하면 이 '원시적 직관주의'는 모든 인간에게 주어진 것이다. 따라서 수학에 있는 모든 다른 것들도 결국은 세는 것으로

[2] 참고문헌 [12], 405쪽

귀착된다고 하였다. 이 직관론은 무분별한 고전 논리학의 이용을 비난하였는데 특별히 '제외된 제3자' 이론을 무한한 프로세스에 이용하는 것을 비판하였다. 그러나 고전 해석학에서는 존재의 증명을 주로 이 논리적 단계로 해결하였기 때문에 브라우어의 비판은 많은 공격을 받아 벽에 부딪히게 되었다. 아래에 직접 '순수수학과 응용수학을 위한 저널'에 실린(1925, 154권 1쪽) 그가 쓴 논문의 첫 부분을 보기로 하자.

수학에서, 특히 함수론에서 '제외된 제3자'의 의미에 관하여

§1.

분명하고도 유한한 '주시스템(main system)' 안에서는 시스템들의 특성들이, 예를 들면 주어진 원소들끼리의 결합을 통해서 시스템을 다른 시스템과 함수로 연결시키는 과정은 그것이 맞았건 틀렸건 항상 검증할 수 있다. 그리고 주어진 특성대로 만들어진 함수들은 어쨌든 유한한 실행가능성만 있어서 결국 끝을 내든지 아니면 작동이 안될 때까지 계속가든지 하는 것이다. 여기서 함수에 관계되는 각각의 원소들이나 그 함수에 존재하는 실행 가능성을 시도해 보지 않아도 되는 수학적 귀납법이 이런 종류의 검증에는 아주 적합하다. 그러면 시스템을 위한 검증이 아주 많은 원소들인 경우에도 비교적 빨리 끝날 수 있다. 앞서 말한 검증성을 바탕으로 '제외된 제 3자'의 특성이 분명하고도 유한한 주 시스템 안에서 성립한다. 여기서 특성이라 함은 모든 시스템에 대해서 각각의 특징이 옳거나 아니면 불가능한 경우를 따지는 원칙인데, 특별히 나머지 관계의 상반정리, 즉 모든 시스템에 대해서 불가능한 특성의 불가능성으로부터 가능성이 나오는 원칙을 의미한다. 예를 들면 두 개의 수학적 성질을 가지는 p와 q의 합집합 $G(p,q)$가 적어도 11개의 원소를 가지고 있으면 제외된 제3자의 원리를 적용하여 (이 경우에는 서로소의 원칙이 나타나는 것인데) p 아니면 q가 적어도 6개의 원소를 가진다는 것이 성립한다.

마찬가지로 기초 연산에서 양의 정수인 $a_1, a_2, \ldots, a_n$에서 어떤 숫자도 소수 c로 나누어지지 않으면 곱 $a_1a_2\ldots a_n$ 역시 c로 나누어지지 않는다는 것을 증명했다면 나머지 관계의 상반정리에 의해서 만일 곱 $a_1a_2\ldots a_n$이 소수 c로 나누어지면 이 곱의 적어도 한 항은 c로 나누어진다. 이와 같이 제외된 제3자의 정리로 증명된 유한한 주시스템 안에서는 항상 충분한 시간적 공간이 주어지면 경험적으로 맞는 결론을 도출할 수 있는 안전판이 항상 존재한다.

사람들은 이 대상과 메커니즘들을 유한하고도 사려깊은, 어떤 분명한 부분에 대해서는 시간적인 연결 고리와 관계있는 법칙에 묶여 있는 시스템으로 간주하고 있음으로써, 가시적인 세계에 존재하는 그것들이 사실과 사건들로 이루어진 확장된 복합체 안에서 지배되고 있는 자연 현상을 보고 있다. 비록 유도된 결론들에 완벽하고도 경험적으로 맞는 검증을 할 때 물질적인 것은 우선적으로 제외를 하고 시간적인 귀납법적 추론을 할 때에도 부분적인 검증은 관심밖이라고 할지라도, 복합체와 관련된 대상과 메커니즘들 위에는 제외된 제3자의 법칙을 포함한 이른바 이론적 논리학을 적용할 수 있다. 그리고 현존하는 유한한 시스템처럼 부분적인 불분명함에도 불구하고 의심의 여지없이 옳은 결론들이라고 판단하는 불완전한 검증법, 그리고 수학적인 대상들보다 물질적인 대상에 더 많고 더 자주 이 이론적 논리학이 적용되어지는 상황에서는 제외된 제3자의 정리를 포함한 이론적 논리학의 법칙들이 보다 더 원천적인 특성을 지니고 있고, 유한하고도 사려깊은 시스템의 프로젝트 안에서 해당되는 대상들 위에 주어진 조건들의 유용성을 눈앞에서 놓쳐, 결국 유한한 시스템의 수학이 설명하는 최고의 그리고 완벽하게 스스로 작동되는 사고 방법을 구하기 위해 보다 심오한 정당성을 논리적 틀 안에서 찾아 나설 수밖에 없게끔 만든다고 덧붙이게 될 것이 거의 분명하다. 따라서 직관의 세계를 다루는 논리들에 있어서는 모순이 나타나더라도 논리적 법칙의 확고함에 의심을 품어서는 안되고 오히려 직관론에 반영된 수학적 편린들을 위한 보충이나 동기로 삼아야 할 것이다.

이론적 논리학에 보다 우선적인 성질을 부연한 결과는 제외된 제3자 이론을 포함하는 법칙이 최근까지도 수학에서 무한대의 시스템에 아무 생각없이 사용되어졌고 그에 대해 숙고하지조차 않아 이러한 방법으로 얻어진 결론들이 일반적으로 실용적이지도 그리고 이론적이지도 못한 채로 경험적인 사실로만 유통되는 결과를 자초했다. 이러한 바탕 위에, 특히 지난 반세기 동안 부풀려진 잘못된 이론들이 만들어졌다. 그러면서 수학자들이 끊임없이 모순들에 부딪히게 되자 그들은 마침내 형식적 비판론을 생성케 하였는데, 이는 수학적 사고방식에 따르는 언어가 수학적 고찰보다 더 하위에 있다는 비판에서 나온 것이었다. 이와 같은 고찰은 기본적인 형식이나 공리들 위에 정의된 연산으로써 이론적 논리학의 법칙을 제공하고, 수학자들은 앞에서 말한 연산자(스스로는 변하지 않는 상태로 존재하는)들의 언어학적 영향력이 더 이상 언어학적 모습을 통한 모순으로부터 방해 받지 않도록 공리들을 재 구성하는 것을 목표로 세우고 있다. 이런 목표를 성취하는 것에 대해선 전혀 의심할 필요가 없지만 수학적 가치를 얻을 수는 없다. 잘못된 이론을 막을 수 없어서 어정쩡한 잘못된 이론이 되는 것은 마치 자유로운 법정 판결을 통해서 나온 억압된 폭정이 오히려 더 폭력적이 되는 것과 마찬가지다.

§2

잘못된 논리들, 즉 제외된 제3자의 정리를 이용한 무한대의 수학(주로 빠리에 있는 대학에서 온 내용들인데), 특히 실수함수이론 등에 대한 기본적인 의견을 말하자면 거기에는 제외된 제3자로부터 유추된 다음의 두 가지 기본적인 특성을 말할 수 있다.

1. 무한대 위의 점들은 순서가 정의된 점들의 종류를 만든다.

2. 모든 수학의 종(class)들은 유한하거나 아니면 무한하다.

첫 번째 기본 성격이 틀렸다는 것은 다음의 보기가 말해준다. d_ν를 ν번째 π의 소수점 아래 숫자이고, 계속해 나가는 π의 소수점 중, d_m으로부터 나아가는 $d_m d_{m+1} \ldots d_{m+\nu} \ldots$ 부분에 수열 0123456789이 $k-$번째 나타나면 $m = k_n$라고 하자. 그리고 만일 $\nu \geq k_1$이면 $c_\nu = (\frac{-1}{2})^{k_1}$, 아니면 $c_\nu = (\frac{-1}{2})^\nu$라고 하자. 그러면 무한급수 $c_1, c_2, c_3, \ldots$는 실수 r을 정의하는데 이 실수 r은 $r = 0$ 와 $r > 0, r < 0$ 중 어느 것도 되지 않는다.

첫 번째 기본 성격을 보면 소위 $L-$적분개념이라는 빠리의 대학들에서 유래한 적분개념의 사용성도 동시에 나타나고 있다. 이 적분 이론은 측도 '가능한 함수' 개념과 연결되어 있고 위에서 본 바와 같이, 상수함수마저도 '측도 가능성'의 조건을 만족하지 못하기 때문에 작동이 안된다. 왜냐하면 함수 $f(x) = r, r$이 위에서 정의된 실수를 말한다면 $f(x) > 0$인 x 값들은 측도 가능한 점들의 종류를 만들지 못하기 때문이다.

두 번째 기본 성격이 틀리다는 것은 위에 정의된 양의 정수 k_n이 만드는 예의 종류들로부터 알 수 있다. 두 번째 기본성격으로부터는 '확장된 서로소의 원칙'이 작동이 안되는데, 그 이유는 만일 두 개의 수학적 종류 p와 q의 합집합인 $G(p, q)$에 원소들의 기본급수가 포함되어 있으면 p 아니면 q가 원소들의 기본급수를 포함하고 있고 또한 모든 유계의 무한한 점들의 종류에 극값이 존재한다는 볼자노-바이어슈트라스 정리의 확장된 서로 소의 원칙에 위배되기 때문이다.[3]

4) 힐베르트와의 논쟁

브라우어의 비판을 정당화시키려면 수학자들은 해석학과 집합론의 상당 부분을 포기해야 한다. 집합론을 비롯한 완벽한 수학의 구축을 위하여 애를 쓰고 있던 힐베르트가 브라우어의 공격에 대해서 분노한 것은 다분히 이해가 된다. 뿐만 아니라 브라우어 특유의 가시돋친 말투에 그는 많은 상처를 받았다. 아마도 위에서 말한 수학자들을 비난하면서 무모순의 증명을 위해 애쓰는 그들을 범

[3] 참고문헌 [8], 248-251쪽

죄의 증거를 세울 수 없는 정치적인 폭군으로 비교한 것에 더욱 괴로워 했을 것이라고 생각한다. 물론 브라우어의 공격에 동조한 수학자들은 많지 않았으나 힐베르트의 사랑하는 제자였던 바일이 브라우어의 편에 서있던 것은 몹시 고통스러운 일이었을 것이다. 힐베르트는 브라우어에 대항하여 수학자가 'tertium non datur'를 사용하기 거부한다면 이는 마치 권투선수가 주먹을 쓰기를 포기한거나 마찬가지라고 주장하였다. 그러나 이런 반격도 부라우어를 잠재우지 못했고 부라우어의 비판으로 생긴 치유될 수 없는 상처만 될 뿐이었다.

괴팅겐에서 브라우어가 행한 세미나 발표에 참가한 한 수학자는 그와의 토론을 거부하면서 "당신은 파이의 소수점 이하의 자리에서 9가 10번이나 나란히 나타난다는 것을 우리가 알 수는 없다고 말했지만 하나님은 알고 계십니다."고 말하자 브라우어는 즉시 "전 하나님과의 직접적인 통로는 없습니다"고 응수하였다. 여기서 알아두어야 할 것은 브라우어가 제시한 예에 대한 반격을 할 때 굳이 신을 들먹이지 않아도 되었다는 것이다. 만일 수열의 정의 안에 해결이 안된 문제를 집어 넣으려면 나중에 이 수열의 수렴관계를 결정할 수 없다는 문제로 남겨놓으면 되는 것이지 소란을 피울 필요는 없다. 그리고 논리의 법칙에 의심을 가질 이유는 하나도 없는 것이다.

'tertium non datur(3번째는 주어지지 않는다=배중률)'의 정리를 정수의 계산 과정에 나타나는 결과물처럼 명백한 것으로 인정할 수 있다. 수학자가 특별한 예에서 어떤 경우에 놓여있는지 결정할 수 없을지라도 실수는 0이거나 아니면 0과 다르다('tertium non datur'). 이렇듯 아주 정확한 과학은 그 근본을 연구하던 몇 세기 동안 우리들에게 많은 해결할 수 없는 또는 결정할 수 없는 문제들이 있다는 것을 가르쳐 주었다. 이렇게 우리는 살아야 하고 또 살 수 있다.

5) 개구리와 쥐들의 전쟁

아인슈타인은 힐베르트와 브라우어가 벌인 '수학 연간에서의 싸움'을 이렇게 표현하였다. 이 갈등은 반드시 과학적인 논쟁에 의한 것만은 아니었고 정치적인 갈등도 함께 있었다. 독일의 과학자들은 일차대전 이후 국제적인 학술대회에는 초대를 받지 못하였다. 그러다가 독일 수학자들이 국제적인 학술대회에 참가한 것은 1928년 볼로냐에서였다. 독일수학회는 이에 대항하는 의미에서 단 한 사람만을 대표로 보내기로 결정하였는데 힐베르트를 보낼 계획이었다. 그러자 즉시 베를린대학의 정교수 비버박흐(L. Bieberbach, 1886-1982)[4]가 반대하였는데 그는 네덜란드의 브라우어를 지지했던 사람이었다.

이런 일련의 사건들이 결국 힐베르트로 하여금 1928년에 브라우어를 수학연감의 공동연구자 그룹에서 그의 지금까지의 노고를 감사히 여긴다는 의례적인 치사와 함께 퇴임하기를 요청하도록 결정하게 만들었다. 이 문제는 결국 법정문제로까지 비화되고 브라우어는 적극적으로 방어하였다. 선의의 몇몇 사람들은 두 사람을 화해시키려고 노력하였는데 그 중에서 카라테오도리(C. Caratheodory,1873-1950)[5] 같은 사람은 네덜란드로 직접 가서 흥분한 힐베르트의 건강을 생각해서 부라우어에게 자진퇴임을 요청하였다. 그러나 브라우어는 그러한 고려는 정말 힐베르트가 쇠약하다는 사실을 오직 힐베르트 부인과 그의 주치의가 서명한 편지를 보내야만 할 수 있다고 하였다. 이런 부당한 요구를 함으로써 브라우어는 공동연구자들의 마지막 호소를 농락하였다. 또한 그는 비버박흐와 함께 베를린에 있는 연감의 발행자인 스프링거(J. Springer) 회사에도 끼어들려고 하였다. 결국 연감의 편집자들은 브라우어를 조용히 제거하기 위하여 새로운 구성위원을 만들게 되었다.

어쨌든 힐베르트는 브라우어와의 싸움에서 많은 상처를 받았다. 볼로냐에서 주제 발표를 하면서 힐베르트는 이 반항자의 이름을 직접 거명하진 않았지만 발표의 마지막에 긴 한숨과 함께 그의 행동에 대해서 다음과 같이 말하였다.

"…만일 수학에서조차 확실한 진실이 없다면 도대체 우리들 지식의 진실성은 어떻

[4]독일의 기하학자. 비버박흐 추측으로 알려진 사람이다. 나치스 시절 '독일 수학' 논문집의 발행자.

[5]그리스 태생의 수학자. 주로 독일에서 활동하였다.

게 되는 것이고 과학의 존재와 발전은 어떻게 담보가 되는것입니까?”[6]

여기서 힐베르트가 과학의 진실에 관하여 말한 것에 주목해야 한다. 약 25년 전에 힐베르트는 프레게와 편지를 주고 받았는데 당시 프레게는 ‘진실의 수호자’ 였고 힐베르트는 무모순의 증명안에 있는 ‘안전함’에 느긋해있던 시절이었다. 그러나 볼로냐에선 그는 약간 다르게 말을 하였다.

6) 구조 수학

연감싸움이 지난 60년 후, 이?는 브라우어가 죽은 지 20년이나 지났는데 도대체 ‘직관론’에서 남아있는 것이 무엇인가? 수학자들의 대다수는 힐베르트 편에 서있었다(또는 현대판 ‘플라톤식’ 개념에). 그럼에도 수학을 어떤 ‘구조적인’ 방법으로 해결하여는 주목할 만한 시도가 있다. 그들은 세는 것의 기본 단계로부터 순수한 존재 명제 없이도 무언가 이끌어 내려고 시도한다. 예컨대 반복함수 위에 정의된 해석학 등이다. 그러나 오늘날의 구조주의자들은 더 이상 형식주의자들을 원망하는 데 열심이라고 볼 수는 없다. 그들은 기하학에서 자와 컴파스만으로 가능한 것이 무엇인가 물어보는 것처럼 구조적인 도구를 가지고 얻을 수 있는 것이 무엇인가 하는 재미있는 질문을 던지고 있다.

[6] 참고문헌 [8], 253쪽

20. 폰 노이만(J. von Neumann, 1903-1957)

전공의 천재성으로 보면 폰 노이만은 당대 최고 중의 한 사람이다. 그의 박학함이나 논문의 영향력으로 본다면 아마도 아르키메데스와 맞먹을 것이다. -벵케(Behnke),[1] 헤르메스(Hermes)[2]-

1) 기적의 박사

1932년은 함수해석학의 역사에서 의미 심장한 때였다. 이 해에 바낙흐(S. Banach, 1892-1945)[3]는 '선형연산론'에 관한 논문을 발표하였고 폰 노이만[4]은 양자역학을 위한 '수학 원론'을 집필하였다. 이로써 함수해석학은 마침내 독자적인 수학의 한 분야로 독립하게 되었을 뿐만 아니라 이론 물리학에도 수많은 응용 가능성이 있는 것으로 밝혀졌기 때문이었다.

폰 노이만은 1903년 헝가리의 수도 부다페스트에서 태어났다. 그의 집안은 부유한 유태인이었지만 은행가였던 아버지는 유태인 가풍을 따라 가족을 이끄는 것보다는 기독교적인 분위기를 선호했던 것 같다. 폰 노이만은 어린 천재로 유명하였는데 6살 때 억 단위의 계산과 나누기를 할 수 있었다고 하며, 기억력 또한 뛰어나 아버지가 초대한 손님들 앞에서 어린 아들로 하여금 전화번호부를 외워 보이는 게임도 하였다고 한다.

부다페스트에 있는 미션스쿨에 다닐 때에는 모든 교사들이 그의 수학적 재능에 경탄을 금치 못하였다고 한다. 그러나 아버지의 강력한 소원을 따라 그는 먼저 스위스 취리히 공대에서 화공학(수학을 부전공으로 한) 석사학위를 받게된다. 그 후 수학을 연구하면서 1926년(23세) 부다페스트에서 수학 박사학위를 받게된다. 이때 저명한 수학자 페예르(L. Fejer, 1880-1959)[5]는 폰 노이만을 수학으

[1] 1898-1979. 독일 뮌스터대학 교수, 정수론, 해석학자.
[2] 1912- 프라이부르그(Freiburg)대학 교수 수학적 증상학자.
[3] 폴란드 수학자. 현대 함수해석학의 창시자.
[4] 노이만은 자신의 이름을 몇번 바꾸었는데 쩨르멜로에게 보낸 편지를 보면 자신을 '한스 폰 노이만(Hans von Neumann)'으로 썼고 베를린 대학의 강의록에는 '노이만 폰 마르기타(Neumann von Margitta)'로 표기하였다. 후에 미국으로 이주하고나서는 존 폰 노이만이란 이름을 사용하였다.
[5] 헝가리 수학자. 푸리에 급수를 연구한 학자로 유명하다.

폰 노이만

로 이끌게 하는 인도자 역할을 하였다. 취리히 공대에서 폰 노이만을 가르쳤던 폴랴(G. Polya,1887-1985)[6]는 "폰 노이만은 내가 유일하게 두려워했던 학생이었다. 강의 중 내가 제대로 못 푸는 문제가 있으면 강의 후 쪽지 위에 휘갈겨 쓴 완벽한 해를 들고 찾아왔었다."고 말하였다. 또한 당시 그의 박사논문을 평가했던 프렝켈(A. Fraenkel, 1891-1965)[7]은 자신의 회고록에 다음과 같이 써놓았다.

'1923년도에 마르부르그(Marburg) 대학에 있던 슈미트(E. Schimidt, 1876-1959)[8] 교수로부터 '집합론의 공리화'라는 제목이 붙은 방대한 양의 논문집을 전달받았다. 논문의 저자는 나한테 생소한 폰 노이만이란 학생이었는데 슈미트는 베를린에는 이 논문을 완벽하게 평가할 수 있는 교수가 없으니 내가 읽어보고 이 논문을 '수학 논문지(Mathematische Zeitschrift)'의 게재여부에 판단을 내려달라는 말도 덧붙였다. 나는 이 논문을 이해하는데 엄청난 노력을 기울였는데 그 이유는 이 논문이 지금까지 집합론의 공리화에 대한 이론의 일반적인 이해를 벗어났을 뿐만 아니라, 어떻게 보면 모순같이 보이기는 하지만, 그것을 집합이 아닌 함수로 파악하여 선학들이 금기시 해왔던 '엄청나게 큰' 분야로 들어갔다는 데 있었다. 난 이 모든 것을 이해하는 것을 넘어서서 저자의 뛰어난 천재성에 감탄을 금치 못하여 편집인들로 하여금 이 저자를 만나 볼 수 있게끔 마르부르그로 보내달라고 요청하였다. 그와의 첫대면은 너무나 인상적이어서 나는 물론이고 나의 부인에게도 충격적인 인상을 주었다. 그는 아직 스무살도 안된 호리호리한 젊은이였는데 전형적인 천재의 모습을 띄고 있었던 것이다.'[9]

그러나 1926년에 이미 힐베르트는 폰 노이만에게 록펠러 장학금을 주선하였고 이어서 두 사람은 양자역학에서의 수학적 원리를 연구를 할 정도였다. 당시 20대 중반이었던 그는 이미 세계적인 수학자로서 명성을 얻었고 모든 수학회에서 젊은 천재로 소문이 자자하였다. 부다페스트에서 박사학위를 받은 후 1928년에는 24세의 나이로 베를린에서 교수 자격 과정을 통과하였다. 그러나 그 전에 이미 논문지에 몇 가지 중요한 논문들을 발표하였었다. 한 수학자가 함수론에 발을 디디면 그는 아마도 좀더 일반화된 분야인 함수 해석학자로 알려질 수는 있

[6] 부다페스트 태생의 해석학자. 나중에 스탠포드대학 교수가 됨.
[7] p-adic number와 집합론에 관한 연구로 유명한 유태계 독일 수학자.
[8] 힐베르트 다음 세대의 위대한 수학자.
[9] 참고문헌[12], 421쪽

겠지만 그 수학자가 컴퓨터 테크닉이나 증명론에서 두각을 나타내기는 힘들 것이다. 그러나 폰 노이만의 경우는 달랐다. 마치 포앙카레가 그랬던 것처럼 과학의 여러 분야에서 뛰어난 천재성을 지니고 있었다. 그의 연구 영역은 집합론에서부터 증명론 그리고 주기함수까지 뻗어있었기 때문이었다. 또한 게임론, 함수해석학 그리고 연산테크닉 역시 그의 중요 연구대상이었다. 폰 노이만의 연구분야가 얼마나 넓었는지는 그의 전기를 쓰는 팀이 여러 명으로 구성되어 있는 것만 보아도 알 수 있는데 작가 한 사람이 폰 노이만의 전 분야를 섭렵하는 것은 불가능하기 때문이다. 폰 노이만은 또한 다방면으로 매우 빨리 생각할 수 있는 연구자였기 때문에 사람들은 그를 '기적의 박사'(호프만, E.T.A. Hoffmann)의 표현에 의하면)로 부를 정도였다.

그 후 베를린과 함부르그의 대학에서 강의를 하였던 폰 노이만에게 학생들은 두 가지 면에서 감탄을 금치 못하였는데 하나는 무섭게 빠른 사고력, 나머지는 말하는 속도였다. 폰 노이만 폰 마르기타(당시의 폰 노이만의 이름)는 보통 사람의 2배의 속도로 말하였다고 한다. 그러나 설명은 아주 자세하고 명쾌하게 하였기 때문에 오늘날도 그의 제자들이 보관하고 있던 1929년과 30년 사이의 강의노트를 보면 지금도 잘 이해할 수 있다.

그리고 1930년에 미국의 프린스턴 대학에서 강의를 맡게 되는데 이때까지만 해도 그는 베를린에 있는 교수자리를 유지하려고 하였었다. 이 사실은 그가 1933년 1월 12일에 쓴 편지를 보면 여전히 베를린에서 강의를 할 계획을 가지고 있었던 것으로 알 수 있다. 그러나 그의 계획은 무산되었는데 나치가 정권을 차지하자 그가 유태인이라는 이유로 '강단에 설 자격(venia legend)' 문제로 교수직을 잃어버리게 되었기 때문이었다. 1933년에 폰 노이만은 프린스턴 대학이 세운 '고등연구소(Institute for Advacend Study in Princeton)'의 수학분야 창립멤버가 된다. 이 곳에서 그를 '기적의 박사'로 부르게 만드는 다방면의 연구 업적을 만들어 내었다.

프린시턴 시절에 폰 노이만은 아인슈타인과 연구소 동료였다. 그러나 이 세기의 천재들 사이에서 공동연구는 없었다. 이는 아마도 두 사람 사이에 존재하는 연구 스타일이 달라서 그런 것 같다. 하나는 엄청나게 빠르게 생각하는 반면 다른 하나는 조용히 숙고하는 타입이었다. 그러나 같은 연구소로 이민을 온 두 천재들 사이에는 좀더 중요한 차이가 있는데 아인슈타인은 자신의 전공을 넘어서는 경계 밖의 대상과 신 그리고 우주에 대해서 깊은 사고를 하였던 사람이었다. 그러면서 인과설에 대하여 본(M. Born, 1882-1970)[10]과 잦은 대화를 하였고 종교와 과학에 관한 연관성 등에 대한 연구도 심도있게 하였다. 반면에 폰 노이만은 그의 많은 논문 어디를 찾아 보아도 그런 것에 대한 관심을 발견할 수는 없다. 그는 자기 전공의 첨단 부분을 가지고 다른 분야에 응용할 길을 찾고 있었다. 그는 실용적인 사람이었고 2차대전 중에는 컴퓨터를 개발하는데 주력하였다. 그러면서 수학이론을 공학에 이용하는 것에 큰 관심을 기울였었던 사람이었다. 그는 당시 미국의 과학계에 손을 안댄 곳이 없을 정도였는데 심지어는 로스 알라모스(Los Alamos)에서 원자폭탄을 제조하고 있던 오펜하이머(R. Oppenheimer, 1904-1967)[11]의 팀에도 고문관으로 참가하여 원자폭탄의 폭발 후에 발생하는 구 형태의 충격파를 묘사하는 비선형 미분방정식 문제에 공동연구를 하였다. 수소폭탄 제조 책임자로 임명되어 아이젠하워 대통령 시절에는 미국 원자에너지위원회의 위원으로 위촉되기도 하였다. 그러나 그 직후 그는 암에 걸려 오랜기간 동안 고통스런 투병 끝에 워싱톤에 있는 한 병원에서 생을 마감하였다. 그의 성격에 관한 전설(물론 믿을 것은 못되지만)이 있는데 폰 노이만은 대통령에게 소련에 있는 황무지에 수소폭탄을 떨어뜨려 미국의 군사적 우위를 보여주자고 건의하였다고 한다. 그러나 그와는 정반대로 폰 노이만이 스위스의 제네바에서 열렸던 국제 원자력 회의에서 원자력의 평화적인 이용에 중요한 역할을 하기도 하였다.

다음에 폰 노이만의 천재성이 얼마나 독보적이였는가를 보기 위해서는 그가 1923년에 쓴 집합론에 관한 편지를 읽어보면 알 수 있다.

---

[10] 양자역학으로 노벨상을 받은 영국의 물리학자
[11] 미국의 원자탄 프로젝트였던 만해탄 프로그램의 책임자였던 저명한 물리학자

2) 쩨르멜로에게 보낸 편지

집합론의 창시자 칸토는 1918년에 세상을 떠났다. 그러자 독일 프라이부르그(Freiburg)에 있던 쩨르멜로가 그의 뒤를 이어 초한수 이론의 선구자 역할을 하고 있었다. 쩨르멜로는 최초로 집합론의 공리화를 시도하고 있던 중이었다. 그의 밑에서 당시 19세였던 학생 폰 노이만은 집합론에 관한 새로운 시도를 쩨르멜로에게 보냈는데 그 편지 안에 폰 노이만은 “성공하였습니다…”라는 말을 썼다. 성공이라는 단어는 순서수에 대한 새로운 개념의 설정을 의미하였다. 칸토 자신도 이 개념의 설정을 위해서 평생을 카디날 수와 순서 수의 정의를 위하여 노력하였던 것이었다. 그러나 그가 사용했던 개념들은 공리화에는 적합하지 못했다. 그러나 이제 폰 노이만이 비록 유한한 경우부터 시작했지만 이 순서수의 개념을 완전히 새롭게 파악하고 설명하였던 것이었다. 오늘날에는 순서수를 모든 원소 w가 w로부터 만들어진 절단, 즉 w=Aw가 성립하는 하나의 정렬집합으로 파악하고 있다. 여기서 절단 Aw는 w앞에 서있는 집합의 원소들의 집합이다. 따라서 폰 노이만의 수는 유한한 순서수가 된다. 예를 들면 $3 = \{0,1,2\}, 2 = \{0,1\}$이다.

3) 집합론의 공리화

쩨르멜로가 폰 노이만이 보낸 편지에 몇 가지 수정을 가해서 답장을 보냈을 수도 있다(알려지진 않았지만). 어쨌든 집합론의 공리화에 대한 폰 노이만의 논문은 1925년에 크렐레의 논문지에 게제되었다. 다음에 폰 노이만이 생각했던 것을 직접 보기 위해서 그의 논문을 소개해 보기로 하자. 젊은 수학자들은 처음 얼마동안은 선학들이 이루어 놓은 연구를 이어받아 계속 전개시키는 것은 예나 지금이나 마찬가지다. 그러나 폰 노이만은 박사학위를 받기도 전에 초한수(trasfinite number)에 관한 새로운 내용을 과감하게 발표하였다. 다음에 그 논문의 일부를 보기로 하자.

공리 시스템

§1. 집합론 공리화의 원칙

초록: 이 논문의 목적은 집합론에 관한 논리적이고도 모순이 없는 공리시스템을 구축하는 것이다. 논문의 서문에는 이러한 집합론적 논리의 구축이 생각만큼 쉽지 않다는 몇 개의 사실을 소개해 놓겠다.

집합론이 칸토가 정의한 최초의 모습으로 볼 때에는 몇 가지 모순이 나타난다는 사실은 잘 알려져 있다. 대표적인 것으로는 러셀이 지적한 것으로써 스스로를 원소로 하지 않는 집합들의 집합은 존재하지 않는다는 것을 시작으로 부랄리-포르티(C. Burali-Forti, 1861-1931)[12]는 모든 초한적인 순서수의 집합 역시 모순이고, 리차드(J.A. Richard, 1862-1956)[13]는 유한하게 정의가능한 모든 실수들의 집합도 모순이라고 밝혔다.

초기의 집합론이 이렇듯 분명한 모순을 내포하고 있기는 하지만 어떤 부분에선 분명히 이론적 정당성도 가지고 있고 또한 현대수학의 형식에서 집합론을 당연히 요구하기 때문에 이 분야의 새로운 재정립이 필요하다. 여기서 근본적으로 두 가지 상이한 방향을 구별해야 하는데 한 무리의 수학자들은 집합론에서 나타난 모순들을 계기로 모든 논리적으로 명쾌한 과학을 세우기 위하여 다시 한번 주의깊게 연구해보자는 주장을 하였다. 그들의 목적은 아주 정확한 과학을 일반적으로 인정받는 기초 위에 세운 다음 진정한 수학뿐만 아니라 집합론조차도 제대로 작동될 수 있도록 하자는 것이었다. 그러면서 모순이 있는 것들은 아예 처음부터 논의에서 제외하자는 것이었다. 러셀과 쾨니히(J. Koenig, 1858-1931), 바일, 브라우어 같은 분들이 이 부류에 속한다. 그러면서 그들은 여러 가지 결론들을 얻었는데 이러한 활동에 대하여 내가 받은 인상은 그들은 집합론 같은 것을 아예 없애버리려 한다는 것이었다. 러셀의 경우에 수학과 집합론은 가장 문제가 많은 최소 공리에 바탕을 두고 있는 것처럼 보이고 바일과 부라우어는 수학의 커다란 부분인 집합론을 전혀 쓸모 없는 것으로 거절하였다. 집합론을 살려보려는 노력은 전혀 없었고 지금까지 쓰여져 왔던 기본적인 논리적 귀결, 특히 '모든', '존재하는' 또는 '제외된 삼자로부터' 등 원칙적인 논리들에 대하여 많은 비판을 해왔다.

또 다른 그룹에는 쩨르멜로, 프렝켈(Frenkel) 그리고 쉰플리스(Schoenflies) 등이 있었는데 그들은 급진적 수정주의적인 것들을 제외하였다. 논리적 방법론을 더 이상 비판

[12] 이탈리아 투린(Turin)대학 교수. 수학자 페아노(G.Peano, 1858-1939)의 제자.

[13] 프랑스 수학자. '유한한 정의 가능성은 그 가능성이 항상 고정된 언어로서만 가능하다는 인식으로 끌고 간다'는 역설을 발견.

하지는 않았고 오로지 누가 봐도 쓸모없는 어리숙한 집합론의 이론들만 금하였다. 그리고 이러한 것들을 대체하기 위해서 공리적 방법을 도입하게 되었다. 즉, 여러 개의 가정들을 나열했는데 그 안에서 집합이란 단어가 나타나기는 하지만 아무 의미 없이 쓰이고 있다. 여기서 '집합'이란 것은 (공리적 방법론에서) 가정으로부터 따르는 것 외에는 더 이상 아는 것이 없고 알고 싶어해서도 안 되는 대상이었다. 모순을 제외한 칸토의 집합 이론들이 따라 나올 수 있도록 공리들이 만들어져야 한다. 물론 모순이 공리화에서 어떻게 될지는 아무도 모른다. 우리는 그저 그러한 모순으로 이끄는 알려진 논리적 단계를 거부할 따름이다. 그러다가 다른 방법은 없다는 것을 혹시나 알게 될지 누가 알겠는가? 이러한 관점에서 본다면 법칙에 맞는 무모순의 증명은 상상조차 할 수 없게 된다. 왜냐하면 힐베르트가 상이한 기하학에서 보여준 모순없는 방법들이 연산학이나 해석학에서 무모순의 방법이 되지 않는다는 것을 보여주었기 때문이었다. 문제를 피하지 않는 직설적인 무모순의 증명은 아마도 논리학에서 스스로 밝혀지겠지만 첫 번째 그룹의 업무에 속하게 될 것이다. 힐베르트가 예견했던 논문들이 이것을 목적으로 하고 있다.

두 번째 그룹은 괴롭기는 하지만 칸토의 모순을 피하면서 더 이상 모순이 나타나지 않는 새로운 공리 시스템을 만들고 있다. 첫 번째 그룹과 마찬가지로 그들의 시도는 결코 완벽해질 수는 없겠지만 그들의 목표는 훨씬 더 분명하고 명백해진다. 물론 공리들은 임의로 만들어지긴 하겠지만 한가지는 분명히 성공할텐데 그것은 집합론의 새로 쓰여질 부분이 어떤 것이고, 만일 미래에 완벽한 형식적인 집합론을 말하게 된다면 무엇을 다루게 될 것인지를 분명히 제시할 것이라는 것이다. 이 논문은 두 번째 그룹에 속하게 될 것이다. 여기서는 모든 잘 알려진 집합론이 아무런 모순없이 따라 나오게 만드는 모든 가정들의 시스템을 제시할 것이다. 물론 '아무런 모순이 없다'라는 말은 지금까지 수학에서 사용하는 의미를 뜻한다. 그리고 부라우어-바일 직관론의 의미로써는 결코 시도하지 않을 것이다. 미리 말해 주고 싶은 것은 내가 없애 버리고 싶어하는 것이 비교적 쉽게 이루어질 것이라는 것이다. 또한 공리적 방법이 직관적 존재에 부딪힐 것이다. (직관적으로 보면 공리적 시스템은 기껏해야 한 가지 의미만 맞을 터인데 그것은 무모순의 증명이 직관적으로도 맞다는 것이다. -브라우어는 이 마저도 인정 안했지만) 아주 핵심적인 문제들은 II장에 주로 나타날텐데 그 이유는 이 문제들은 공리 시스템의 사전지식을 요구하기 때문이다.

§2. 공리화에 대한 일반적 개론

공리화의 문제는 물론 모든 원하는 집합의 형성을 유한하고도 순수한 단계(이것의 정당성 역시 공리들에 의해 보장되어야 하지만)를 통해서 만들어 낼 수 있다는 것이다. 피해야 할 것은 쩨르멜로에서 나타나는 불분명한 원칙인 '본질(Definitaet)' 같은 이론들을 합쳐놓거나 선택하여 집합을 만드는 것이다.

우선은 '집합'이란 말 대신 '함수'를 공리화하는 것으로 하겠다. 왜냐하면 후자가 전자를 포함하기 때문이다(자세히 설명하자면 두 개념 다 같은 뜻이긴 한데 함수는 쌍으로 이루어진 집합이고 집합은 2개의 값을 가지는 함수로 파악할 수 있기 때문이다). 그럼에도 일반적인 상황을 비켜가는 것은 집합론의 모든 공리화는 어차피 함수의 개념을 사용하기 때문이다. 그러면서 집합의 개념을 함수로 파악하는 것이 역으로 하는 것보다 훨씬 단순하기 때문이기도 하다.

공리화 되어진 시스템의 모습은 다음과 같다. 우선 '아규멘트'하고 '함수'라는 두 개의 대상의 영역을 설정한다. 두 단어는 물론 순수 형식적인 표현일 뿐 아무런 의미는 없는 것이다. 두 영역이 같은 것은 아니지만 부분적으로 겹칠 수는 있다. 예를 들면 '아규멘트-함수' 같이 동시에 겹치는 부분을 가지고 있는 것도 있기 때문이다.

이제 이 영역들에는 2 변수연산 $[x, y]$가 정의되는데 '아규멘트 y에 대한 함수값 x'라고 읽고 첫 번째 변수 x는 항상 함수 그리고 두 번째는 항상 아규멘트가 되어야 한다. 그리고 이를 통해서 항상 '아규멘트' $[x, y]$가 형성된다.

이 연산 $[x, y]$는 수학 어디에서나 통용되는 프로세스다. 함수 f(함수 값 $f(x)$와 다르다는 것을 명심할 것!)와 아규멘트 x로부터 함수 f의 아규멘트 x의 값 $f(x)$를 만들 수 있다. $f(x)$ 대신에 $[f(x)]$로 표시함으로써 이 프러세스에서는 f 역시 x와 마찬가지로 변수로 인식된다. 그러면 $[x, y]$로써 2변수 함수를 가지고 다시 일변수 함수로써 대치할 수 있다. 여기서 함수 영역의 원소들은 아규멘트로 정의되어져 있고 그 값 역시 아큐멘트인 평범한 함수와 같은 역할을 하고 있다. 나중에는 집합으로써 이 함수 x들 중에서 y가 모든 아규멘트를 취할 때 $[x, y]$에 오직 2개의 값만 정의되는 함수로 나타나는 것도 있다. $[x, y]$에는 아래와 같이 '결정 공리'도 성립한다.

만일 a, b가 함수들이고 모든 아규멘트 x에 대해서 $[a, x] = [b, x]$가 성립하면 $a = b$이다. '함수' a는 그의 값 $[a, x]$로 정확히 결정되는데 그렇다고 이 값들을 임의로 정할 수 있다는 것은 아니다. (안그렇다면 다시 모순있는 집합론으로 빠질 수 있다) 그렇다면 곧바로 '이 함수들을 만들기 위해서 어떤 연산을 가져야 하는가' 라는 질문이 나온다. 이에 대한 대답은 공리 그룹 II-III에 나온다.

또 다른 질문은 어떤 함수들이 동시에 아규멘트가 되는가? 대답이 모든 것이 그렇다고 된다면 기분 좋겠지만 그러게 되면 공리 그룹 II-III에 소개한 함수들의 생성에서 다시 한번 초기 집합론의 모순에 부딪히게 될 것이다. 당장 러셀의 모순 문제가 나타난다. 또한 모든 생성가능성을 필요로 하기 때문에 아규멘트 성질 중 어떤 것은 제거해야 한다. 이런 불가피한 제한 때문에 쩨르멜로가 제시한 방향이 나올 수밖에 없다.

임의의 아규멘트 A를 선택해서 오직 함수 a만이 A의 너무 자주, 즉 너무 많은 아규멘트 x에 대해서 서로 다른 값 $[a, x]$가 되지 않도록 하는 함수라고 하자. (집합은 2-변수 함수로 정의되어지는데 그 중의 하나가 값 A가 된다. 이렇게 하면 쩨르멜로의 관점으로 볼 때도 제대로 정의되어진 것이다.) 여기서 '너무 자주'라는 단어에 대해서 확실히 해두자. '함수' a가 '아규멘트'가 되지 않기 위한 필요충분조건은 $[a, x] \neq A$가 성립하는 모든 아규멘트 x들의 모임이 모든 아규멘트에 맺어지는 것이다. (이로써 함수가 $y = [b, y]$의 형태를 갖춘 일반적인 함수들로 나타낸 것이다. 유일하다는 것은 꼭 역으로 유일할 필요는 없다는 뜻이다.) 이 정의는 이미 '아규멘트'로서 알려진 함수 b보다 드물게 $\neq A$가 되는 모든 '함수' a의 '아규멘트' 특성을 보장해 준다는 장점이 있다. 여기서 '드물게'라는 단어의 의미는 $[a, x] \neq A$가 되는 모든 x의 상(image)이 $[b, x] \neq A$(또는 적어도 그것의 일부분)가 성립하는 모든 x의 상이라는 것이다. 이러한 정의는 소위 쩨르멜로의 선택공리와 프렝켈의 대체공리를 다 포함할 수 있다. 그 외에도 이 정의는 정렬집합 정리를 포함하여 선택의 원리가 더 이상 필요 없게 만드는 더 큰 의미도 포함하고 있다.

이 새로운 관점에서 정렬집합의 정리는 다음에 근거하여 나타난 것이다. 순서수 이론은 아무런 모순없이 세울 수가 있는데 모든 순서수를 전부 모아보면 '초기'의 '부랄리-포르티'의 모순에 부딪히게 된다. 우리의 시스템에서는 $\neq A$인 모든 순서수를 만족하는 함수는 더 이상 아규멘트가 아니게끔 되어있다. 따라서 순서수의 모든 것은 아규멘트의 모든 것에 맺어질 수 있다. 뿐만 아니라 모든 아규멘트의 모임 위에 정렬 순서를 정의할 수 있다. (이 과정은 물론 엄격하게 다루어야 한다). 또 하나 말하고 싶은 것은 집합론의 공리화에서는 '모든', '함수'의 개념들이 단순하게 사용되어져서 좀 서먹할 수 있다는 것이다. 그러나 이 현상은 시스템을 일관하는 여기 §2에서만 나타나는 것이고 §3 이하부터는 더 이상 이런 식의 표현은 안나타날 것이다.[14]

[14] 참고문헌 [8], 273-277쪽

4) 계산 능력

앞에서도 이미 폰 노이만의 놀랍게 다양한 과학적 능력을 말했지만 그 정도면 그의 능력에 대해 어느 정도 알아 보았다고 말할 수 있을 것이다. 그러나 그의 보다 깊은 능력이나 업적에 대해서 알아보기는 힘들다. 왜냐하면 지금까지 살펴본 것과 그 전의 그가 해놓은 업적에 대해서는 자세히 말할 수 있지만 그 뒤에 나타난 그의 업적에 대해서는 아직 제대로 연구가 안되었기 때문이다. 그럼에도 그가 관심을 기울였던 계산의 실용화 부분에 대해서는 짚고넘어가야 할 것 같다. 고등학교 수학보다 더 간단한 것은 계산기술의 초보 단계인데 컴퓨터는 모든 계산 과정을 세는 가장 기본적인 과정으로부터 출발한다.

폰 노이만은 바로 이런 현대적인 계산테크닉에 문제의식을 가지고 있었다. 2차대전 초기에 미국에서 최초의 커다란 계산기가 만들어 졌는데 당시에는 이런 종류의 기계에는 수많은 진공관이 필요하였다. 따라서 이런 기계를 만드는 과정에서 최고의 관심사는 바로 이런 기술 공학적인 문제가 큰 관심사였다. 이런 기계를 만드는 연구는 주로 그룹별로 하였기 대문에 어떤 엔지니어가 또는 어떤 수학자가 이 프로젝트에 어떤 아이디어를 제공하였는지는 말하기 힘들다. 그러나 폰 노이만의 경우는 분명하다. 그는 모든 종류의 프로젝트에 참가하여 진두지휘 하였었고 자주 기계를 간소화하는 설계도를 직접 그리기도 하였다. 골드슈타인(H.H. Goldstein)은 폰 노이만과의 공동연구에 대해서 그의 자서전에서 밝혔는데 "폰 노이만은 그 모든 프로젝트에서 누구보다도 많은 아이디어로 머리가 꽉 찬 사람이었다"고 고백하였다. 이렇듯 그의 연구 능력은 어느 분야든 거칠 것이 없었다. 그는 집합론부터 고등 해석학의 근본적인 문제, 게임론, 현대대수학 그리고 실용적인 계산기까지 못하는 곳이 없었다.

그렇지만 과학자 중에는 연구의 첨단에 천재성을 발휘하다 보면 가장 단순하게 실용적인 것에는 아주 생소하게 생각하는 사람들이 있다. 예를 들면 슈미트 같은 사람은 인문계 수학은 자신의 사고 영역의 밖에 있는 너무나 단순한 분야였다. 슈미트에게는 아들이 하나 있었는데 아마 고등학교에서 수학을 잘 못했던 것 같다. 그러자 학교 선생님은 아들을 걱정하는 아버지한테 아들을 직접 가르치실 수 없느냐고 물었다. 그러자 슈미트는 “학교 수학은 너무나 단순해서 불가능합니다.”고 대답하였다. 폰 노이만 역시 과학에는 천재였으나 그의 부인에 의하면 집에서는 망치하나 제대로 잡을 줄도 몰랐던 사람이었다고 한다. 심지어 폰 노이만이 프린스턴에서 워싱톤으로 여행 중 갑자기 중간에 기차에서 내린 다음 집에 전화를 걸어 자기가 왜 워싱턴에 가야하는지 물을 정도였다고 한다.

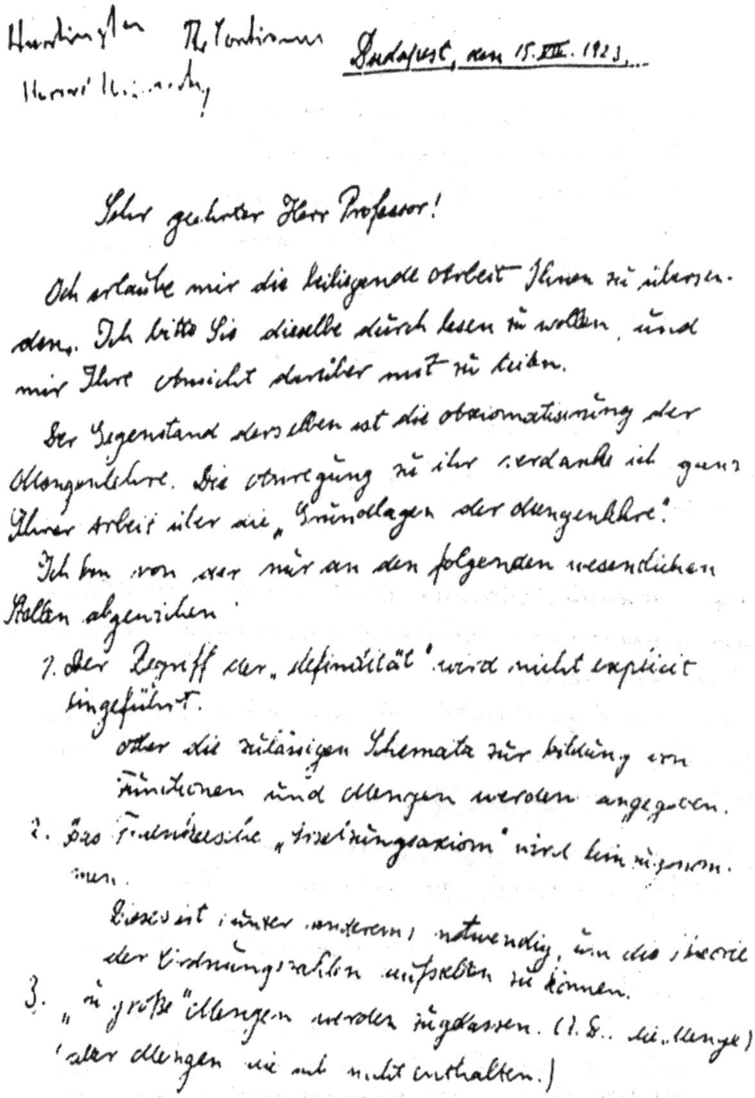

Budapest, den 15. VIII. 1923.

Sehr geehrter Herr Professor!

Ich erlaube mir die beiliegende Arbeit Ihnen zu übersenden. Ich bitte Sie dieselbe durchlesen zu wollen, und mir Ihre Ansicht darüber mit zu teilen.

Der Gegenstand derselben ist die Axiomatisierung der Mengenlehre. Die Anregung zu ihr verdanke ich ganz Ihrer Arbeit über die „Grundlagen der Mengenlehre".

Ich bin von der Ihren an den folgenden wesentlichen Stellen abgewichen:

1. Der Begriff der „Definitheit" wird nicht explicit eingeführt.
   Aber die zulässigen Schemata zur Bildung von Funktionen und Mengen werden angegeben.
2. Das Fraenkelsche „Ersetzungsaxiom" wird hinzugenommen.
   Dieses ist (unter anderem) notwendig, um die Theorie der Ordnungszahlen aufstellen zu können.
3. „zu große" Mengen werden zugelassen. (z.B.: die Menge aller Mengen die sich nicht enthalten.)

Fax로 받은 노이만의 친필 편지[15].

[15] 참고문헌 [8], 269쪽

Ich glaube dass dies notwendig ist um das „Ersetzungsaxiom" formulieren zu können.
Um Paradoxien zu vermeiden, werden zwar alle „definiten" Mengen zugelassen, aber die zu grossen für unfähig erklärt, Elemente von Mengen zu sein.

——— ———

In den beiden ersten Teilen der Arbeit wird diese ganze Axiomatik auseinandergesetzt, und die Herleitung der Elemente der bekannten Mengenlehre durchgeführt.

Das geschieht, schon der klaren Auseinandersetzung der angewandten Methode wegen, ziemlich weitgehend und detailliert.
Da es sich grösstenteils nur um die formalistische Herleitung bekannter Sätze handelt, musste dabei viel triviales behandelt werden.

Neu sind (von einigen Kleinigkeiten abgesehen) in dieser Darstellung wohl nur die folgenden Punkte:

1. Die Theorie der Ordnungszahlen (zweiter Teil, zweites Kapitel).
   Es gelang mir die Ordnungszahlen auf Grund der Mengenlehre Axiome allein auf zu stellen.
   Die Grund Idee war die folgende:
   Jede Ordnungszahl ist die Menge aller vorhergehenden. Es wird: (0 die Nullmenge)

$$
\begin{aligned}
0 &= 0, \\
1 &= \{0\}, \\
2 &= \{0, \{0\}\}, \\
3 &= \{0, \{0\}, \{0, \{0\}\}\}, \\
&\cdots \\
\omega &= \{0, \{0\}, \{0, \{0\}\}, \{0, \{0\}, \{0, \{0\}\}\}, \ldots\}, \\
\omega+1 &= \{0, \{0\}, \{0, \{0\}\}, \ldots, \{0, \{0\}, \{0, \{0\}\}, \ldots\}\}, \\
&\cdots \\
&\cdots
\end{aligned}
$$

(Für die positiven endlichen Zahlen lautet also die Regel so: $x+1 = x + \{x\}$.)
Diese Theorie hat auch im Rahmen der „naiven Mengenlehre" Sinn. (Sie wird naiv behandelt, demnächst in der Zeitschrift der Szegediner Universität erscheinen.)

2. Die Art der Einführung des Wohlordnungssatzes. (Axiom IV 2)

Eines der Axiome, IV 2, bestimmt, wann eine Menge „zu groß" (d. h. unfähig Element zu sein) ist; und zwar folgendermaßen:

Eine Menge ist dann und nur dann „zu groß", wenn sie der Menge aller Dinge aequivalent ist.

Dieses Axiom umfasst offenbar das „Aussonderungs-Axiom" und das Fraenkelsche „Ersetzungs-Axiom". Es enthält aber auch, was einigermaßen seltsam erscheinen mag, den Wohlordnungssatz.

Der Beweisgang ist etwa der: die Menge aller Ordnungszahlen ist (die sich ohne weiteres aufstellen lässt) würde auf die Burali-Fortische Antinomie führen, also ist sie „zu groß". Also ist sie der Menge aller Dinge aequivalent. Das ergibt aber sofort eine Wohlordnung für die Menge aller Dinge.

인명 찾기

저자 약력

김 승 욱

서울 출생

독일 Kiel 대학교 이학석사, 이학박사

현재 한국외국어대학교 수학과 교수

저서 「위상수학」

「거리공간론」

「짧게 그러나 완벽하게」 외 다수

위대한 수학자들의 사고방식

2009년 8월 20일 초판 인쇄
2009년 8월 25일 초판 발행

저 자 / 김승욱
발행자 / 오판근
발행처 / 교우사

주 소 / 서울 동대문구 제기2동 148-19
전 화 / 925-2861(代), 편집부 / 925-2825
팩 스 / 925-2860
E-mail / kyowoo@kyowoo.co.kr
http://www.kyowoo.co.kr

등록 / 1994. 3. 24 제6-0256호

ISBN 978-89-8172-813-7 (93410)

값 **15,000** 원